고령친화 생활과 건축

이응직, 권태호, 김승덕, 손창백
이태구, 김주우, 이완건, 이철구 공동저자

도서출판
진영사

고령친화 생활과 건축

이응직, 권태호, 김승덕, 손창백, 이태구, 김주우, 이완건, 이철구

2016년 03월 25일 초판인쇄
2016년 03월 29일 초판발행
발행인 박 진 영
발행처 도서출판 진영사
인천광역시 부평구 갈산동 35-3번지
전화 : 032)505-4207
팩스 : 032)505-4206
E-mail : 0183734207@hanmail.net
등록 : 122-91-77317

ISBN 978-89-6541-261-8 93590
값 20,000원

집필자 일람

제1장 : 권태호

제2장 : 권태호

제3장 : 손창백

제4장 : 손창백

제5장 : 이완건

제6장 : 이완건

제7장 : 이철구

제8장 : 이철구

제9장 : 이응직

제10장 : 이응직

제11장 : 김주우

제12장 : 김승덕

제13장 : 이태구

차　례

제1장 늙어가는 한국사회와 고령친화 건조환경 ······ 15
1. 고령화의 의미와 사회·경제적 변화 ······ 15
2. 고령친화산업과 고령친화 건축시장 ······ 19
3. 고령자의 생활환경과 고령친화도시 ······ 21
(1) 노년의 변화 고령자의 생활권 / 21
(2) 고령친화도시 / 22
1) 주거 / 25
2) 외부공간과 건물 / 25
3) 교통 / 26
(3) 고령친화시설 / 27
4. 고령친화건축과 삶의 질 ······ 29
참고문헌 ······ 32

제2장 계획방향 및 관련법규 ······ 37
1. 고령친화시설 계획·설계의 이론적 기반 ······ 37
2. 유니버설디자인(universal design) ······ 40
(1) 원칙 1 / 41
(2) 원칙 2 / 42
(3) 원칙 3 / 42
(4) 원칙 4 / 42
(5) 원칙 5 / 43
(6) 원칙 6 / 43
(7) 원칙 7 / 43
3. 무장애디자인(barrier-free design) ······ 44

4. 고령친화시설의 유형 ········ 46
5. 고령친화시설의 계획방향 ········ 49
(1) 노인주거복지시설 계획방향 / 49
1) 입지, 지역사회 연계성 및 접근성 / 49
2) 안전성과 쾌적성 / 49
3) 거주성 / 50
4) 장소성과 개성 있는 환경 / 50
(2) 노인의료복지시설 계획방향 / 52
1) 쾌적성과 적응성 / 52
2) 거주성의 확보 / 52
3) 접근성과 지각장애 해소 / 53
4) 장애 어려움을 최소화하는 장소성과 식별성 제공 / 53
5) 지역커뮤니티 연계와 사회적 접촉 / 54
6) 의료서비스 공간계획 / 54
(3) 노인여가복지시설 계획방향 / 55
6. 고령친화시설 관련법규 ········ 58
(1) 정책관련 법규 / 58
(2) 시설관련 법규 / 59
1) 규모 / 59
2) 구조 및 설비 / 59
참고문헌 ········ 65

제3장 미래지향적 주거기술 ········ 71
1. 미래지향적 주거기술의 의의 ········ 71
2. 고령자들의 LCS(Life Cycle Style) 변화 ········ 71
3. 주거 유형 ········ 73
(1) 입지특성에 따른 유형 / 73
1) 도심시설 / 73
2) 근교시설 / 73

3) 휴양단지시설 / 74
4) 전원시설 / 74
(2) 입주방식에 따른 유형 / 75
1) 종신이용권방식 / 75
2) 분양방식 / 75
3) 회원권방식 / 75
4) 임대방식 / 76
(3) 거주특성에 따른 유형 77
1) 일반 고령자주택 / 77
2) 3세대 동거주택 / 77
3) 노인복지주택 / 77
4) 노인보조주택 / 78
5) 노인전용주거단지(노인촌락) / 78
6) 리조트형 노인주택 / 78
7) 유료양로시설 / 78
8) 유료요양시설 / 78
4. 주거시설의 현황 및 종류 79
(1) 고령자 주거 현황 및 추이 / 79
(2) 고령친화시설의 종류 / 80
1) 노인주거복지시설 / 80
2) 노인의료복지시설 / 81
3) 노인여가복지시설 / 81
4) 재가노인복지시설 / 82
5) 노인보호전문기관 / 82
5. 주거기술의 종류 및 특성 83
(1) 홈 네트워크 / 83
1) 현관 / 83
2) 침실 / 84
3) 부엌 / 86
4) 욕실 / 87
5) 화장실 / 87

(2) 고령자를 위한 친환경 건축재료 / 88
1) 친환경 건축재료의 정의 / 88
2) 친환경 건축재료의 형태 / 88
3) 친환경 실내건축재료의 종류 / 89
(3) 고령자를 위한 친환경 건축기술 / 91
1) 친환경 건축의 정의 / 92
2) 친환경 주거기술의 목적 / 92
3) 친환경 건축의 기술요소 사례 / 93
참고문헌 99

제4장 주거안전 103
1. 고령자 주거안전의 의의 103
2. 주거안전의 이론적 개념 103
(1) 안전의 개념 / 103
(2) 사고의 개념 / 104
(3) 고령자의 특성 / 104
1) 연령과 체력 / 104
2) 연령과 정신기능 / 105
3) 연령과 피로 / 105
4) 연령과 시각 / 106
5) 연령과 청각 / 106
3. 주거 안전관리의 필요성 106
4. 주거 안전사고 사례 107
(1) 추락 · 넘어짐 · 미끄러짐 사고사례 / 107
1) 공중 및 근린생활 시설 / 107
2) 주거시설 / 109
(2) 충돌 · 충격 사고사례 / 112
1) 공중 및 근린생활 시설 / 113
2) 주거시설 / 113

5. 안전계획 ······ 114
(1) 충돌 · 충격 사고사례 / 114
(2) 안전사고 예방을 위한 내부환경 계획 / 115
1) 고령자 시설의 물리적 환경인자 / 115
2) 내부 공간별 안전계획 / 116
(3) 안전사고 예방을 위한 외부환경 계획 / 118
6. 향후 주거안전 사고 예방대책 ······ 119
(1) 사고별 예방대책 / 119
1) 추락 · 넘어짐 · 미끄러짐 사고 예방대책 / 120
2) 충돌·충격 사고 예방대책 / 122
(2) 장소별 예방대책 ······ 123
1) 욕실 · 화장실 / 123
2) 계단 / 124
3) 부엌 / 125
4) 방·거실 / 126
참고문헌 ······ 127

제5장 건축설계 방법 ······ 131
1. 고령친화 건축설계 개념 ······ 131
(1) 노인 인구의 증가와 사회적 대응 / 131
(2) 고령친화시설 계획방향 / 133
1) 프라이버시(Privacy)와 독립성 / 133
2) 자율성(Autonomy)과 자주성 / 134
3) 개인화(Personalization)와 소속성 / 134
4) 지각(Sensory Aspects)과 안전(Safety) / 134
5) 익숙함(Familiarity)과 친밀성 / 135
6) 미학(Aesthetics) / 135
7) 사회적 상호작용(Social Interaction) / 135
2. 고령자의 신체와 건축 ······ 136
(1) 고령자의 특성과 환경 / 136

1) 신체적 특성 / 137
2) 심리적 특성 / 137
3) 사회적 특성 / 138
(2) 고령자 특성이 반영된 건축계획 / 138
3. 유니버설디자인 ······ 142
(1) 유니버설디자인의 개념과 사례 / 142
(2) 유니버설디자인의 설계요소 / 149
1) 도로 / 149
2) 건축물 / 151
참고문헌 ······ 160

제6장 건축사례 및 특성 ······ 163
1. 고령친화 건축유형 ······ 163
(1) 고령사회와 건축 / 163
(2) 고령친화건축의 종류 / 166
1) 노인주거복지시설 / 166
2) 노인의료복지시설 / 170
3) 노인여가복지시설 / 172
2. 고령친화 건축사례 ······ 173
(1) 고령친화 주거복지시설 / 173
(2) 고령친화 의료복지시설 / 180
(3) 고령친화 여가복지시설 / 188
참고문헌 ······ 192

제7장 실내 열환경 ······ 195
1. 인체의 열평형 ······ 195
2. 인체의 열감각 ······ 198
(1) 인체 자신의 요소 / 198
(2) 실내환경에 관한 요소 / 200

3. 열환경 지표 200
4. 전열과 단열 201
(1) 건축물에서의 전열 / 201
1) 전도 / 202
2) 전달 / 204
3) 복사 / 206
4) 관류 / 207
(2) 건축물에서의 단열 / 208
1) 단열의 의미와 필요성 / 208
2) 단열재 설치위치 / 209
3) 열교 / 210
5. 습기와 결로 211
(1) 습도 / 211
1) 절대습도 / 211
2) 상대습도 / 213
(2) 결로의 의미 214
(3) 결로의 발생 및 방지 215
참고문헌 217

제8장 실내 공기환경 221
1. 실내공기의 오염 221
(1) 오염의 원인 / 221
(2) 오염물질 / 222
1) 이산화탄소(탄산가스) / 223
2) 일산화탄소 / 223
3) 미세먼지 / 225
4) 냄새 / 225
5) 포름알데히드 / 227

2. 환기 ······ 228
(1) 환기와 환기설비 / 228
(2) 환기방식 / 229
1) 자연환기 / 229
2) 기계환기 / 231
참고문헌 ······ 235

제9장 실내 빛환경 ······ 239
1. 빛환경 지표 ······ 239
(1) 복사속(輻射束), 광속(光束) / 240
(2) 광도 / 240
(3) 조도 / 241
2. 조명 ······ 244
(1) 조명의 의의 / 244
(2) 조명방식 / 244
1) 기구배치별 방식 / 245
2) 기구배광별 방식 / 246
3) 건축화조명 / 247
3. 일조·일사 ······ 248
(1) 일조 · 일사와 실내환경 / 248
(2) 일조(일사)조절 / 249
1) 조절의 목적 / 249
2) 조절 방법 / 249
4. 색채환경 ······ 252
(1) 색의 표시 / 252
(2) 색채효과 / 253
1) 온도감 / 253
2) 중량감 / 253
3) 거리감, 크기 / 254

4) 안정감 / 254
참고문헌 ··· 255

제10장 실내 음환경 ··· 259
1. 음의 물리적 성질 ··· 259
(1) 음의 주파수 / 259
(2) 음에 관한 각종 지표 / 260
1) 음의 높이, 음의 세기, 음압, 음의 크기 / 260
2) 암소음 / 262
3) 허용소음 / 262
2. 흡음과 차음 ··· 262
(1) 흡음 / 264
1) 흡음률 / 264
2) 흡음재료 / 265
(2) 차음 / 265
1) 투과율, 투과손실 / 265
2) 설비소음 / 266
3. 실내음향계획 ··· 267
(1) 실내음향계획의 필요성 / 267
(2) 잔향시간 / 268
참고문헌 ··· 269

제11장 지속가능 건축구조시스템 ··· 273
1. 고령화란 ··· 273
(1) 고령화의 정의 / 273
(2) 고령화의 원인과 문제점 / 273
(3) 고령화의 현황 / 275
(4) 고령화에 적합한 주택유형 / 275

2. 고령화를 위한 건축구조시스템 ········ 276
(1) 모듈러건축의 특성 / 276
1) 모듈러(유닛)건축이란 / 276
2) 모듈러 유닛의 구조 성능 및 특성 / 277
(2) 모듈러 유닛의 종류 / 279
1) 프레임식 모듈러 유닛의 구조 / 279
2) 내력벽식 모듈러 유닛의 구조 / 280
3. 고령화의 건축구조시스템 효과 ········ 281
(1) 고령화시대의 모듈러건축의 특성 / 281
1) 모듈러건축의 장단점 / 281
2) 모듈러건축의 특성 / 282
(2) 국내외 동향 / 285
1) 국내 동향 / 285
2) 해외 동향 / 286
참고문헌 ········ 289

제12장 긴급임시주거 공간개발 ········ 293
1. 긴급임시주거 공간개발의 의의 ········ 293
2. 재난재해 대응시설에 대한 고찰 ········ 294
(1) 국외의 재난재해 실태 / 294
(2) 국내의 재난재해 실태 / 296
(3) 국내 · 외 임시주거의 사례 / 297
1) 국내 임시주거 사례 / 297
2) 국외 임시주거 사례 / 298
3) 국내 · 외 임시주거 비교 / 300
(4) 임시주거의 디자인 및 문제점 / 301
1) 임시주거의 디자인 / 301
2) 임시주거의 문제점 / 306

3. 전개형 구조시스템의 분류 및 특성 ······ 308
(1) 전개형 구조시스템의 분류 / 308
(2) 전개형 구조시스템의 특징 / 310
1) Scissors형 구조 / 310
2) Foldable형 구조 / 312
3) Inflatable형 구조 / 314
4) Tensegrity형 구조 / 315
5) Retractable형 구조 / 317
4. Scissors형 구조시스템에 의한 공간개발 ······ 318
(1) 단위 가위부재 / 318
(2) Grid 분할에 따른 공간개발 / 319
1) Flat Type / 319
2) Cylindrical Type / 320
3) 2-Way Circular Boundary Type / 320
4) 2-Way Rectangular Boundary Type / 321
5) Meridian Type / 321
6) Geodesic Type / 321
7) Radial Type / 322
8) Escrig Type / 323
5. 전개구조시스템을 이용한 돔형 쉘터구조물의 개발 ······ 323
(1) 쉘터구조물의 개요 / 323
(2) 쉘터구조물의 제작 및 설치 / 324
1) 디테일 설계 및 제작 / 324
2) 쉘터구조물의 조립 / 326
3) 쉘터구조물의 Unfolding 기법 / 328
4) 쉘터구조물의 현장설치 가이드라인 / 329
6. 향후 발전방향 ······ 330
(1) 구조물의 공간확장 방안 / 330
(2) 구조물의 자동전개 기술 / 331
참고문헌 ······ 333

제13장 장애 없는 주거환경 -보건복지부 가이드라인 ······ 339

1. 건물 출입구 ······ 339
2. 일반출입구(문) ······ 343
3. 복도 ······ 347
4. 경사로 ······ 351
5. 계단 ······ 355
6. 승강기 ······ 359
7. 화장실 ······ 362
8. 손잡이 ······ 366
9. 욕실, 샤워실 ······ 370

찾아보기 ······ 372

제1장

늙어가는 한국사회와 고령친화 건조환경

1. 고령화의 의미와 사회·경제적 변화
2. 고령친화산업과 고령친화 건축시장
3. 고령자의 생활환경과 고령친화도시
4. 고령친화건축과 삶의 질

제 1 장 >>> 늙어가는 한국사회와 고령친화 건조환경

1. 고령화의 의미와 사회 · 경제적 변화

일본, 미국을 포함한 다른 선진국들과 마찬가지로, 우리나라도 의학기술의 비약적 발전, 생활수준 향상 및 교육기회의 확대, 농업을 포함한 산업생산력 증대 등에 힘입어 평균수명이 계속 증가하고 출산율이 지속적으로 감소하면서[1] 고령화의 문제가 점차 심각해지고 있다.[2]

네이버 검색창에서 '고령화'를 치면 고령화와 관련된 다양한 용어들, 예를 들어, 고령화사회, 고령화가족, 고령화 해결방안, 고령화시대의 경제학, 고령화 문제점, 고령화정책, 고령화시대, 고령화지수, 저출산 고령화 등이 나타나고 엄청난 관련정보가 쏟아진다. TV를 비롯한 여러 매체에서는 연일 노인의 소외, 경제적 어려움, 복지혜택, 자살률 등과 관련된 뉴스를 쏟아낸다. Peterson(1999)이 '실버의 새벽(gray dawn)'이라 명명한 지구적 노화의 위기(global ageing crisis)가 이미 우리 곁에 다가와 아침을 맞고 있는 것이다.

국어사전(민중서림, 2009)에서는 노인을 '나이가 많이 든 늙은 사람'으로 고령자를 '나이가 썩 많은 사람'으로 정의한다. 생물학적, 사회·경제적 맥락에서 보면, '자신이 원하는 능력(capacity)을 수행하는 데 있어서 어려움(종종 장애)을 겪는 노년시기의

---

1) 한국인의 평균수명은 1960년 51.1세, 2004년 78.1, 2011년 81.2세, 2013년 81.9세(남자 78.5세, 여자 85.1세)로 증가하였다(http://kosis.kr). 저출산의 원인으로서 결혼 및 자녀에 대한 가치관 변화, 저성장시대 청년실업 지속, 여성의 자아욕구증대 등을 꼽을 수 있으며, 2014년 현재 한 여성이 가임기간 동안 낳을 것으로 예상되는 평균출생아수, 즉 합계출산율은 1.21명 수준이다.

2) 세계가 점점 회색(greying)이 되어 간다. 수명연장은 오래살기를 바라는 개인에게는 축복일지 모르나, 사회 전체적으로는 재앙이 될 수 있다. 선진국을 중심으로 전 세계적으로 관찰되는 거대한 노년층의 도래가 우리에게 어떠한 영향을 미칠지 아직 모른다. 고령화의 도전과 기회에 대해서는 가족, 직장, 지역사회, 시장, 국가 등 여러 차원에서 고령화로 인한 다양한 변화를 생생하게 설명하는 안세민 역(2011)을 참조.

사람'을 노인으로 이해할 수 있다. 인간은 누구나 성장-성숙-노화의 세 단계를 거치면서 살아가며, 개인차는 있게 마련이지만 어느 시점이 되면 누구나 노화(ageing)가 시작되면서 신체적, 정신적 기능이 저하되고, 사회·경제적 역할이 줄어들면서 적응력의 퇴화 현상이 나타난다.

한국사회에서 65세[3] 이상의 고령인구가 지속적으로 증가하는 현상, 즉 고령화 또는 실버화는 비교적 최근의 일이다. 1980년대까지만 하더라도 전체인구의 4% 미만을 차지하던 65세 이상 인구비중이 1990년에는 5.1%, 2000년에는 7.2%, 2010년에는 11.0%로 증가하였다. 별다른 이변이 일어나지 않으면 5년 후 2020년에는 15.7%, 15년 후인 2030년에는 24.3%로 예측되어 100명 중 24명 이상이 노인으로 이루어지는 느리고 활력이 부족한 '늙은 사회'가 되는 것이다.

이러한 추세를 UN(2005)의 기준에 적용시켜 보면, 우리나라는 2000년경에 고령화 사회(aging society, 7% 이상)로 진입하였고, 2020년 이전에 고령사회(aged society, 14% 이상), 그리고 2026년경이 되면 65세 이상 인구가 전체의 20.8%를 차지하여 이른바 후기고령사회(post-aged society, 20% 이상)에 들어설 것이 확실시 된다.[4]

고령화로 인한 거시적이고 구조적 차원의 사회적 그리고 경제적 변화는 그 층위가 깊고 다양하나, 대표적으로는 생산활동 인구의 감소와 고령가구의 증가로 설명된다. 우선 고령화가 가속화되면서 경제활동을 활발히 하는 15세부터 64세까지의 비중이 필연적으로 감소하게 된다. 2015년 현재 73%를 차지하고 있는 생산가능 인구비중은 2030년 63.1%로 감소하고, 2060년에는 49.7%까지 줄어들 전망이다. 뿐만 아니라 고령화 추세가 저출산 경향과 맞물리면서 생산연령인구(15~64세)에 대한 비생산연령 인구(0~14세, 65세 이상)인 부양비율(dependency ratio)[5]이 증가하게 된다.

---

3) 노인의 연령기준은 명확한 법적근거는 없으나, UN(2005)과 대부분의 선진국은 65세를 고령화기준으로 삼고 있으며, 우리나라 노인복지법도 생업지원(25조)이나 경로우대(26조)기준을 65세로 하고 있다. 참고로 고령자고용촉진법시행령(고용상 연령차별금지 및 고령자고용촉진에 관한법률 시행령 2조)에서는 고령자의 취업을 활성화하고 지원하는 차원에서 50~54세를 준고령자로, 55세이상을 고령자로 규정하기도 한다. 고령화의 또 다른 지표로서 노령화 지수(aging index)를 사용하기도 하는 데, 이는 14세 이하 인구대비 65세 이상 인구의 백분율로 계산된다.

4) 세계 국가 중 한국의 고령화 순위는 2015년 51위에서 2030년 15위, 2060년에는 카타르(고령인구 비중 41.6%)에 이어 2위가 될 것으로 전망된다(중앙일보, 2015년 9월 9일).

5) 생산활동인구 100명당 비생산연령인구가 포함된 피부양인 수를 뜻하는 총부양 비율은 2015년 37.0명에서 2060년 101.0명으로 늘어날 것으로 예상된다(중앙일보, 2015).

표 1.1 연령별 인구변화 및 추계

연도	총인구	연령 집단					
		0~14세	구성비	15~64세	구성비	65세 이상	구성비
1960	25,012,374	10,587,583	42.3	13,698,341	54.8	726,450	2.9
1970	32,240,827	13,709,367	42.5	17,540,152	54.4	991,308	3.1
1980	38,123,775	12,950,775	34.0	23,716,967	62.2	1,456,033	3.8
1990	42,869,283	10,973,592	25.6	29,700,607	69.3	2,195,084	5.1
2000	47,008,111	9,911,229	21.1	33,701,986	71.7	3,394,896	7.2
2010	49,410,366	7,975,374	16.1	35,982,502	72.8	5,452,490	11.0
2011	49,779,440	7,770,912	15.6	36,352,538	73.0	5,655,990	11.4
2012	50,004,441	7,559,063	15.1	36,555,703	73.1	5,889,675	11.8
2013	50,219,669	7,370,118	14.7	36,711,849	73.1	6,137,702	12.2
2014	50,423,955	7,198,984	14.3	36,839,412	73.1	6,385,559	12.7
2015	50,617,045	7,039,594	13.9	36,953,331	73.0	6,624,120	13.1
2020	51,435,495	6,788,432	13.2	36,562,967	71.1	8,084,096	15.7
2025	51,972,363	6,739,459	13.0	34,901,829	67.2	10,331,075	19.9
2026	52,042,140	6,695,923	12.9	34,506,279	66.3	10,839,938	20.8
2030	52,160,065	6,575,330	12.6	32,893,289	63.1	12,691,446	24.3
2040	51,091,352	5,717,528	11.2	28,872,500	56.5	16,501,324	32.3
2050	48,121,275	4,783,197	9.9	25,347,026	52.7	17,991,052	37.4
2060	43,959,375	4,472,656	10.2	21,865,175	49.7	17,621,544	40.1

(출전 : 통계청 자료(2011) 요약)

생산활동인구가 감소하면서 부양비율이 높아지는 만큼 경제활력이 저하되고 도시와 지역의 성장이 어려움을 겪을 수도 있다.

사회·경제적 변화를 가져오는 또 하나의 요인은 가구구조(household structure)

의 변화, 즉 고령가구의 증가이다. 통계청의 장래가구 추계자료에 의하면 전체 가구 중 가구주의 연령이 65세 이상인 고령가구의 비율은 2000년 11.9%였으나, 2015년에는 20.6%, 2030년에는 35.4%에 이를 것으로 보이며, 가구주의 연령이 65세 이상이면서 혼자 사는 독거노인가구의 비율 역시 2000년 3.7%, 2015년 7.4%, 2030년 13.0% 수준으로 증가할 것으로 예측된다.

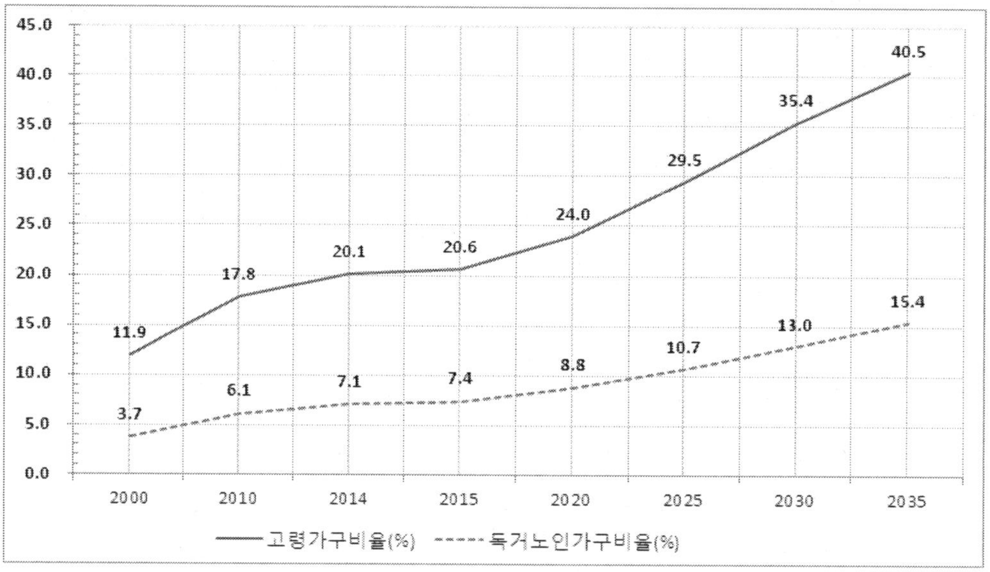

(주) 고령가구 : 가구주의 연령이 65세 이상인 가구
독거노인가구 : 가구주의 연령이 65세 이상이면서 혼자 사는 가구

그림 1.1 고령가구 및 독거노인가구의 비율 변화(출전 : 통계청 자료(2011))

고령가구와 독거노인가구의 증가는 한편으로는 개인이나 가족차원에서 여러 문제를 불러온다. 경제활동력이 저하되거나 없어진 노인(1인)가구가 증가하면서 각종 질병, 고독 그리고 빈곤(생계의 어려움)에 시달리는 노인이 늘어나게 된다. 핵가족화가 심화되고 맞벌이가 일반화되면서 노인부양이 현실적으로 점점 어렵게 되는 사회분위기도 여기에 한 몫을 한다. 우리나라의 전체가구 빈곤율은 14.6%에 불과한데 비하여 독거노인가구의 빈곤율은 10가구 중 8가구에 육박하여(76.6%) OECD국가 중 최고수준이다(김정근, 2011 : 1).

지역사회나 국가차원에서 보면, 고령화의 심화는, 앞서 언급하였듯이 노동인구의 비노동인구(고령자)에 대한 부양책임, 즉 부양비율을 높이게 되면서 가계경제(household economies)를 압박하는 동시에, 정부의 고령자 관련 복지예산도 증가시킬 수 있다. 물리적 환경측면에서 보면 노인의 증가는 곧 고령자를 위한 주거, 여가, 의료 복지시설 등의 확대를 의미한다.

늙어가는 동안에도 자신이 살던 집에서 계속 살면서 지역사회의 복지서비스를 누리는 '현거주지에서의 노화(ageing in place)'가 최선의 방법이지만, 신체적 장애와 경제적 어려움 등으로 독립생활이 힘든 노인의 경우에는 별도의 시설에서 보살핌을 받는 것이 보다 바람직하다. 후기고령화 사회로 접어들고 있는 지금, 노인의 신체적 능력, 행태 그리고 요구에 근거한 고령친화적 주거, 의료, 여가시설 및 도시환경의 구축문제는 노인과 우리 모두의 삶의 질에 영향을 미치는 중요한 도전이자 과제이다.

2. 고령친화산업과 고령친화 건축시장

고령친화산업이란 생물학적 노화 및 사회경제적 능력저하를 보이는 고령자를 대상으로 정신적·육체적 건강, 편익, 안전을 도모하기 위한 상품 및 서비스를 제공하는 산업을 말한다. 여기서 '고령친화'라는 용어는 실제로 '노인이 편리하면 모든 사람도 편리하다'는 취지하에서 편리성과 안전성에 입각하여 노인의 선호를 우선적으로 고려한다는 뜻을 담고 있다.[6)]

고령친화산업진흥법(2013) 2조 2항에서는 고령친화산업을 '고령친화제품 등을 연구·개발·제조·건축·제공·유통 또는 판매하는 업'으로 규정하고 있다. 고령친화제품이라 함은 노인을 주요 수요자로 하는 제품 또는 서비스[7)]를 말한다. 특히 노인이 거주 또는 이용하는 주택과 그 밖의 관련시설 등도 고령친화제품에 포함되며 이러한 건축물을 고령친화건축으로 이해할 수 있다. 고령친화산업 분류에 대해서는 아

---

6) 유사한 용어로 노인친화적(elderly-friendly)이란 용어가 있는데, 이는 특정 계층인 노인에게 친화적이란 의미로서, 현재진행형의 모든 계층을 포괄하는 고령친화적(ageing-friendly)이란 용어와는 구분해야 할 것이다.
7) 노인이 주로 사용하거나 착용하는 용구·용품 또는 의료기기, 노인이 주로 거주 또는 이용하는 주택 그 밖의 시설, 노인요양 서비스, 노인을 위한 금융·자산관리서비스, 노인을 위한 정보기기 및 서비스, 노인을 위한 여가·관광·문화 또는 건강지원서비스, 노인에게 적합한 농업용품 또는 영농지원서비스, 그리고 그 밖에 노인을 대상으로 개발되는 제품 또는 서비스로서 대통령령이 정하는 것 등이다.

직까지 명확한 법적 기준이 없으나, 최근의 연구(한국보건산업진흥원, 2014)는 아래와 같이 9대 분야로 구분하고 있다.

- 제조업 분야 : 의약품, 식품, 화장품, 의료기기, 용품
- 서비스 분야 : 요양, 주거, 여가, 금융

저출산, 고령화로 인구증가에 대한 전망이 어두워지고 1인당 국민소득이 2만 달러를 통과하면서 잠재성장률이 둔화되고 있으며, 그 결과 신규 건축수요는 감소될 가능성이 높아지고 있다. 그럼에도 불구하고, 향후 유망한 주택산업 빅4로는 주거환경관리사업, 임대주택사업, 고령자주택사업, 주거서비스사업이 꼽히고 있으며, 특히 고령자주택은 베이비붐세대 은퇴, 고령사회 진입에 따라 실버산업이 성장하면서 관련 시장이 성장할 것으로 전망된다(건설경제, 2013).

한국보건산업진흥원(2014)의 추계에 의하면 실버산업, 즉 고령친화산업의 시장규모는 2010년 33조 2,241억 원에서 2020년 124조 9,825억 원으로 증가할 것으로 예측된다(연평균성장률 14.2%). 특히 고령친화 주거산업의 시장규모는 신규주택시장과 개조(리모델링)시장을 합하여 2012년으로 1조 3,546억 규모로 추정된다. 고령인구 및 자산소득자[8]의 비중이 증가하면서 고령친화산업 및 부동산 금융 분야가 활성화될 것으로 예상되며, 이는 주로 정부주도보다는 민간주도로 진행될 것으로 보인다.

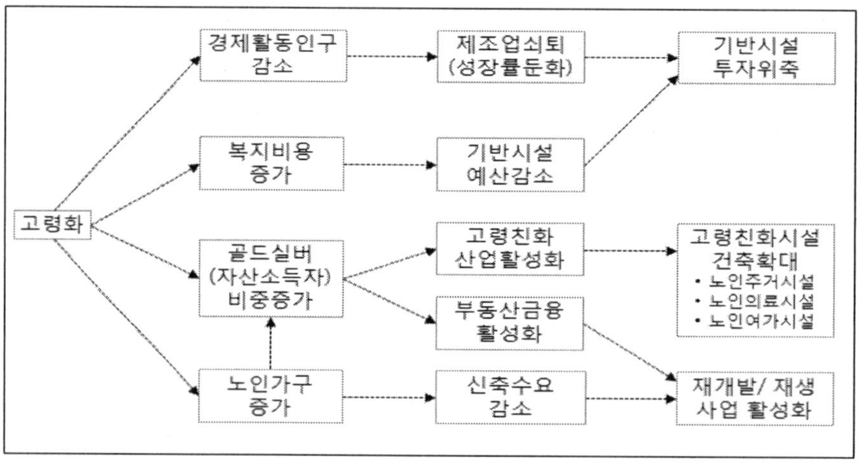

그림 1.2 고령화와 건설시장의 변화

8) 이를 골드 실버(gold silver)라 부르기도 한다.

3. 고령자의 생활환경과 고령친화도시

(1) 노년의 변화 고령자의 생활권

노화가 진행되면서 노인이 겪게 되는 변화는 크게 신체적, 심리적 그리고 사회적 차원에서 설명될 수 있다. 신체적 변화로는 i) 신장 감소, 체지방 증가, 피부의 탄력성 저하, 근력 저하, 심장박동 약화, 주름살 증가, 치아 감소 그리고 두발 감소와 같은 신체의 기능저하와 쇠퇴, ii) 시각, 청각, 후각, 미각, 촉각, 통각의 기능이 저하되는 감각기관 노화, iii) 지능 기억력 학습능력 사고 및 문제해결 능력이 감퇴되는 지적능력의 쇠퇴를 들 수 있다.

정신적 · 심리적 변화는, 주로 성격변화로서 신체능력 쇠퇴로 인한 자신감 상실, 새로운 지식습득과 사회변화에 적응하지 못한 결과 느끼는 소외감이 일반적이며, 특히 우울증 경향 증가, 내향성 수동성 증가, 경직성 증가, 의존성 증가의 변화도 관찰된다. 사회 · 경제적 측면에서는 직장에서 (조기)퇴직 후 사회 참여도가 감소하고, 임금소득 상실로 경제적 능력이 약화되며, 사회적 지위 상실로 인한 소속감 저하, 이웃과의 접촉감소(단절)로 정신적 고립 등이 주요 변화로 지적된다.

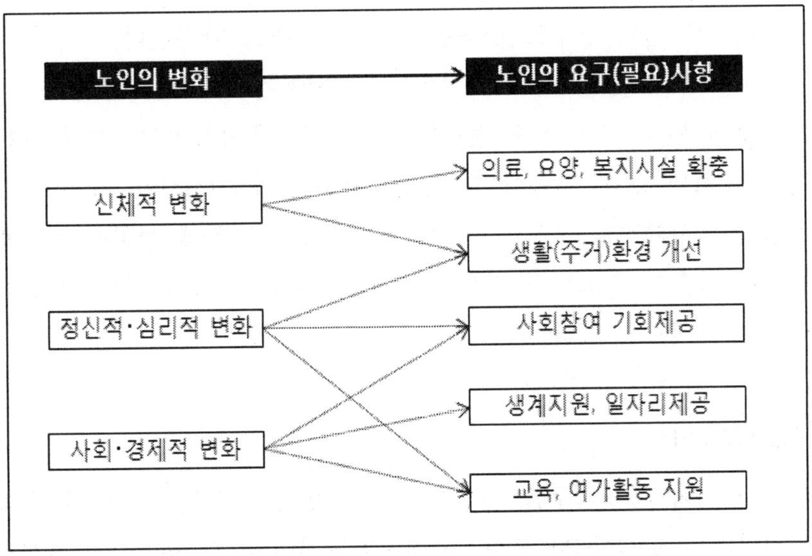

그림 1.3 노인의 변화에 따른 요구사항

노화에 따른 신체적 그리고 심리적 변화를 겪게 되면서 기동성(mobility)이 감소하고, 노인의 공간활동 공간과 생활권역도 서서히 축소된다. 특히 근린환경이 노인의 활동 및 삶의 질에 미치는 영향은 타 연령층과 비교하여 매우 크다. 즉 노인이 거주하는 동네의 환경 수준에 따라 노인이 누릴 수 있는 활동의 유형과 질이 다르게 되고, 이는 결국 노인의 삶의 질 수준에 영향을 미친다.

고령자의 생활권 모델은 신체적 능력과 연령기준에 따라 전반형/통근형(1단계), 산책형/장보기형(2단계), 산책형/통원형/방문형(3단계), 통원형/방문형(4단계) 그리고 주거한정형(5단계)으로 구분된다. 장애가 없고 정상적 활동이 가능한 1단계에서는 자신의 주거를 중심으로 근린(도보생활권)[9]은 물론이고 도시전역(교통기관 이용생활권)도 활동반경에 포함된다. 하지만 노화가 계속되면(2단계) 자립생활은 가능한 경우라도 대중교통 이용은 차차 감소하게 되며, 반경 1km 내외의 도보·산책생활권이 주된 활동영역이 된다. 신체적 능력이 계속 저하되어 전형적인 후기고령자 단계가 되면 병원치료 및 친구방문 등 특수목적을 위한 생활권은 유지되지만, 대체로 보행거리 최대 500m 수준으로 도보·산책생활권이 축소된다(3단계). 병원치료 등 특수목적을 위해서 조력자가 필요한 4단계에서는 흔히 독립보행이 어려워져 휠체어 등에 의지하게 되며 동네골목 출입횟수도 줄어들게 된다. 마지막 5단계는 혼자 힘으로 외출이 불가능한 노인의 경우로 행동반경은 주택 내로 한정된다.

생활권 모델에서 보듯이 노화의 심화는, 개인차는 있지만, 결국에는 활동영역의 축소를 가져오게 된다. 그럼에도 불구하고 건강을 유지하면서, 사회참여 또는 경제적 활동을 가능하면 오래 지속할 수 있는 '활동적 노화(active ageing)가 가능하도록 노인시설과 도시환경을 구축하는 일이다. 활동적 노화에 성공하는 사회일수록 노인의 생활권이 급속히 축소되지 않으며, 따라서 동네와 도시 역시 활력이 넘치고 건강한 삶의 무대가 될 수 있다.

(2) 고령친화도시

최근 여러 도시와 국제기구를 중심으로 노인이 안정적으로 다양한 활동을 누리며 쾌적하게 생활하는 도시환경으로서, 고령친화도시(age-friendly city)개념이 빠르게

9) 주민센터, 초등학교, 근린상점, 개인병원 등이 입지하는 소생활권을 의미한다.

부각되고 있다. 고령친화도시란 '활동적인 노화(active ageing)를 촉진하는 포괄적(inclusive)이며 접근 가능한(accessible) 도시환경'을 의미한다. 나이가 들어도 불편하지 않고 나이와 상관없이 활기차고 건강한 노년생활을 할 수 있도록 하는 배려의 도시환경을 구축하는 일은 이제 우리사회에서도 핵심과제가 되고 있다.[10)]

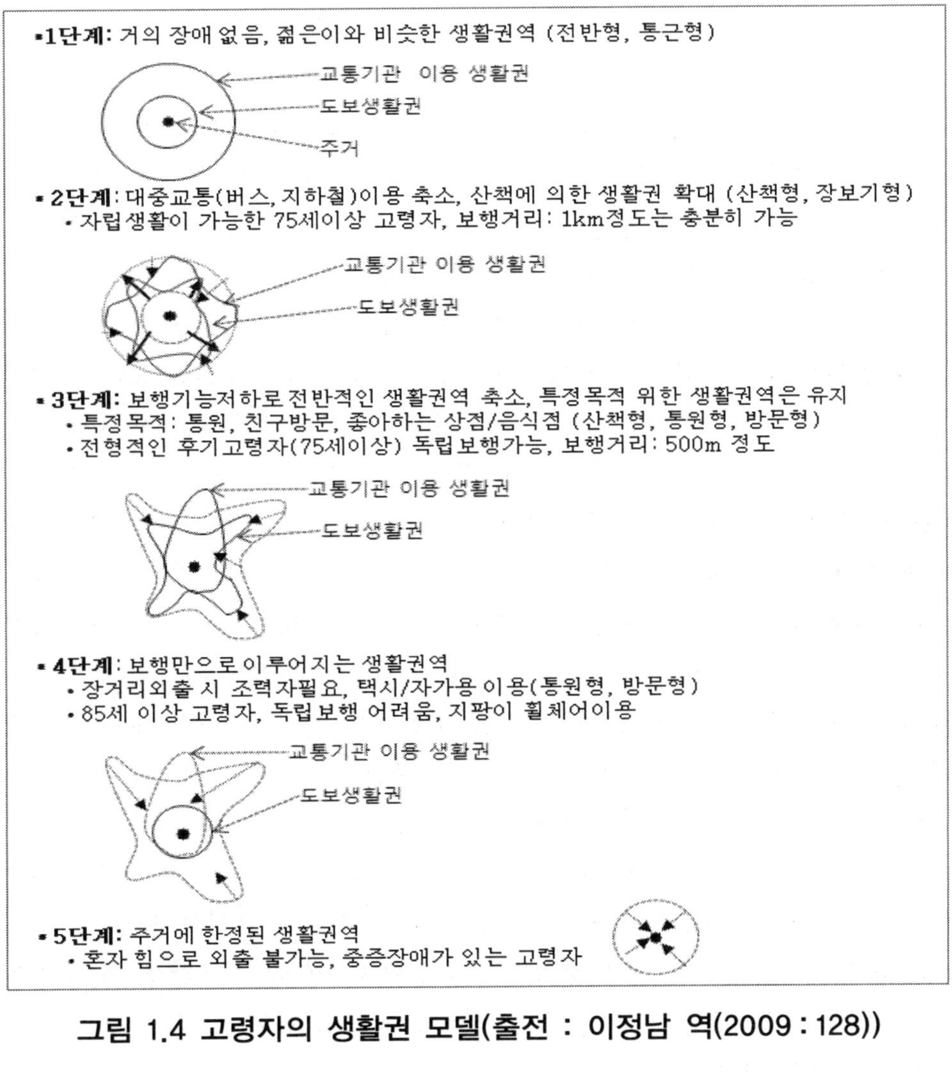

그림 1.4 고령자의 생활권 모델(출전 : 이정남 역(2009 : 128))

---

10) 고령친화도시 개념의 등장배경과 선행연구에 대해서는 정순돌 · 윤희수(2014)를 참조.

현재 우리나라의 고령화 정책은 노약자 및 보호가 필요한 노인지원을 중심으로 영역별로 분화되어 있어 노인을 둘러싼 다양한 환경요인에 대한 정책프로그램과 그리고 계획적 차원의 배려가 미흡한 실정이다. 예를 들어 노인의 활동영역 확대를 감안하여 건전한 여가 및 체육활동 공간을 확충하며, 이들 시설에 대한 접근성도 더욱 제고되어야 한다. 또한 각종 교통시설 및 사회서비스의 고령친화성을 강화하고 주택 내외부의 시설 및 환경에 대해서도 고령친화성을 제고하여야 한다.

WHO(세계보건기구)가 주창하는 새로운 접근방법으로서 활동적 노화의 개념은 노화에 따른 삶의 질을 증진시키기 위해 건강, 참여, 안전을 위한 기회를 최대한 활용하는 과정을 의미한다. 노인의 인권에 근거한 접근으로서, 이 개념은 욕구에 기초한(needed-based) 수동적인 접근에서 권리에 기초한 접근(right-based)으로의 전환을 의미하는 것이다(정경희, 2010 : 103).

고령친화도시 또는 고령친화지역 만들기의 대표적 사례는 2001년 캐나다 캘거리의 고령친화적 지역사회 프로젝트(the Elderly Friendly Communities Project : EFCL), 2007년 WHO의 지침서인 지구 고령친화도시 가이드(Global Age-Friendly Cities : A Guide)[11], 2002년 UN의 마드리드 플랜(고령화국제행동계획, MIPAA) 등이 있다. 특히 2006년부터 시작된 WHO의 고령친화도시 프로젝트는 건강한 노화를 촉진할 수 있는 도시환경 구성요소를밝히는 데 주안점을 두고 있으며, 2014년 11월 서울을 포함하여 현재 26개국 210개 도시가 고령친화도시 네트워크(Global Network of Age-friendly Cities and Communities)에 참여하고 있다.

WHO가 권고하는 고령친화도시 구축을 위한 부문은, 주거환경(housing), 야외공간과 건물(outdoor space and building), 교통환경(transportation), 지역사회지원과 건강서비스(community support and health service), 의사소통 및 정보(communication and information), 지역사회참여(social participation), 시민참여와 고용(civic participation and employment), 존경과 사회적 통합(respect and social inclusion) 등 모두 8개 영역으로 구성된다. 이 중 건조환경 조성(물리적 환경)과 관련되는 주거환경, 야외공간과 건물 그리고 교통에 관련되는 시설중심의 점검항목은 아래와 같다.

11) http://whqlibdoc.who.int/publications/2007/9789241547307_eng.pdf

그림 1.5 WHO의 고령친화도시 네트워크 가입도시들
(출전 : 노권찬(2015: 45))

1) 주거

가. 노인들이 적정한(affordable) 가격의 주택에 주거가능 해야 함
나. 급수, 상하수도 등 기본 서비스의 이용가능성 보장
다. 디자인 : 적정재료와 구조적으로 안전한 건축, 노인 활동에 불편함이 없는 최소규모 확보, 휠체어 사용 등에 불편이 없는 공간 폭, 노인적응이 가능한 침실, 화장실, 부엌설계, 필요시 재정부담 문제없이 개조 가능
라. 유지 관리 서비스 제공
마. 현거주지에서 노화가 가능하도록 계획하고 공공·서비스시설 근접성을 제공
바. 노인의 공동체 통합을 가능하게 하는 주택설계
사. 노인에게 주택 선택의 정보 및 기회 제공
아. 안락하고 안전하며(safe) 과밀 없이 재난에 취약하지 않은 주거환경 제공

2) 외부공간과 건물

가. 공공장소에서 소음과 불쾌한 행위를 제한하는 규정 적용
나. 유지관리가 잘 되고 안전하면서 접근 용이한 쉘터, 화장실, 앉는 장소를 갖춘 녹지공간 제공

다. 방해물 없이 노면이 부드럽고 공중화장실이 있으며 접근 용이한 보도
라. 공원, 교통정지지점, 공공공간에는 일정 간격으로 유지관리 및 순찰이 철저한 앉는 장소 제공
마. 미끄럽지 않고 휠체어가 잘 다닐 수 있도록 유지관리가 잘 되고, 어떠한 방해물(예 : 노점상, 주차차량, 나무)도 없는 도로포장
바. 미끄러지지 않고 규칙적으로 간격을 둔 채 보행자에게 안전한 횡단보도
사. 노인이 건널 수 있도록 충분한 시간을 제공하는, 시각적으로 뚜렷하고 잘 들리는 횡단보도 신호등
아. 자전거 이용자를 위한 자전거도로의 분리
자. 모든 공개공지와 건물에서의 공공안전 제공 (예 : 재난위험 경감조치, 경찰순찰, 양호한 가로조명 등)
차. 노인주거지에 가깝고 접근이 용이한 곳에 서비스 클러스터 구축 (예 : 건물의 지상레벨층)
카. 건물에는 승강기, 경사로, 적절한 신호표식, 계단 난간, 적당한 기울기의 계단, 미끌어지지 않는 바닥, 안락한 의자가 있는 휴게공간, 충분한 수의 공용화장실
타. 청결하고 유지관리가 잘 되며 노인이 쉽게 접근할 수 있는 화장실

3) 교통

가. 병원, 건강센터, 공원, 은행 등 노인이 이용하는 주요 목적지에 공공교통 제공
나. 상이한 교통수단간 연계가 잘 되는 교통망 완비
다. 노인주거지에 가까우며 안전, 청결하며 쉘터와 앉는 자리를 갖춘 정류장
라. 경사로, 에스컬레이터, 승강기, 플랫폼, 공중화장실에서 쉽게 접근되며 뚜렷한 표시를 갖춘 정류장
마. 공공교통 유형과 사용법, 식별성과 접근성이 좋은 시각표 등 관련 정보 제공
바. 휠체어, 보행보조기 공간이 충분하면서 안락하고 접근성 좋은 택시
사. 넓고 밝으며 유지관리가 잘 되는 도로
아. 교통량 통제가 잘 되고 장애물 없이 운전자 시선을 방해하지 않는 도로

자. 운전연습 코스의 제공 및 유도
차. 적정 수준의 주차장 제공

뉴욕은 WHO의 고령친화도시 모델을 적용한 대표적 사례도시이다. 2007년 블룸버그(Bloomberg)시장이 뉴욕의대와 협력하여 타운홀 미팅, 포커스 그룹 및 고령자 인터뷰를 실시함으로써 도시 뉴욕의 고령친화성을 진단하였다. 그 결과 지역사회 및 시민의 참여, 주거, 공공공간과 교통, 건강 및 사회서비스의 4개 핵심 정책 영역을 선정하고 2009년 8월 정책보고서로 발간하면서 8개 영역에 걸친 세부계획을 추진하고 있다.

캘거리는 고령자가 살고 싶어 하는 도시를 만들기 위해 시 정부, 지역보건국 그리고 대학이 협력하여 2001년 고령친화 지역사회 프로젝트(The Elderly Friendly Communities Project: EFCP)를 수립하고 고령자 가치와 존경이 우선시되고, 최저생활이 보장되면서, 활동성이 유지되고 욕구가 충족되는 동시에 안전하고, 편안한 주거환경과 이동성이 보장되는 도시를 만들기 위해 노력하고 있다. 2013년에 수립된 서울의 고령친화도시 가이드라인 역시 WHO의 기준을 준용하여 주거편의 환경, 교통편의 환경, 안전 및 고령친화시설, 지역사회활동 참여, 사회적 존중 및 배려, 고령자원활용 및 일자리지원, 의사소통 및 정보제공, 지역복지 및 보건의 8대 분야로 구성된다.

(3) 고령친화시설

앞서 설명하였듯이, 현재진행형의 고령친화의 의미 속에는 '노인이 편리하고 안전하면 모든 연령과 계층의 이용자도 편리하고 안전하다'는 취지가 담겨 있다. 고령친화시설이란 '생물학적 노화 및 사회·경제적 능력저하를 보이는 고령자(노인)가 거주 또는 이용하는 주택 및 그 밖의 시설'로 정의할 수 있으며, 계획과 설계의 대상으로는 노인이 거주하거나 사용하는 모든 건조환경(built environment)과 공원을 포함한 외부공간이 포함된다.

표 1.2 고령친화도시 구축의 주요 영역 비교

	영역	WHO	뉴욕	런던	캘거리	서울
물리적 환경	야외공간 및 건물	○	○ (공공공간)			
	주택(주거)환경	○	○	○ (홈리스 포함)	○	○
	교통편의/이동성확보	○	○	○	○	○
	활동성 유지				○	
	안전			○ (화재안전)	○	○
	고령친화시설					○
	환경				○	
사회·경제적 환경	사회참여	○	○	○		○
	노인존중과 사회적 포용(배려)	○		○ (연령평등)	○	○
	시민참여	○		○		
	일자리	○		○	○ (최저생활 보장)	○
	임금 및 수입			○		
	의사소통과 정보	○				○
	보건서비스	○	○ (건강)	○ (보호포함)		○
	지역사회의 지원	○	○	○ (노인역량 강화)	○ (지역역량 강화)	
	욕구충족				○	
	문화 및 여가			○		

(출전 : 서정숙 · 유석연(2013), 이동현(2013), 정경희(2010) 및 WHO(2007)를 참조하여 필자작성)

법규적으로는, 고령친화산업진흥법(2013) 2조 2항에서 '노인이 주로 거주 또는 이용하는 주택 그 밖의 시설'로 고령친화시설을 규정하고, 이를 고령친화제품의 한 유형으로 분류하고 있다. 노인복지법(2015)에서는 고령친화시설을 노인주거복지시설(양로시설, 노인공동생활가정, 노인복지주택), 노인의료복지시설(노인요양시설, 노인요양공동생활가정), 노인여가복지시설(노인복지관, 경로당, 노인교실, 노인휴양시설) 및 재가노인복지시설(방문요양서비스, 주야간보호서비스) 등으로 구분한다.[12] 이들 시설을 제외한 공공시설(주민센터, 보건소 등), 교통시설(보행공간 및 도로), 공원 및 광장 등에 대한 계획과 설계기준은 장애인·노인·임산부 등의 편의증진 보장에 관한 법률(2015)에서 규정하고 있으나 이동에 필요한 제원, 시설(설비) 및 재료 중심의 규정이어서 건축계획 측면에서 충분하다고 보기는 힘들다.

4. 고령친화건축과 삶의 질

1960년대 초반 서구적 도시개발이 시작된 이후 한국의 도시들은 계속적으로 인구는 증가하고 공간은 팽창되는 총량 성장의 시대를 경험하였다. 이 과정에서 이웃과의 근린관계는 나날이 이해관계를 중시하게 되었고 사회는 더욱 물질 중심으로 변화하였다. 자연히 노인, 장애인, 저소득층 등 사회적 약자의 공간과 환경은 배려받기 보다는 배제되기 쉽다. 최근 노인을 포함한 사회적 약자의 주거 및 생활환경에 대한 다양한 정책적 노력과 재정적 투자에도 불구하고, 아직도 시설과 환경의 질적 수준과 만족도 측면에서는 많이 미흡하다. 고령자를 위한 건축공간과 도시환경을 어떻게 확충하고 만들어 나갈 지에 대한 노인입장에서의 세밀한 조사와 심층적 연구가 요구되는 이유가 여기에 있다.

선진국의 문턱에 들어서면서 우리사회에서 개발시대의 양적 중심, 효율성 중심, 공급자 중심의 도시계획과 건축은 그 효용성이 다한 것으로 보인다. 이제 노인을 비롯한 사회적 약자를 배려하면서 시민 모두를 포용하는 질적 중심, 효과성 중심 이용자 중심의 도시와 주거환경 만들기[13]가 요구되는 시점이다. 이런 의미에서 도시생

12) 이외에도 노인보호전문기관으로서 노인인력개발기관과 노인일자리 지원기관 등이 있지만 이들 시설은 노인들이 생활하는 환경이 아니라 일자리개발, 교육홍보, 창업육성 등을 위한 지원기관이다.

13) 1970년대 일본의 마을 만들기(まちづくり), 1980년대 미국의 뉴 어버니즘(New Urbanism), 1990년대 영국의 어번 빌리지(Urban Village) 개념이 대표적 사례이다. 최근 사용자 중심 도시만들기의 세계적 조류

활의 궁극적 목적이 타인과의 좋은 관계가 유지되는 '사회' 속에서 삶의 질이 고양되는 '복지' 구현에 있다면 건조환경(건축)은 사회 속의 복지를 구현하는 공간환경적 토대가 되는 것이다.

물리적 차원에서 고령친화적 건축의 실현은 노인의 삶의 질을 고양하는 데 기여할 수 있다. 노인으로 하여금 쾌적한 주거생활을 영위하면서, 건강한 가운데 일하고, 이웃, 친구와 교류하면서 만족스러운 여가생활을 즐길 수 있도록 하려면, 노인의 신체적 능력과 행태 그리고 사회적 요구를 반영하는 고령친화적 건축은 선택이 아니라 필수임이 확실하다.

최근 세계적으로 부각되고 있는 노인정책의 새로운 두 개념이 있다. 첫째는 노인이 노화에도 불구하고 사회적 경제적으로 생산적인 생활을 할 수 있는 역량과 과정을 의미하는 '활동적 노화(active ageing)' 개념이다.[14] 1990년대 말부터 OECD, EU, WHO등 국제기구에서는 고령화로 인한 사회문제를 해결하기 위해 복지국가의 새로운 정책 프레임으로 이 개념을 회원국들에게 권고하고 있다.

활동적 노화가 중요한 이유는 늙어가면서도 사회적, 경제적, 문화적, 정신적, 시민적 활동에 지속적으로 참여하는 것이 노인 자신의 삶뿐만 아니라, 이웃과 도시 그리고 국가차원에서도 지속가능한 복지공동체를 만드는 데 기여할 수 있다는 점에 근거한다. 단순히 노인이라는 이유로 사회·경제적 기회와 주민참여 활동으로부터 배제된다면 개인적 차원에서도 정신적, 경제적 어려움이 가중될 가능성이 높아질 뿐만 아니라, 이는 도시와 국가 차원에서도 복지부문을 포함한 사회적 비용을 급속히 증가시키는 결과를 초래할 수 있다. 활동적 노화를 유지하는 일은 근린과 도시를 지속적으로 건강하고 활력 넘치게 만드는 중요한 전략의 하나가 된다.

두 번째는 '현거주지에서의 노화(ageing in place)' 개념으로서 이는 요양시설 등 노인시설에 입소하기 전, 일정수준의 독립성을 유지하면서 가급적 오랫동안 가정과 지역사회에 머물면서 생활하도록 다양한 노인서비스를 제공하는 방식을 말한다.[15] 누구나 그렇지만, 노인 역시 자신이 오랫동안 살아온 주택과 근린환경에 대해서 장

와 구체적 내용에 대해서는 진영환 외 2인 공역(2005)을 참조.

14) '활동적 노화'와 함께 경우에 따라 '생산적 노화', '긍정적 노화', '성공적 노화', '건강한 노화' 등의 용어가 함께 사용되고 있으며, 2002년 스페인 마드리드에서 개최된 고령화에 관한 제2차 세계대회에서 주창되었다. 활동적 노화의 구체적 논의에 대해서는 김교성·김수연(2014)을 참조.

15) 우리나라도 2008년 7월부터 노인장기요양보험제도를 도입함으로써 현 거주에서의 노화를 지원할 수 있는 정책기반을 마련하였다.

소적 의미와 소속감을 가지게 되며, 특히 이웃, 친구와의 접촉과 만남 유지는 노년의 외로움과 고독감을 극복하는 데 매우 중요한 생활요소이다. 이런 의미에서 보면, 보행기능이 저하되어 독립생활이 불가능해지고 전문시설의 입소가 요구되는 시점까지 가급적 살던 집에서 생활하면서 필요한 경우 다양한 서비스를 받는 것이 정서적 심리적 측면에서 바람직하다.[16] 주거환경 측면에서 현거주지에서의 노화정책이 성공하려면, 노인의 신체적 특성과 사회적 요구에 부합되도록 기존의 주택을 개량하고 도시환경을 노인의 신체적, 정서적 그리고 물질적 능력과 특성에 맞게 고쳐나가는 일이매우 중요하다.

젊음, 활력, 육체적 매력 등을 우선시하고 이런 것들에 가치를 우선적으로 부여하는 사회에서 고령화 문제는 분명 커다란 도전이며 시련으로 다가올 것이다. 고령화의 속도가 점점 빨라지고 초고령 사회로의 진입이 분명해 보이는 지금, 우리 사회는 노인을 바라보는 철학과 관점을 전환해야 한다. 노인을 단순히 더 이상 생산에 참여하여 경제적 부가가치를 창출할 수 없는 '은퇴한 잉여자원'으로만 여기게 되면, 그들은 언제나 수동적 보호의 대상일 뿐이고, 노화는 그저 시장의 변두리로 밀려나는 과정에 불과하며, 도시는 젊은이와 소비의 환경일 뿐이다.[17]

고령화를, 노인에게 자유로운 이동능력과 경제적 자립, 그리고 공동체적 참여가 가능하게 함으로써 새로운 가능성을 제시하는 하나의 과정으로 보아야 한다. 이 과정에서 우리의 주택과 공공시설 그리고 외부환경이 '연령에 갇힌(age-locked) 사회'[18]가 아닌, 노인을 포함한 모든 연령층에게 열린(age-open) 장소가 되도록 하는 도시·건축차원의 실증적 연구, 종합적 정책 그리고 분야별 실행프로그램이 절실히 요구된다. 이것이 국제사회가 요구하는 '모든 연령을 위한 사회'를 만드는 데 계획과 디자인의 역할이 주목되는 이유다.

16) 국토연구원(2007)에 의하면 노인의 63.8%가 가족구성의 변화에 상관없이 거주하던 집에서 계속 살기를 희망하였다.

17) 은퇴와 노화로 사회와 경제활동에서 소외되고 배제된 채 서울 탑골공원, 종묘시민공원 등에서 시간을 보내는 노인들의 삶을 오근제(2014)는 퇴적공간(堆積空間)이란 개념으로 설명한다.

18) 눈에 보이지 않으나 우리사회에서 노화로 인한 사회적 차별과 낙인은 매우 광범위하다. 시설 측면에서 보면 노인이 마음 놓고 드나들 수 있는 놀이시설, 극장, 카페, 식당 등 각종 시설에서 경로우대증을 내미는 노인은 그다지 반갑지 않은 손님으로 치부되기 일쑤다. 연령차별주의와 더불어, 퇴직하거나 경제적 벌이가 없는 노인은 자신 스스로가 비생산적이며 사회적 부담이 되는 존재로 느끼기도 하고 생활의 궁핍함으로 인해 자아를 억압하기도 한다. 결국 연령 그 자체가 잘못된 편견과 부정적 고정관념을 확대시키고 사회적으로 고령층을 억압하는 기재로 작용하는 것이다(Young and Schuller, 1991).

참고문헌

1. 건설경제, 미래 주택산업 빅4 주거환경관리 · 임대주택 · 고령자주택 · 주거서비스, 2013.11.28
2. 김교성 · 김수연, 활동적 노화에 관한 다차원적 측정과 국가간 비교, 사회복지정책, 41(1), pp.1-32, 2014
3. 김정곤 외 3인, 노인시설의 커뮤니티 증진을 위한 디자인 특성에 관한 연구, 한국실내디자인학회논문집, 23(2), pp.21-29, 2014
4. 김정근, 고령화 시대의 노인 1인 가구: 소득변화의 특징과 시사점, SERI 경제 포커스, 357호, p.11, 2011
5. 노권찬, 고령친화도시를 위한 공공디자인 가이드라인 연구 : 노인보호구역을 중심으로, 경북대학교대학원 박사학위청구논문, x+p.235, 2015
6. 마쓰나가 야스미쓰, 진영환 외 2인 공역, 도시계획의 신조류, 한울, 2005
7. 민중엣센스 국어사전(6판), 민중서림, 2009
8. 변완희, 배려도시, 우리시대, 2014
9. 서정숙 · 유석연, 고령친화적 지역사회를 위한 미국 뉴욕시의 도시계획 특성에 관한 연구 : 뉴욕시 맨하탄의 커뮤니티 구역7을 중심으로, 도시정책연구, 4(1), pp.17-34, 2013
10. 송웅 편, 치매노인시설의 공간 & 환경디자인 : 치유환경으로서의 공간계획과 디자인, 시공문화사, 2002
11. 안세민 역, 회색쇼크 : 고령화, 쇼크인가 축복인가, 반비, 2011
12. 앤서니 기든스, 김미숙 외 6인 공역, 사회학(4판), 을유문화사, pp.182-186, 2003
13. 오근재, 퇴적공간, 민음인, 2014
14. 이동현, 고령친화형 도시공간만들기, BDI 포커스, 216호, p.12, 2013
15. 이윤경 외 3인, 100세 시대 대응 고령화 지역 연구, 한국보건사회연구원, p.313, 2012

16. 일본건축학회편, 김영하 역, 건축·도시재생의 실현과 환경디자인, 기문당, 2010
17. 일본건축학회편, 배현미·김종하 공역, 인간심리행태와 환경디자인(2판), 보문당, pp.195-201, 2006
18. 정경희, 고령친화도시 구축을 위한 국제적 흐름 : 배경과 의의, 보건복지포럼, 168호, pp.102-112, 2010
19. 정순둘·윤희수, WHO고령친화도시 실현가능성 분석 : 서울특별시 조례분석을 중심으로, 노인복지연구, 65, pp.109-130, 2014
20. 주총연고령기거주위원회 편저, 박준호 역, 노후를 위한 집과 마을, 퍼블리싱 컴퍼니 클, 2014
21. 중앙일보, 2060 韓고령인구 40%, 고령화 순위 세계 2위, 중앙일보, 2015.7.9
22. 타카하시 타카시 외 2인 공편, 이정남 역, 건축도시환경과 인간행태, 기문당, pp.112-143, 2009
23. 한국보건산업진흥원, 2014년도 고령친화산업 육성사업, p.260, 2014
24. 통계청, 장래인구추계, 2011
25. Jung, Y. M.), Aged Care Policies Supporting Ageing-in-place in Australia and their Implications for Korean Aged Care Policy, 한국노년학, 33(4) : pp.847-863, 2013
26. Peterson, Peter G., Gray Dawn: The Global Aging Crisis, Foreign Affairs, January/February, 1999
27. United Nations, Human Development Report, New York : United Nations, 2005
28. WHO, Global Age-friendly Cities : A Guide, Geneva : WHO, p.76, 2007
29. Young, M. and T. Schuller, Life After Work : The Arrival of the Ageless Society, London : HarperCollins, 1991
30. 고령친화산업진흥법, 2013
31. 노인복지법, 2015
32. 장애인·노인·임산부 등의 편의증진 보장과 관한 법률, 2015

제2장

계획방향 및 관련법규

1. 고령친화시설 계획·설계의 이론적 기반
2. 유니버설디자인(universal design)
3. 무장애디자인(barrier-free design)
4. 고령친화시설의 유형
5. 고령친화시설의 계획방향
6. 고령친화시설 관련법규

제2장 >>> 계획방향 및 관련법규

1. 고령친화시설 계획 · 설계의 이론적 기반

노인과 장애인 등 사회적 약자를 포함하여 누구에게나 열려있는 배려의 도시환경인 고령친화도시를 만드는 일은, 신체적 기능이 저하되어 정신적 장애를 경험하며 사회·경제적 어려움을 겪고 있는 노인에게 안전하고 편리한 주거와 공공시설을 포함한 외부환경을 계획함으로써 시작할 수 있다.

인간의 삶은 건축과 분리하여 생각하기 어렵다. 태어나서 죽을 때까지 항상 집(공간)을 필요로 한다는 의미에서, 인간은 시·공간적 존재라 할 수 있다. 건축은 1차적으로는 인간을 보호하는 쉘터(shelter)이며, 축적되면서 인간의 사회적, 경제적, 문화적 활동과 의지, 문화와 가치의 결과물로 자리매김한다.

건축이 다양한 인간 활동을 담아내는 용기(container)로서 역할을 '제대로' 하려면 인간, 즉 사용자의 입장에서 건축을 바라보고 접근해야 한다. 그럼에도 불구하고, 우리는 지난날 20세기 근대건축에서 설계자의 안목과 사용자의 요구가 서로 달라서 실패한 사례를 수도 없이 발견한다. 모듈(module)로 대변되는 획일주의와 기술주의에 의지한 채 형태미학적 판단을 지나치게 강조하는 엘리트 건축예술가의 작품은 사용자의 입장에서는 상식적으로 이해하기 어려운 불편함과 오류투성이로 다가온다. 거장중심의 엘리트 근대건축이 배태한 인간소외의 건축을 피터 블레이크(Blake, 1977)는 11가지 환상[1]으로 설명하면서 건축가와 일반인의 건축에 대한 사고와 공간이용 패턴의 인식차이를 지적하였다.

---

1) 기능의 환상, 오픈 플랜의 환상, 순수성의 환상, 기술의 환상, 초고층의 환상, 이상도시의 환상, 이동성의 환상, 용도지역제(zoning)의 환상, 주거의 환상, 형태의 환상, 건축의 환상 등이다(Blake, 1977).

폴 루돌프(P. Rudolph)가 설계한 예일대학교의 건축학부 건물(1963년 완공)은 라이트(F. L. Wright)를 비롯한 거장들의 전통을 계승한 건물로서 28개의 고저차, 빛, 재료의 질감 그리고 형태가 이루는 건축가의 연출이 매우 뛰어난 '작품'이었다. 하지만 설계자가 중시한 형태와 사용자인 학생들의 기능적 요구 간 부정합(mismatch)과 갈등이 낙서, 방뇨, 담배꽁초 투기를 낳았고 결국 건물은 방화를 당하는 수모를 겪었다.

또 하나의 잘 알려진 실패 사례는 1951년 미국건축가협회(American Institute of Architects: AIA) 주관 국제현상설계에서 당선작으로, 일본건축가 미노루 야마자키(M. Yamazaki)가 설계하여 1954년에 완공된 세인트루이스의 프루이트 이고에(Pruit Igoe) 집합주택이다. 226,600m^2 규모의 부지에 11층의 33개동으로 구성된 이 주거단지는 르 꼬르뷔지에(Le Corbuiser)가 '빛나는 도시'에서 제시한 설계원리를 반영한 것으로 한때 미국의 새로운 공공주택 건물로 찬사를 받았다. 그러나 3층마다 계획된 어린이 놀이터, 어른모임 갤러리, 공동세탁실, 공용창고 등 이웃과 만남과 접촉의 장소로 의도된 공간은 극빈층(주로 흑인계층)의 반달리즘(vandalism), 방뇨, 쓰레기투기, 강도행위의 장소로 전락하였다. 뿐만 아니라 계단과 엘리베이터에서 범죄가 빈번하게 되면서 고층부터 빈집이 증가하였고, 결국 미국 도시주택개발국(HUD)은 1972년 7월 15일 이 주거단지를 폭파, 철거하게 된다(이관용, 2003 : 58-59).

훌륭한 건축작품이 사용자에게 외면당하는 이러한 실패는 모두 건축가와 건축주 그리고 사용자의 관점과 생각의 차이, 즉 동상이몽에서 오는 것이다. 더 구체적으로 말하면 건축가는 자신의 계획철학과 설계수법을, 건축주는 개발이익의 극대화를, 사용자는 거주 만족에 우선적 관심을 가진다. 건축이라는 환경은 사용자의 생활과 삶 자체를 담는 그릇이며, 따라서 사용자와 건축(건조환경) 간의 관계를 이해하고 정립하는 작업이 중요하다.

건강한 성인의 경우와 비교하면, 건축과 도시환경이 신체적, 정신적으로 허약한 노인의 정서와 행동에 미치는 영향은 매우 크다. 따라서 이론적 측면에서 보면, 고령친화시설의 계획과 설계는 환경심리(environmental psychology)적 이론이 기반이 되어야 한다. 물리적 환경과 인간행태 간의 상호연관성을 조사하고 이해하는 데 초점을 두는 심리학의 한 분야이다. 환경심리학에서 인간은 물리적 환경에 의해 영향을 받으면서 적응해 나가는 동시에 계획과 설계행위를 포함한 다양한 활동을 통해 환경에 적극적으로 영향을 미치는 존재로 이해된다. 그러므로 행태(behavior)는 인간과 환경 간 쌍방향 상호작용(two-way interaction)의 결과이다.[2)]

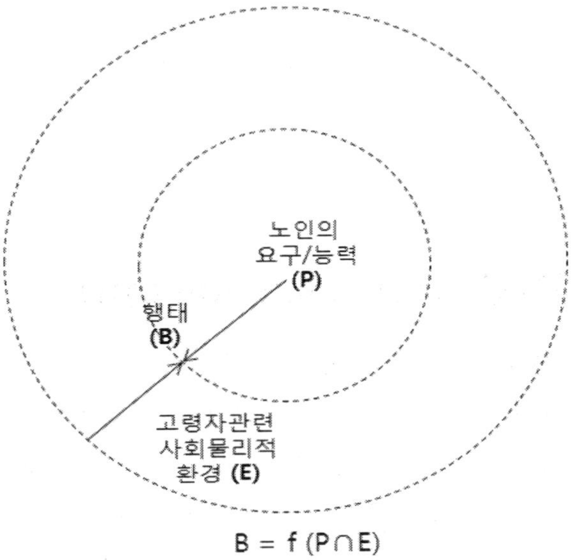

그림 2.1 고령자-환경의 상호작용과 행태(출전 : 윤일주 외 공역(1991:63)을 기초로 필자 수정)

고령친화시설 구축을 위한 환경심리적 접근은, 건축물 구축을 전생애적(whole life-cycle) 측면에서 검토하면서 노인이라는 이용자의 능력과 욕구에 기반을 둔 프로그램을 중심으로 디자인을 하고 시설을 구축한 후 사용 후 진단 및 평가를 통해 기존시설을 개선하는 동시에, 후속 설계에 반영함을 의미한다. 노인의 심리, 신체적 특성 및 능력, 그리고 행태패턴에 부합되도록 계획·설계하고 사용과 적응 과정을 거친 후 이를 다시 환경-행태 상호작용의 측면에서 평가하며 개선점을 찾아내고 다음 번 설계에 참조하는 방식이 요구되는 것이다.

환경심리학에서 중요시 하는 행태 요소들 - 개인의 공간, 영역성, 인체측정학(예를

2) 환경심리학의 발전과정과 다양한 연구 주제, 예를 들어, 지각-인지-태도, 학습과 스트레스, 과밀, 프라이버시, 영역성, 개인의 공간 등에 대해서는 Holahan(1982)을 참조.

들어, 가구와 좌석배치), 프라이버시, 통제성, 친밀감과 안전성, 방향성(orientation)과 길찾기(way-finding), 사회화기회, 활동공간 제공등 - 은 모두 이용자 중심의 계획과 설계를 위해 필요한 개념들이다. 고령친화시설의 계획과 설계를 위한 유니버설 디자인(universal design, 보편적 디자인), 무장애디자인(barrier-free design), 접근가능한 디자인(accessible design) 역시 이용자의 신체적 능력과 욕구를 바탕으로 하는 디자인 접근이며, 따라서 환경-행태의 연구, 즉 환경심리학이 이론적 바탕이 되는 것이다.

2. 유니버설디자인(universal design)

연령, 신장, 장애유무 등에 관계없이 모든 사람들이, 적응하거나 별도 설계 없이, 편리하고 안전하게 사용할 수 있는 환경 및 상품의 디자인을 말한다. 따라서 유니버설 디자인[3]은 건축의 설계에만 국한되는 것이 인간이 필요로 하는 다양한 상품과 서비스 모두에 해당되고, 보편적 환경(universal environment), 건물, 상품, 서비스는 그것을 사용하고자 하는 모든 사람들의 전 생애주기를 수용하면서 그들의 필요에 부응하도록 디자인되어야 한다. 북유럽에서는 '모두를 위한 디자인(design for all)' 미국, 일본에서는 유니버설디자인으로 불리기도 한다. 영국에서는 다양한 사용자를 포괄한다는 의미에서 포괄적 디자인(inclusive design)으로도 불린다.

유니버설디자인은 노인, 장애인, 어린이 등 모든 사람을 위한 상품과 서비스를 대상으로 하면서 남성/여성을 구분하지 않고 사회적 약자를 배제하지 않는 '다양성'과 '평등'을 기본 철학으로 한다. 유니버설디자인은 무장애(barrier-free)를 기본으로 하지만 사용자 그룹과 관점, 원리와 디자인 대상에서는 그 이상을 포함한다.

3) 이 용어는 1970년 노스캐롤라이나 주립대학 유니버설디자인센터 창설자이자 센터장이었던 로널드 L. 매이스(1941-1998)에 의해 만들어졌다.

그림 2.2 유니버설디자인의 평등개념(출전 : 경기도(2011b : 14))

유니버설디자인은 첫째, 부담을 주지 않으면서 사용자의 기능요구에 부응하는 기능성(support), 둘째, 변화하는 다양한 사람들의 요구를 충족시키는 수용가능성(adaptation), 셋째, 누구나 장애나 방해 없이 사용할 수 있는 접근가능성(accessibility), 넷째안전문제를 개선하거나 미연에 방지하는 안전성(safety) 등 4가지 디자인 원리를 준수한다.

유니버설디자인의 연구와 교육으로 권위 있는 노스캐롤라이나 주립대학교 유니버설디자인센터가 제시하는 7대 원칙은, i) 공평한 사용(equitable use), ii) 사용상의 융통성(flexibility in use), iii) 간결하고 직관적인 사용(simple and intuitive use), iv) 지각(인지)가능한 정보(perceptible information), v) 오류에 대한 포용력(tolerance for error), vi) 적은 물리적 노력(low physical effort) 및 vii) 접근과 사용에 적정한 규격과 공간(size and space for approach and use) 등이며, 각 원칙별 세부 내용은 아래와 같다.[4)]

(1) 원칙 1

공평한 사용 : 누구에게나 유용하고 판매 가능한 설계가 되도록 한다.

가. 모든 사용자들에게 같은 사용방법을 제공하되, 가능한 한 동일하게, 불가피할 경우 동등하게 설계

4) http://www.ncsu.edu/ncsu/design/cud/

나. 누구에게도 차별적이거나 낙인찍히도록(stigmatizing) 설계하지 말 것

다. 모든 사용자에게 프라이버시, 보안(security), 안전(safety) 측면이 동일한 수준으로 적용되도록 설계

라. 모든 사용자들에게 어필하도록 설계

(2) 원칙 2

사용상의 융통성 : 사용자의 선호와 능력(역량)을 광범위하게 수용하는 설계가 되도록 한다.

가. 여러 방식으로 사용할 수 있는 선택권 제공

나. 왼손-오른손잡이 모두 사용할 수 있도록 설계

다. 이용자가 정확하고 정밀하게 사용할 수 있도록 설계

라. 사용자의 보조(pace)를 맞출 수 있는 설계

(3) 원칙 3

간결하고 직관적인 사용 : 이용자의 경험, 지식, 언어구사 능력, 현재집중수준(current concentration level)에 관계없이 설계내용이 쉽게 이해되어야 한다.

가. 불필요하게 복잡하지 않도록 설계

나. 사용자의 기대와 직관에 맞추어 설계

다. 이용자의 읽고 쓰는 능력(literacy)이나 언어 구사력에 관계없이 사용할 수 있도록 설계

라. 중요도에 따라서 해당 정보를 (설계에) 포함시킴

마. 설계중이거나 완료 후에도 효과적인 홍보와 피드백이 되도록 설계

(4) 원칙 4

지각(인지)가능한 정보 : 이용자의 감각능력이나 여건에 관계없이, 이용자에게 필요한 정보가 효과적으로 전달되도록 설계한다.

가. 필수적 정보를 충분히(redundant) 제공하기 위해서 그림, 언어, 촉각 등 상이한 방법을 설계에 활용

나. 필수적인 정보와 주변 정보를 적절히 대비시켜서 제공
다. 필수적인 정보를 최대한 쉽게 이해하도록(legibility) 설계
라. (설계)요소들이 잘 이해(판독)되도록 차별화(지시나 방향표시를 쉽게 이해할 수 있도록 설계)
마. 감각장애자들이 필요에 따라 다양한 기술이나 도구를 호환적으로 사용할 수 있도록 설계

(5) 원칙 5

오류에 대한 포용력 : 사고나 의도하지 않은 행동으로 인한 위해(hazards, 危害)와 역효과가 최소화되도록 설계한다.

가. 위해와 오류를 최소할 수 있도록 (설계)요소들을 배치, 즉 위해요소는 제거하거나 분리하거나 감추도록 함
나. 위해와 오류 경고를 설계에 포함
다. 안전장치가 되어 있는(fail-safe) 부분(요소)을 설계에 나타냄
라. 주의가 필요한 행위(일)에서 발생 가능한 무의식적 행동을 사전에 방지하도록 설계

(6) 원칙 6

적은 물리적 노력 : 이용자가 피로를 느끼지 않고 효율적이고 안락하게 사용할 수 있도록 설계한다.

가. 사용자들이 한쪽으로 기울어지지 않는 중립적 자세를 유지하도록 설계
나. 작동하는 힘을 적절히(reasonable) 사용해도 되도록 설계
다. 반복적 동작(행동)을 최소화하도록 설계
라. 지속적으로 물리적 힘을 가하는 동작을 최소화하도록 설계

(7) 원칙 7

접근과 사용에 적정한 규격과 공간 : 신체 사이즈, 자세 또는 기동성(mobility)에 관계없이 이용자가 접근해서, 손을 닿을 수 있고, 조작할 수 있고, 사용할 수 있도록 적정한 크기와 공간을 설계한다.

가. 앉거나 서 있어도 중요 요소를 일목요연하게 볼 수 있도록 설계
나. 앉거나 서 있어도 편안하게 모든 요소에 닿을 수 있도록 설계
다. 다양한 크기의 손과 손잡이를 설계에 반영
라. 보조장치나 보조원의 도움을 받을 수 있도록 적정한 공간을 설계

3. 무장애디자인(barrier-free design)

무장애디자인이란, 장애가 있는 사람이 장애가 없는 사람과 마찬가지로 일상생활과 사회활동을 하는 데 아무런 불편이 없도록 건축, 도시, 공공시설물을 구축하기 위한 설계를 말한다. 장애인이 장벽으로 느끼는 물리적 장애를 없앤다는 사전적 의미가 들어있으며, 장애인에게도 평등한 물리적 환경을 조성해 주기 위해 법규[5)]에 근거하여 이루어지는 설계로 볼 수 있다. 유니버설디자인과 같은 의미로 사용되기도 하지만, 무장애디자인은 신체적 제약을 지닌 장애인을 대상으로 한다는 측면에서(Curl, 2006 : 65-66), 장애와 비장애의 차별을 두지 않고 모든 사람을 대상으로 하는 포괄적 디자인 패러다임인 유니버설디자인보다 다소 협의의 개념으로 볼 수도 있다.

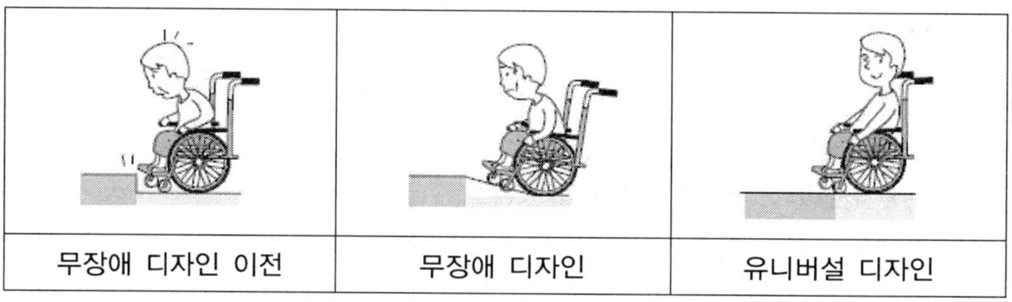

그림 2.3 디자인의 3단계(출전 : 경기도(2011a : 5))

무장애디자인 개념은 1974년 국제연합 장애인생활환경전문가회의에서 무장애설계에 관한 보고서(Report of a United Nations Expert Group Meeting on Barrier-Free Design)가 나오면서 건축분야에서 사용되기 시작하였다. 이후 일본, 스웨덴, 미국

5) '장애인·노인·임산부 등의 편의증진 보장에 관한 법률'과 '교통약자의 이동편의 증진법'이 대표적이다.

등 선진국을 중심으로 휠체어를 탄 고령자나 장애인들도 일반인과 다름없이 편하게 살 수 있게 하자는 뜻에서 주택이나 공공시설을 지을 때 문턱을 없애자는 운동을 전개하면서 세계 곳곳으로 확산되었다.

스웨덴에서는 1975년 주택법 개정을 계기로 신축주택에 대해 전면적으로 무장애 설계개념을 적용하여 휠체어를 타고서도 집안에서 불편 없이 활동할 수 있도록 문턱을 제거하였으며, 그 결과 다른 고령화 국가에 비해 노인들의 입원율이 크게 낮아지는 성과를 거두었다. 일본에서는 무장애디자인 개념이 일반화되어 2000년 이후부터는 건축, 도로, 공공시설 등과 같은 물리적 측면의 장애뿐만 아니라 자격·시험 등을 제한하는 제도적 법률적 장벽을 비롯해 각종 차별과 편견, 나아가 장애인이나 노인에 대해 사회가 가지는 마음의 벽까지 허물자는 의미로 전파됨으로써 공간설계 측면의 이 개념이 유니버설의 개념으로까지 확대되는 경향을 보인다.[6)]

표 2.1 유니버설디자인과 무장애디자인의 비교

	유니버설디자인	무장애디자인
관점	- 누구에게나 공평하며, 이용하기 쉽고, 쾌적한 물리적·사회적 환경구축 - 모두를 위한 상품과 서비스 디자인을 위한 철학	- 장애인, 노인이 참여하고 생활하는 데 어려움이 없는 물리적 환경 만들기 - 장애인에게 평등한 환경을 제공하는 법규에 근거한 설계수법
대상/범위	- 성별, 인종, 연령, 장애유무에 관계없이 모든 사람들 - 건축, 공공시설의 물리적 환경 및 행정, 교육, 복지 등 사회적 환경가치 제고	- 장애인, 노인 등 신체적 장애를 가진 사람들 - 건축, 공공시설 등 물리적 환경의 장애물 제거
특성/원리	- 기능성, 수용가능성, 접근성, 안전성, 경제성, 친환경성	- 주로 장애인, 노인의 접근성과 안전성에 초점
예시	- 모든 사람들이 사용하기 편한 화장실 - 건축물 주출입구에 계단, 경사로 등 단차를 없앰 - 캐리어(여행가방)을 가진 사람도 쉽게 다닐 수 있는 쾌적한 보도	- 장애인, 노인이 이용 가능한 화장실 - 건물 주출입구 단차 해소 위해 경사로 설치 - 장애인의 원활한 통행 위한 넓은 보도 및 유도블럭 설치

(출전 : 경기도(2011b : 16))

6) www.doopedia.co.kr/doopedia/master/master.do?_method=view&MAS_IDX=101013000793194

접근가능한 디자인(accessible design) 역시 노인이나 장애인이 평등하게 환경을 누릴 수 있도록 장애물을 제거하려는 설계 개념이다. 접근가능한 환경은 노약자와 장애인에게는 장애물이 제거된 상태를 의미하지만, 넓게 보면 다양한 사람들이 사용하기에 편리한 물리적 환경의 구축에 다름없다. 생애주택(lifetime home)이 전형적인 예로서 기본적으로는 모든 가구를 위한 일반적인 주택이기도 하지만, 노인이나 장애인의 요구나 생애주기 변화에 따라 비싼 비용을 들이지 않고 개조될 수 있도록 건축된 주택이다(이소영, 2014 : 54). 접근가능한 디자인 개념은 무장애디자인과 비교하여 환경에의 접근성을 강조하지만 추구하는 궁극적 목적은 역시 장애가 제거된 환경구축으로 볼 수 있다.[7)]

4. 고령친화시설의 유형

나라마다 고령친화 관련 시설의 범위와 내용이 조금씩 다르다. 일본에서는 고령친화관련 시설을 복지와 보살핌(케어) 개념이 포함되는 후생노동성 소관의 주택 - 양호노인홈, 경비노인홈, 케어하우스, 생활지지하우스(고령자생활복지센터), 유료노인홈 - 과 국토교통성 소관의 임대형 주택 - 시니어주택, 고령자전용 우량임대주택, 실버하우징, 고령자원활입거임대주택 - 으로 구분한다(김석준, 2010 : 16-17).

대부분 민간운영에 의존하고 있는 미국의 노인주거는 일반주택(single-family home)과 고령자주택(senior housing)으로 구분되며, 고령자주택은 건강한 55세 이상 노인에게 제공되는 독립생활주거(independent living: IL), 심각한 질병은 없지만 서비스가 함께 제공되는 지원형생활주거(assisted living: AL) 그리고 간호 및 돌봄 서비스가 제공되는 너싱케어홈(nursing home care: NH)으로 세분된다. 독립생활주거(IL)의 세부유형으로는 ECHO주택, 액세서리주택이 있으며, 지원형생활주거(AL)는 은퇴주거단지, 노인전용하숙집, 공유주택, 노인집합주택, 생활보조주택으로 나뉜다. 너싱케어홈(NH)의 세부유형으로는 너싱홈, 연속보호은퇴주거단지 등이 있다.

독일에서는 노인들이 최소한의 인간다운 생활을 누리면서 생활할 수 있도록 관련

---

7) 이외에도 적응가능한 디자인(adaptable/adjustable design), 전생애주기 디자인(life-span design)이란 용어도 상호 교환적으로 사용된다.

시설의 종류와 기준을 노인집단 주거시설법(Heimgesetz)에 의거하여 규정하고 있다. 시설 유형으로는 양로시설, 노인복지주택, 수발형 노인요양원, 노인용 아파트, 편의제공주택, 수발주택이 있다[8].

우리나라에서는 고령친화시설을 '노인의 건강한 주거와 여가 및 사회활동을 위한 장(場)'으로 이해할 수 있으며, 노인복지법(2013)에 근거한 노인복지시설이 고령친화시설의 핵심적 부분을 차지한다. 노인복지법 4장(노인복지시설의 설치·운영) 31조(노인복지시설의 종류)에서는 노인복지의 유형을 주거, 의료, 여가, 재가 및 보호의 다섯 영역으로 정하고 각 영역별 시설의 설치기준을 시행규칙으로 정하고 있다.

노인복지법상 시설은 노인의 활동유형 기준으로 주거, 의료(건강), 여가의 세 영역으로 구분되고, 노화 정도와 장애유형, 입소자의 규모와 생활유형(개인, 그룹), 지원과 케어(돌봄)유형을 적용하여 세분화하고 있다. 뿐만 아니라 시행규칙에서는 세부시설별 규모와 시설기준을 규정함으로써 계획과 설계 시 지침의 역할을 한다.

표 2.2 복지시설의 유형 및 정의

구분	시설	정의
노인주거복지시설	양로시설	노인을 입소시켜 급식과 그 밖에 일상생활에 필요한 편의를 제공함을 목적으로 하는 시설
	노인공동생활가정	노인들에게 가정과 같은 주거여건과 급식, 그 밖의 일상생활에 필요한 편의를 제공함을 목적으로 하는 시설
	노인복지주택	노인에게 유료로 분양 또는 임대 등을 통하여 주거의 편의, 생활지도, 상담 및 안전관리 등 일상생활에 필요한 편의를 제공함을 목적으로 하는 시설
노인의료복지시설	노인요양시설	치매·중풍 등 노인성질환 등으로 심신에 상당한 장애가 발생하여 도움을 필요로 하는 노인을 입소시켜 급식·요양과 그 밖에 일상생활에 필요한 편의를 제공함을 목적으로 하는 시설
	노인요양공동생활가정	치매·중풍 등 노인성질환 등으로 심신에 상당한 장애가 발생하여 도움을 필요로 하는 노인에게 가정과 같은 주거여건과 급식·요양, 그 밖에 일상생활에 필요한 편의를 제공함을 목적으로 하는 시설

8) 미국 및 독일의 노인복지시설에 관한 구체적 유형별 설명은 장교식·선은애(2011)를 참조.

표 2.2(계속) 복지시설의 유형 및 정의

구분	시설	정의
노인 여가 복지 시설	노인복지관	노인의 교양·취미생활 및 사회참여활동 등에 대한 각종 정보와 서비스를 제공하고, 건강증진 및 질병예방과 소득보장·재가복지, 그 밖에 노인의 복지증진에 필요한 서비스를 제공함을 목적으로 하는 시설
	경로당	지역노인들이 자율적으로 친목도모·취미활동·공동작업장 운영 및 각종 정보교환과 기타 여가활동을 할 수 있도록 하는 장소를 제공함을 목적으로 하는 시설
	노인교실	노인들에 대하여 사회활동 참여욕구를 충족시키기 위하여 건전한 취미생활·노인건강유지·소득보장 기타 일상생활과 관련한 학습프로그램을 제공함을 목적으로 하는 시설
	노인휴양 시설	노인에 대하여 심신의 휴양과 관련한 위생시설·여가시설 기타 편의시설을 단기간 제공함을 목적으로 하는 시설
재가 노인 복지 시설	방문요양 서비스	가정에서 일상생활을 영위하고 있는 노인으로 신체적·정신적 장애로 어려움을 겪고 있는 노인에게 필요한 각종 편의를 제공하여 지역사회 안에서 건전하고 안정된 노후를 영위하도록 하는 서비스
	주야간보호 서비스	노인에게 필요한 각종 편의를 제공하여 이들의 생활안정과 심신기능의 유지·향상을 도모하고, 그 가족의 신체적·정신적 부담을 덜어주기 위한 서비스
노인 보호 전문 기관	노인인력 개발기관	노인일자리개발·보급사업, 조사사업, 교육·홍보 및 협력사업, 프로그램인증·평가사업 등을 지원하는 기관
	노인일자리 지원기관	지역사회 등에서 노인일자리의 개발·지원, 창업·육성 및 노인에 의한 재화의 생산·판매 등을 직접 담당하는 기관

(출전 : 노인복지법 4장 31조(노인복지시설의 종류) 및 노인복지법 시행규칙에서 정리)

5. 고령친화시설의 계획방향

고령친화시설, 즉 노인복지시설은 앞서 설명하였듯이 주거, 의료 그리고 여가시설로 구분되며, 모든 노인시설의 기본적 계획 방향은 앞에서 설명한 무장애디자인과 유니버설디자인의 철학과 접근을 수용하는 것이다. 시설별 개략적 계획방향은 다음과 같다.

(1) 노인주거복지시설 계획방향[9)]

노인주거복지시설은 대체로 주거공간, 공용공간, 의료공간 서비스공간, 이동공간 등으로 구성되며, 입지와 지역사회 연계, 장소성, 안전성, 쾌적성, 거주성 등을 염두에 두고 계획한다.

1) 입지, 지역사회 연계성 및 접근성

입지선정 시 지형 및 대지형태, 기반시설공급 여건, 자연환경이 노인이용자의 제반 능력과 니즈(needs)에 부합되는 지 검토한다. 가족, 친지 및 친구와 교류가 지속될 수 있도록 (대중)교통이 편리하고 의료시설, 여가문화시설 등의 이용이 용이하도록 지역사회와의 심리적, 물리적 연계성과 접근성이 양호한 위치에 입지한다.

2) 안전성과 쾌적성

시설 내·외부는 노인활동에 어려움이 없도록 무장애계획을 하고, 특히 화재, 치안, 재난 등 비상시를 대비한 피난계획을 고려한다. 향(orientation), 일조, 통풍환기를 고려하여 쾌적성을 보장하고 실내에서의 외부 자연조망을 검토한다. 특히 안전성 확보를 위해 각 주거단위에서 다른 주거 단위들을 상호 시각적으로 감시할 수 있는 배치를 검토하며, 외부의 위험으로부터 보호 가능한 방어적 공간(defensible space)의 개념을 도입한다.

9) 김미경·전미자(2015: 92), 김지민 외 2인(2013: 80-81), 서울시(2011: 22~30) 및 이관용(2003: 151-174)을 참조하여 기술함.

3) 거주성

집단으로 수용하는 시설이라는 느낌을 최소화하면서 가정과 같은 친숙한 환경이 되도록 안정적 생활공간으로 계획한다. 개개인의 신체적 능력, 성격과 취향이 다른 점을 감안하여 다양성이 존중될 수 있도록 획일적인 계획과 설계는 지양한다.

4) 장소성과 개성 있는 환경

자립심, 자존감, 개성을 높일 수 있는 환경이 되도록 하되 주거단위의 다양성을 고려하며, 공간별 차별화 계획이 되도록 한다. 운동 및 산책활동 시 길찾기(way-finding)가 용이하도록 계획하고 이를 정원계획과 연계함으로써 개성 있는 외부환경이 되도록 한다.

한편 노인의 신체적, 심리적 특성에 따른 건축계획 요소는 행태적, 사회적, 환경적 차원에서 설명할 수 있으며, 세부 특성에 따른 건축계획 요소를 보면 위계가 높은 배치계획, 각실 간 관계설정에서부터 위계가 낮은 재료, 조명 및 공기조절, 사인(sign) 및 픽토그램에 이르기까지 매우 광범위하고 다양하다. 따라서 성공적인 계획을 위해서는 건축가뿐만 아니라 사회복지, 노인재활, 환경심리, 조경 및 정원 전문가 등의 참여와 자문이 필수적이다.[10)]

주거복지시설의 단위주거 계획과 관련한 주요 계획방향을 몇 가지만 설명하면 아래와 같다. 현관은 가족구성원뿐만 아니라 방문객을 위한 공용공간이므로 거주 노인만을 위해 디자인할 수는 없으므로 유니버설디자인 원칙을 준수하고, 현관을 열어 놓았을 때 집의 나머지 부분이 보이지 않도록 한다. 거실은 노인이 가정에서 많은 시간을 보내는 공간이므로 감각장애와 신체적 장애를 극복할 수 있도록 계획되어야 하고, 가구류와 집기류는 보행에 지장이 없고 위험을 최소화하도록 하고, 휠체어 사용자를 위한 방향전환 공간을 계획한다.

10) 미래지향적 고령친화시설의 구축과 운영을 위해서는 관련 전문가들의 융복합적 연구접근과 협력적 계획 그리고 참여적 관리·운영이 요구된다.

표 2.3 노인의 특성에 따른 건축계획 요소

특성	세부 특성		계획요소
행태적	신체	이동성	거실, 식당, 현관, 로비, 이동공간(복도, 계단 등)
		체력 및 원기	
		감각기능	표지판(사인, 픽토그램), 색채, 질감, 조명
	정신 및 심리	인지능력	식당, 거실, 출입구, 이동공간, 공용공간
		우울증	공용공간, 공유공간
		고독감	배치(입지), 재료
		내향성 및 의존성	침실, 발코니, 정원, 화장실, 산책로
사회적	직업의 유무		배치, 재료
	친교		
	지위		
	소속		공유공간, 거실, 식당, 화장실, 산책로
환경적	프라이버시		침실, 발코니, 정원, 화장실, 산책로
	영역		개인(단위)공간, 발코니, 개인정원
	의사전달		거실, 식당, 현관, 로비. 이동공간
	단서파악		표지판(사인, 픽토그램), 색채, 질감
	안전		턱, 문지방, 마감재, 손잡이(가드레일)

(출전 : 김정곤외 3인(2014 : 22) 및 배현미·김종하 공역(2006 : 195-201)에서 수정)

주방은 노인의 자립생활을 위한 중심공간으로서 노인이 선호하는 이동방법을 고려하여 계획하고, 보행 보조기를 사용하는 사람이 왼손잡이인지 오른손잡이인지 고려하여 설계한다. 또한 주방입구에서 작업을 시작하여 마무리할 때까지의 작업 순으로 가구와 도구를 배치한다. 식당 계획은 자연채광을 유입시키고 환기와 통풍을 원활히 하여 식욕을 돕고 쾌적한 환경을 만드는 데 주안점을 둔다. 특히 시력장애 노인이 식사에 지장이 없도록 색채와 조명환경을 검토하고, 가능하면 창을 통해 외부 조망을 할 수 있게 한다.

욕실은 가급적 침실과 연결하여 프라이버시를 보호하도록 하고, 휠체어나 보행보조기를 사용 시 용이하도록 문을 밖으로 열도록 한다. 침실계획은 프라이버시와 안전, 소음 문제가 없도록 계획하고, 침대에서 더 많은 시간을 보내는 노인의 경우 침실을 넓히고, 불필요한 이동을 줄일 수 있도록 여분의 보관공간을 검토한다. 특히 노인은 약간의 청각장애만 있어도 소음에 민감하고 상대방의 말을 듣는 데 어려움이 있으므로 흡음 마감재를 시공하도록 한다(천진희, 2008: 77-86).

(2) 노인의료복지시설 계획방향[11)]

치매, 중풍 등 장애로 인해 전문적 돌봄을 필요로 하는 노인을 대상으로 급식, 요양 등 생활에 필요한 편의를 제공하는 시설로서 입소정원 10명 이상의 노인요양시설과 5~9명이 생활하는 노인요양공동생활가정으로 구분된다. 요양시설 계획 시 우선적으로 고려할 사항은, 배치단계에서 활동영역을 거주기능공간, 공용기능공간, 간호기능공간, 관리지원공간으로 구분하고, 쾌적성, 거주성, 안전성, 장소성, 사회성 등 노인에게 필요한 치유환경을 확보하는 것이다. 치유환경의 제공을 위한 주요 계획 방향은 다음과 같다.

1) 쾌적성과 적응성

요양시설 등에 거주하는 노인들은 자신의 장애정도에 따라 신체적, 정신적, 사회적 의존도가 다르며, 따라서 이러한 장애정도의 다양성을 감안하면서 쾌적한 환경[12)]과 서비스가 연속적으로 제공될 수 있도록 시설의 융통성과 적응성을 염두에 두는 계획이 요구된다.

2) 거주성의 확보

수용시설의 이미지와 느낌을 탈피하면서 여생을 편안하고 쾌적하게 보낼 수 있도록, 개개인의 가정적 공간이 구성되도록 하면서, 타인과의 접촉이나 프라이버시 등을 스스로 선택할 수 있도록 해야 한다. 따라서 입소 노인이 생활하는 공간범위가

11) 권순정(2003) 및 강정란(2014)을 참조하여 기술함.
12) 쾌적성은 실내공간의 규모, 채광과 일사량, 실내온도와 습도 등이 주요 결정요인이 된다.

인지성이나 접근성을 넘지 않도록 해당시설의 규모를 적절히 제한할 필요가 있다.

3) 접근성과 지각장애 해소

의료복지시설에서 생활하는 노인들 대부분은 노화의 진행에 따라 감각기능 저하를 비롯하여 근골격계, 심혈관계, 호흡기계 질환[13] 등 다양한 장애에 시달리며, 그 결과 지각과 보행에서 어려움이 있는 것이 일반적이다. 따라서 요양시설의 계획에서 접근성의 확보는 기능배치 및 건축마감 시설계획의 중요한 전제조건이 된다. 오감으로 인식하는 지각(perception)의 문제는 설비, 재료 측면을 포함한 실내계획에서 뿐만 아니라 외부공간 계획에서도 중요한 요소이다. 최근에는 노인치유의 개념을 적용하여 노인들이 식물을 직접 길러 직원들과 함께 음식으로 만들어 먹는 미각정원, 허브(herb) 등 후각을 자극하는 식물을 체험하는 후각정원, 식물의 변화로 사계절을 느끼는 시각정원, 촉각정원, 청각정원 등이 운영되기도 한다.[14]

4) 장애 어려움을 최소화하는 장소성과 식별성 제공

신체적 장애가 아닌 정신적 장애를 가진 노인도 많다. 대표적으로 치매를 앓는 노인의 경우 사회성이 약하고 기억, 이성적 판단, 감정억제가 어려울 수 있으므로 이는 타인에게도 부담이 될 수 있다, 따라서 치매노인의 생활공간은 다른 장애를 가진 노인의 공간과는 구분하여 계획하는 것이 바람직하다. 치매환자의 공간은 과거와 연속성을 가질 수 있는 친숙한 환경이 되도록 계획하되 평소 사용하던 용품이나 기구를 시설에 배치함으로써 독립성을 높이는 데 도움을 줄 수 있다. 외부공간에도 야외테라스, 정원, 텃밭, 산책로를 제공하여 심리적 안정감과 고독감을 줄이도록 한다. 또한 치매환자는 배회하는 경향이 있으므로 쉽게 길을 일어 버리지 않도록 내·외부 공간의 장소성(placeness)과 식별성(legibility)을 높이도록 한다.[15] 공간배치의 반복적, 획일적 모듈(module) 사용은 가급적 피하고, 각 공간에 개성을 부여하면서 자

13) 근골격계 질환은 뼈와 관절질환으로 골다공증은 여성노인에게 흔하며, 심혈관계 질환은 고혈압, 동맥경화, 호흡기계 질환은 천식, 폐렴, 폐암 등이 대표적이다.
14) 일본 지바현 사쿠라시 소재 노인그룹홈인 '유카리 유토피아'가 좋은 예이다(김석준, 2010: 64-74).
15) 언제든 일어날 수 있는 치매환자의 돌발 상황에 대비하는 감시방법은 CCTV설치 외에도 계획적 방법으로서 감시가 용이한 위치에 출입구를 배치하고 관리사무실, 접수실, 간호사 대기실 등을 두는 것이다.

신의 거주실, 물리치료실, 화장실 등이 다른 실과 분명히 구분되도록 계획하고, 거주실 번호, 층별 표시 등에 화살표나 픽토그램을 활용한다. 또한 외부공간의 산책로 등에는 방향감각과 길찾기가 용이하도록 특색 있는 이정표를 배치한다.

5) 지역커뮤니티 연계와 사회적 접촉

신체적, 정신적 장애가 심해짐에 따라 더욱 고립되고 의사소통이 어려워지므로, 사회적 접촉 기회를 제공하는 일은 매우 중요하다. 따라서 시설을 교통이 편리하고 접근성이 양호한 곳에 배치하여 가족과 친구와의 관계를 유지하도록 하고 지역사회와도 다양한 프로그램 교류를 통해서 활발한 연계를 갖도록 한다.[16)]

또한 공간구성에 있어서도 시설내부의 사적, 반사적(반공적), 공적 공간들이 상호위계를 갖도록 계획하여 노인이 필요에 따라 공간을 선택할 수 있도록 한다. 예를 들어 사적공간인 거주실들 중앙에 공용거실을 배치하거나, 거주실에 면해서 소규모 친지, 방문자와의 담화나 만남이 가능한 반사적공간인 알코브(alcoves)를 계획하는 것이다. 의자 등 가구도 벽에 일렬로 배치하기 보다는 원형, 그룹형 배치를 함으로써 사회적 접촉을 유도한다.

6) 의료서비스 공간계획

노인의 신체적 특성이 계획의 일차적 준거가 되며 거주실과 근거리에 배치한다. 물리치료공간은 활동특성을 고려하여 진료공간보다 넓게 계획하고, 작업치료공간은 필요에 따라 개인 또는 그룹으로 활동할 수 있게 공간의 확장성을 제공한다. 의료서비스 공간을 병원과 같은 분위기로 계획하게 되면 앞서 설명한 거주성이 저하되므로 색채, 채광 및 조명, 마감재 등을 활용하여 이를 보완한다.

---

16) 따라서 노인시설은 도시외곽의 자연 속에 지어져야 한다는 생각은 오류이다. 젊었을 때 활동하던 지역사회에서 계속 생활함으로써 사회적 접촉을 유지할 수 있고 고립감과 외로움도 덜 느끼게 된다.

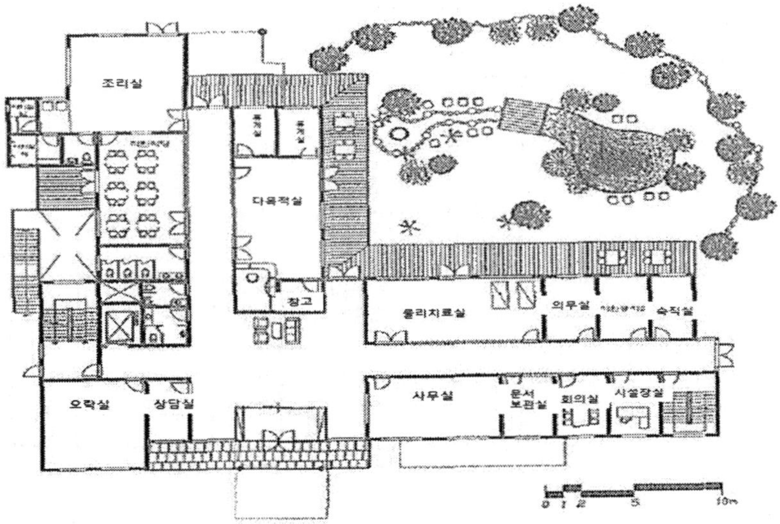

그림 2.4 노인요양시설의 평면계획(국내 사례)
(출전 : 권순정 외 2인(2006 : 77))

(3) 노인여가복지시설 계획방향[17)]

노인종합복지관은 60세 이상 노인의 복리증진에 필요한 상담, 건강증진, 교양 등 다양한 프로그램을 제공하는 대표적 노인여가복지시설이다. 종합복지관의 기능은 주거 및 관련서비스 기능, 교류거점 기능으로 대별되며, 공간구성은 지역여건에 따라 다를 수 있으나, 대체로 주간 및 단기보호 부문, 의료재활부문, 상담부문, 교육(여가)부문, 재가복지부문, 복지후생부문, 관리홍보부문 등으로 이루어지며 주요 계획방향은 아래와 같다.

17) 소준영 · 전명현(1998) 및 박종욱 외 2인(2000)을 참조하여 기술함.

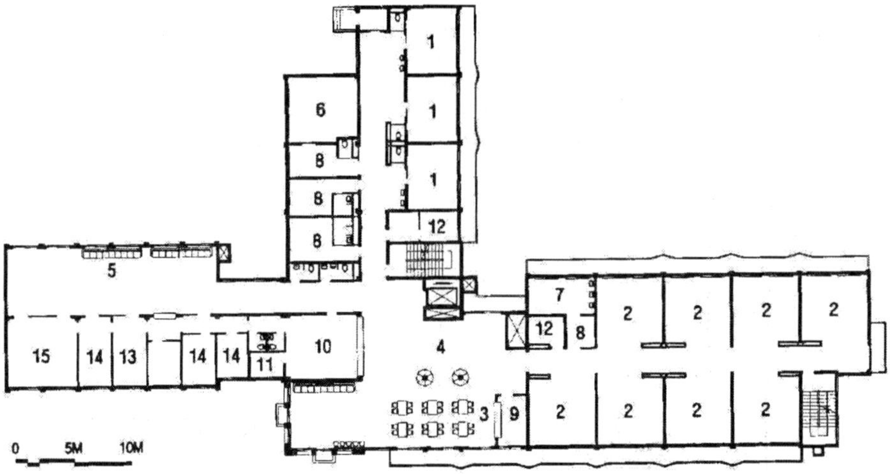

1.온돌형 6인실, 2.침대형 6인실, 3.식당, 4.라운지, 5.대기/상담홀, 6.일반욕실, 7.특수욕실, 8.탈의실, 8.배식실, 10.간호사실, 11.간병인실, 12.오물처리실, 13.처치실, 14.치료실, 15.검사실

그림 2.5 치매노인요양시설의 평면(국내 사례) (출전 : 김정미(2008 : 52))

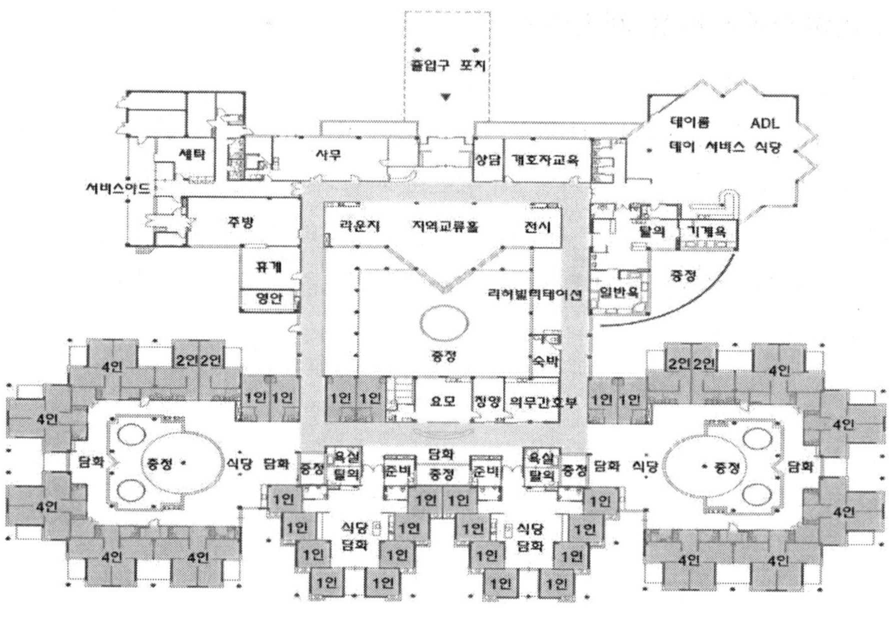

그림 2.6 치매노인요양시설의 평면(일본 사례) (출전 : 김정미(2008 : 45))

노인을 위한 다양한 서비스 기능이 원활히 수행되도록 부문 간 위계와 분리/연계 체계가 분명하도록 계획하고, 노인과 관리자의 이용자 동선을 분리 계획한다. 상담실은 방문객의 용이한 접근을 고려하여 출입구 부분에 배치하고 관리부문의 안내실, 숙직실과 가까이 배치한다.

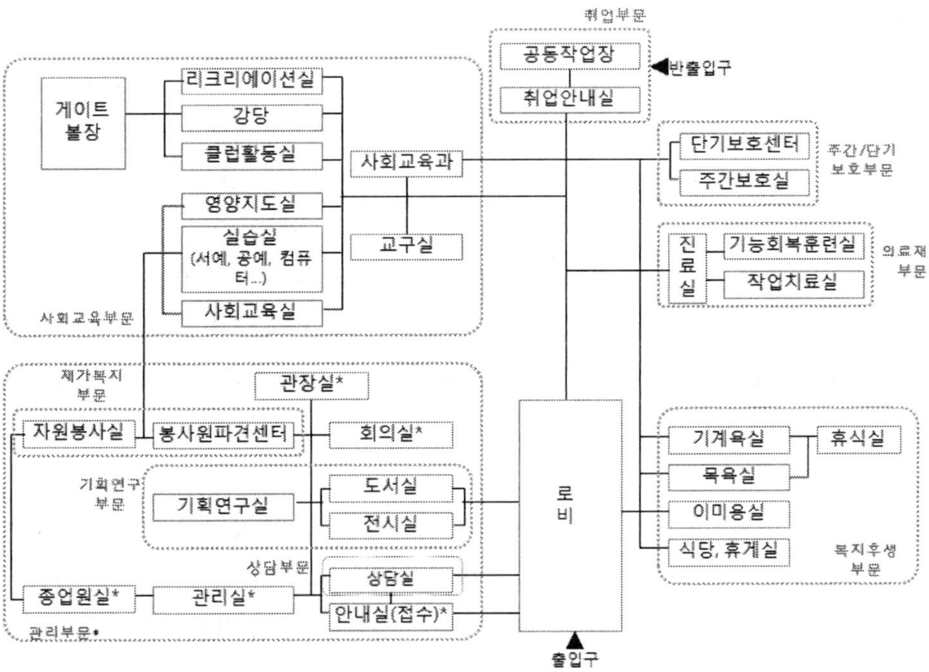

그림 2.7 노인종합복지관 공간구성(예시) (출전 : 소준영 · 전명현(1998: 82))

교육부문은 실배치는 대체로 건강한 노인을 대상으로 여가 복지를 위한 다양한 프로그램[18]을 제공하기 때문에 위치에 구애받지 않으나, 재가복지부문과 봉사원교육실과 연계해서 계획한다. 의료재활관련 실들은 몸이 불편한 노인을 감안하여 가급적 1층에 배치시키고 체육공간과 연계하여 계획한다. 보호센터공간은 장기간 노인이

18) 노인의 여가활동은 건강상태 및 성격, 취미 그리고 경제적 여건 등에 좌우되며 적극적 여가로서 리크리에이션형(영화, 음악감상, 헬스, 수영, 골프, 게이트볼 등), 학습형(서예, 컴퓨터, 분재, 목공예 등), 사회참여형(청소년선도, 환경운동, 재능기부, 단순 봉사활동 등)이 있고, 소극적 여가로는 TV시청, 목욕, 명상, 대화 등이 있다.

거부하므로 별동이나 최상층에 계획함을 원칙으로 하고, 후생복지부문은 지하에 배치해도 무방하나 이용자들의 잦은 출입을 감안하여 1층 출입구에 연결되도록 한다.

6. 고령친화시설 관련법규

(1) 정책관련 법규

최근 고령친화형도시와 건축과 관련한 법규가 여러 부처에서 만들어지고 있다. 2014년 제정된 저출산·고령사회기본법에서는 국가(보건복지부장관)가 수립하는 저출산·고령화정책의 기본방향, 계획의 수립 및 추진체계를 규정하고, 시행령에서는 계획의 수립 및 평가의 구체적 사항을 명시하고 있다. 제1차(2006~2010) 및 제2차(2011~2015) 저출산 고령화사회 기본계획을 수립하였다. 이 계획에서는 지하철, 버스 및 엘리베이터 등 고령자에게 편리한 교통환경을 조성하기 위해 승강설비를 확충하고, 고령자에게 안전한 보행환경을 제공하기 위해 보행우선구역 확대와 실버존(silver zone, 노인보호구역) 확대, 장애물 없는 생활환경인증 확대 등을 제안하고 있다.

보건복지부의 노인복지법(2013)은 노인의 생활환경을 주거, 의료, 여가 보호시설 등으로 구분하면서 각 시설의 설치 및 운영에 관한 기본사항을 규정하고 있다. 특히 보건복지부장관이 노인의 보건 및 복지에 관한 실태 조사를 3년마다 실시하도록 하고(5조), 노인일자리 전담기관을 설치운영(23조 2항)하도록 한 것은 우리나라의 노인정책이 강화되고 있음을 보여주는 것이다. 노인복지법 4장에서는 노인시설을 주거복지시설, 의료복지시설, 여가복지시설, 재가복지시설, 보호전문기관으로 구분하고 각 시설별 설치와 운영의 기본사항을 규정하고 있다.

고령친화산업진흥법(2013)에서는 고령친화산업발전계획, 고령친화산업기반조성(인력양성, 표준화, 해외시장진출, 고령친화지원센터설립 등), 고령친화제품 등의 품질향상 (우수제품 표시 및 지정 등)에 관한 기본방향을 규정함으로써, 고령사회 진입에 따라 예상되는 실버산업의 진흥을 제도적으로 뒷받침하고 있다.[19]

19) 1~2인 가구 증가, 인구 고령화, 최근 주택시장의 경향 그리고 정부정책 변화를 분석한 결과 차세대 유망 주택산업 빅4는 i) 주거환경관리사업, ii) 임대주택사업 iii)고령자주택사업 및 iv) 주거서비스사업이다. 특히 고령자주택사업은 베이비붐 세대 은퇴, 고령사회 진입에 따라 실버산업이 성장하면서 시장이 크게 성장

(2) 시설관련 법규

고령친화시설, 즉 노인복지시설의 명칭과 관련하여 건축법(2015)은 2조(정의) 2항 건축물의 용도 구분에서 노유자(노인 및 어린이)시설로 분류하고, 이를 근거로 시행령(2015) 3조 5항(용도별 건축물의 종류) 관련 별표 1에서 단독주택과 공동주택을 제외한 노인복지시설을 노유자시설에 포함시키고 있다. 또한 시행령 14조(용도변경)에서는 노유자시설로서 노인복지시설을 교육복지시설군으로 분류하고 있다.

노인복지시설의 계획과 설계에 관련되는 내용은 노인복지법시행규칙 별표 2에 노인주거복지시설의 시설기준 및 직원배치기준(17조 1항), 별표 4에 노인의료복지시설의 시설기준 및 직원배치기준(22조 1항), 별표 7에 노인여가복지시설의 시설기준 및 직원배치기준(26조 1항), 별표 9에 재가노인복지시설의 시설기준 및 직원배치기준(29조 1항 관련)이 규정되어 있다. 노인주거복지시설의 경우 세부 시설별 규모 및 구조설비관련 법적 기준은 아래와 같다. (노인복지법시행규칙 17조 별표 4)

1) 규모

가. 양로시설 : 입소정원 10명 이상(정원 1명당 연면적 15.9m^2 이상 확보)

나. 노인공동생활가정 : 입소정원 5~9명(정원 1명당 연면적 15.9m^2 이상 확보)

다. 노인복지주택 : 30세대 이상

2) 구조 및 설비

가. 일조·채광·환기 등 입소자의 보건위생과 재해방지 등을 충분히 고려해야 함.

나. 복도·화장실·침실 등은 이동이 가능한 공간을 확보하며 문턱 제거, 손잡이 시설 부착, 바닥 미끄럼 방지 등 노인의 활동에 편리한 구조를 갖추어야 함.

다. 「소방시설 설치유지 및 안전관리에 관한 법률」에 따라 소화용 기구를 비치하고 비상구를 설치하여야 함. 다만, 입소자 10명 미만 시설은 소화용 기구를 갖추는 등 시설 실정에 맞게 비상재해에 대비해야 함.

할 것으로 전망된다(건설경제, 2013).

표 2.4 노인복지시설의 관련법규 및 주요 내용

법규	근거항목	내용
노인복지법	32조 노인주거복지시설	노인복지시설의 종류 규정 (노유자 시설)
건축법	2조 건축법의 용도 구분	노인복지시설의 건축물 용도 규정(노유자시설)
건축법시행령	3조의5 용도별 건축물종류 14조 용도변경	노유자시설 중 노인복지시설 교육복지시설군 중 노유자시설
장애인 · 노인 · 임산부 등의 편의증진보장에 관한 법률	5조, 7조, 22조, 23조, 27조	장애인·노인·임산부 등의 편의증진을 위한 편의시설의 종류 및 설치기준
장애인 · 노인 · 임산부 등의 편의증진보장에 관한 시행규칙	별표1 편의시설의 구조·재질 등에 관한 세부기준	장애인 · 노인 · 임산부 등의 편의 증진을 위한 편의시설의 구조 · 재질 등에 관한 세부기준
노인복지법시행규칙	17조 노인주거복지시설의시설기준 등 22조 노인의료복지시설의 시설기준 등 26조 노인여가복지시설의 시설기준 등	노인복지시설의 시설기준 및 직원배치기준

라. 입소자가 건강한 생활에 도움이 되는 도서관, 스포츠 · 레크리에이션 시설 등 적정한 문화 · 체육부대시설을 설치하되, 지역사회의 상호교류 촉진을 통한 사회와의 유대감 증진을 위하여 입소자 이용에 지장을 주지 않는 범위에서 외부에 개방하여 운영할 수 있음.

표 2.5 노인주거복지시설의 시설기준

<table>
<tr><th colspan="2">구 분
(입소자)</th><th>침실</th><th>사무실</th><th>요양보호사 및 자원봉사자실</th><th>의료 및 간호사실</th><th>체력단련실 및 프로그램실</th><th>식당 및 조리실</th><th>비상재해대비시설</th><th>화장실</th><th>세면장 및 샤워실(목욕실)</th><th>세탁장 및 세탁물건조장</th></tr>
<tr><td rowspan="2">양로시설</td><td>30명 이상</td><td>○</td><td>○</td><td>○</td><td>○</td><td>○</td><td>○</td><td>○</td><td>○</td><td>○</td><td>○</td></tr>
<tr><td>30명 미만, 10명 이상</td><td>○</td><td colspan="2">○</td><td>○</td><td>○</td><td>○</td><td>○</td><td>○</td><td colspan="2">○</td></tr>
<tr><td colspan="2">노인공동생활가정</td><td>○</td><td colspan="3">○</td><td>-</td><td>○</td><td>○</td><td>○</td><td colspan="2">○</td></tr>
<tr><td colspan="2">노인복지주택</td><td colspan="10">침실1, 관리실1(사무실·숙직실 포함), 식당 및 조리실1, 체력단련실 및 프로그램실1, 의료 및 간호사실1, 식료품점 또는 매점1, 비상재해대비시설1, 경보장치</td></tr>
</table>

(출전 : 노인복지법 시행규칙 별표 2)

한편, 노인복지법시행규칙 22조의 별표 4에 의하면, 노인의료복지시설 중 (1) 노인요양시설은 입소정원 10명 이상으로, 정원 1명당 23.6m^2 이상 연면적을 확보하고, (2) 노인요양공동생활가정은 입소정원 5명~9명, 정원 1명당 20.5m^2 이상 연면적을 확보하도록 하고 있다.

표 2.6 노인의료복지시설의 시설기준

<table>
<tr><th colspan="2">구 분
(입소자)</th><th>침실</th><th>사무실</th><th>요양보호사실</th><th>자원봉사자실</th><th>의료 및 간호사실</th><th>물리(작업)치료실</th><th>프로그램실</th><th>식당 및 조리실</th><th>비상재해대비시설</th><th>화장실</th><th>세면장 및 목욕실</th><th>세탁장 및 세탁물건조장</th></tr>
<tr><td rowspan="2">노인요양시설</td><td>30명이상</td><td>○</td><td>○</td><td>○</td><td>○</td><td>○</td><td>○</td><td>○</td><td>○</td><td>○</td><td>○</td><td>○</td><td>○</td></tr>
<tr><td>30명 미만 10명이상</td><td>○</td><td colspan="3">○</td><td>○</td><td>○</td><td>○</td><td>○</td><td>○</td><td>○</td><td colspan="2">○</td></tr>
<tr><td colspan="2">노인요양공동생활가정</td><td>○</td><td colspan="4">○</td><td colspan="2">○</td><td>○</td><td>○</td><td colspan="3">○</td></tr>
</table>

(출전 : 노인복지법 시행규칙 별표 4)

노인여가복지시설의 법적 기준은 노인복지법시행규칙 26조 별표 7에 명시되어 있으며, 규모 기준은 노인복지관은 연면적 500m2이상, 경로당[20]은 이용정원 20명 이상(읍면지역은 10명이상) 그리고 노인교실[21]은 이용정원 50명 이상이다. 세부시설별 시설기준은 아래와 같다.

표 2.7 노인여가복지시설의 시설기준

구 분	사무실	식당 및 조리실	상담실 또는 면회실	집회실 또는 강당	프로그램실	화장실	물리치료실	비상재해대비시설	거실 또는 휴게실	전기시설	강의실	휴게실	객실	공동목욕장	기타 부대시설
노인복지관	1	1	1	1	1	1	1	1							
경로당						1			1	1					
노인교실	1					1					1	1			

(출전 : 노인복지법 시행규칙 별표 7)

한편 장애인·고령자 등 주거약자 지원에 관한 법률 시행령(2015) 제4조 별표 2에서는 고령자를 포함한 주거약자용 주택의 편의시설 설치기준을 규정함으로써 해당 시설의 계획과 설계 단계에서 반영하도록 하고 있다.

또한 장애인·노인·임산부 등의 편의증진 보장에 관한 법률(2015)의 시행규칙 별표 1은 노인복지시설은 물론이고 공원, 근린생활시설(1, 2종), 문화집회시설(공연장, 집회장, 관람장, 전시장, 동식물원), 종교시설, 판매시설, 의료시설, 교육연구시설, 수련시설, 체육관, 업무시설, 숙박시설, 공동주택 등 거의 모든 시설에 대해 편의시설의 구조·재질 등에 설치 세부 기준을 규정하고 있다.

화재 등 재난으로부터의 안전에 대해서는, 소방시설 설치·유지 및 안전관리에 관한 법률 시행령(2014)에서 노인, 아동, 장애인을 위한 시설 즉 노유자시설(老幼者施設) 중, 연면적 200m^2 이상에 대해서는 소방본부장 또는 소방서장의 동의를 받도록 하여 재난으로부터의 시설보호를 규정하고 있다.

20) 거실 또는 휴게실은 20m^2 이상
21) 강의실은 33m^2 이상

표 2.8 주거약자용 주택의 편의시설 설치기준 요약*

1. 출입문
   가. 통과 유효너비는 85센티미터(욕실 출입문의 너비는 80센티미터) 이상
   나. 출입문 옆에는 60센티미터 이상의 여유 공간 확보
2. 출입문 손잡이 : 레버형 손잡이 등 잡기 쉽고 조작이 쉬운 것으로 설치
3. 바닥
   가. 미끄럼을 방지할 수 있는 마감재 사용
   나. 바닥 높낮이 차는 원칙적으로 없도록 하되, 주택구조 등으로 인하여 불가피한 경우, 다음의 구분에 따른 높이 이하일 것
   1) 출입문에 방풍턱을 설치하는 경우: 1.5센티미터
   2) 현관에 마루귀틀을 설치하는 경우: 3센티미터
4. 비상연락장치 : 거실, 욕실 및 침실에 경비실 등 관리실과 연결되는 비상연락장치 설치
5. 현관
   가. 동작감지센서가 부착된 등(燈)을 설치
   나. 현관 출입구 측면에 바닥면에서 75cm~85cm 높이에 수직·수평 손잡이 설치
   다. 마루귀틀에는 경사로를 설치
6. 거실
   가. 바닥면에서 1.2미터 내외 높이에 현관 바깥을 볼 수 있는 비디오폰 설치(지체장애인 또는 휠체어를 사용하는 사람인 경우로서 신청하는 경우에 한정)
   나. 거실 조명 밝기는 600~900lux로 하고, 주택 내부에 세대별로 시각경보기를 설치(청각장애인인 경우로서 신청이 있는 경우로 한정)
7. 부엌(지체장애인 또는 휠체어를 사용하는 사람인 경우로, 신청하는 경우에 한정)
   가. 좌식 싱크대를 설치할 것
   나. 취사용 가스밸브는 바닥면에서 1.2미터 높이 내외일 것
8. 침실 : 조명 밝기가 300~400lux일 것 (청각장애인인 경우로 신청이 있는 경우에 한정)
9. 욕실
   가. 법 제2조제2호 가목에 따른 주거약자용 주택의 경우
   1) 욕실 출입구에 동작감지센서가 부착된 등을 설치할 것
   2) 욕조 높이는 욕실 바닥에서 45센티미터 이하일 것
   3) 위·아래로 이동이 가능한 샤워기를 설치할 것
   4) 좌변기, 욕조, 세면대 및 샤워공간 주위 적절한 위치에 안전손잡이를 설치할 것
   5) 욕실 출입문은 밖여닫이, 미닫이 또는 미서기문으로 설치할 것
   나. 해당 주거약자용 주택을 사용하는 주거약자가 지체장애인이거나 그 밖에 휠체어를 사용하는 사람인 경우로서 해당 주거약자 등의 신청이 있는 경우
   1) 좌변기 옆에 75센티미터 이상의 여유 공간을 확보할 것
   2) 높낮이가 조절되는 세면기를 설치할 것

* 최소기준(minimum requirements)에 가까운 의미로 보이며, 따라서 적정기준(optimum standards)과는 구분되어야 한다.

(출전 : 장애인·고령자 등 주거약자 지원에 관한 법률시행령 제4조 〈별표 2〉 요약)

한편 노인의 이동편의성 관련 법규로는 교통약자의 이동편의 증진법(2015년)이 있다. 이 법은 노인, 장애인 등 교통약자의 이동권 보장을 위한 법적 근거를 마련하고, 교통약자 이동편의 증진계획 수립 및 이동편의시설 설치기준을 규정하고 있다. 특히, 교통약자 이동편의 증진 계획은 교통수단, 여객시설, 보행환경의 개선을 통해 노인, 장애인, 임산부, 어린이와 같은 교통약자의 이동이 보다 자유롭도록 하고 기존의 차량위주 교통정책에서 인간중심 교통정책으로 전환함을 목적으로 한다.

이 법의 시행규칙 2조(이동편의시설의 세부기준)에서는 별표 1에서 이동편의 시설의 구조 및 재질 등에 관한 세부기준을 교통수단별, 여객시설, 도로(보도)를 중심으로 규정하고, 별표 2에서는 교차로와 횡단시설 등 보행안전시설물의 구조시설기준을 규정하고 있다.

참고문헌

1. 강정란, 고령화 사회에 대응하는 노인의료주거단지의 유니버설디자인 계획특성연구, 의료·복지건축, 20(4), pp.81-89, 2014
2. 건설경제, 미래주택산업 빅4 주거환경관리·임대주택·고령자주택·주거서비스, 건설경제신문, 2013.11.28
3. 경기도, 경기도 유니버설디자인 가이드북, 경기도청, 2011a.
4. 경기도, 경기도 유니버설디자인 가이드라인, 경기도청, 2011b
5. 권순정, 노인의 특성과 노인의료복지시설의 건축계획, 건축, 47(6), pp.25-29, 2003
6. 권순정외 2인, 노인전문요양시설 건축모델연구 : 디자인 가이드라인, 의료·복지건축, 12(1), pp.73-77, 2006
7. 김미경·전미자, 국내 노인주거복지시설의 현황과 디자인 개선방안 : 노인공동생활가정을 중심으로, 2015년 공동춘계학술대회 자료집, pp.90-97, 2015
8. 김석준, 일본 고령자 건축산책, 한국학술정보(주), 2010
9. 김정미, 치매노인 전문요양시설 건축계획, 홍익대 건축도시대학원 석사학위청구논문, xi+p.123, 2009
10. 김지민 외 2인, 거주환경의 관점에서 고찰한 노인주거 복지시설의 기준에 관한 연구, 대한건축학회논문집 계획계, 29(10) : pp.75-82, 2013
11. 박소임 외 2인, 도시 은퇴자를 위한 고령친화주거지 특성연구 : 한·미 사례비교를 중심으로, 대한건축학회논문집 계획계, 31(2), pp.3-10, 2015
12. 박종욱 외 2인, 지역적 특성을 고려한 노인종합복지관 건축계획에 관한 연구 : 강서구를 중심으로, 대한건축학회 학술발표논문집, 20(2), pp.147-150, 2000
13. 박창선, 노인주거복지시설의 공간 실태조사에 관한 연구 : 전라남·북도 무료양로시설을 중심으로, 대한건축학회연합논문집, 11(2), pp.101-108, 2009
14. 서울시, 서울시 복지시설 유니버설디자인 가이드라인, 서울특별시, 2011

15. 소준영 · 전명현, 노인종합복지관의 공간계획에 관한 연구, 대한건축학회논문집 계획계, 14(6), pp.73-83, 1998
16. 송웅 편, 치매노인시설의 공간 & 환경디자인, 시공문화사, 2002
17. 송준민 · 정재용, 노인복지시설의 입지적 특성에 관한 연구, 대한건축학회연합논문집, 15(6), pp.63-72, 2013
18. 이관용, 노인건축 : 한국과 미국을 중심으로, 세진사, 2003
19. 이소영, 노약자를 위한 접근가능한 주택디자인 적용에 따른 비용분석 연구, 대한건축학회논문집 계획계, 30(1), pp.53-60, 2014
20. 이연숙 · 이연미, 노인주택 디자인, 연세대학교 출판부, 2008
21. 이훈길, 도시를 걷다, 안그라픽스, 2013
22. 장교식 · 선은애, 노인주거복지시설에 관한 고찰, 토지공법연구, 52, pp. 357-382, 2011
23. 정명섭 · 이근택, 노인주거의 설계지침에 관한 연구, 한국주거학회논문집, 12(4), pp.83-92, 2001
24. 주현진 · 문정민, 일본의 시니어 쉐어하우스 공간배치 및 면적연구, 한국주거학회논문집, 26(2), pp.13-20, 2015
25. 천진희, 노인의 삶의 질 향상을 위한 주거환경 디자인 : 공간계획 · 색채계획 · 조명계획, 집문당, 2008
26. 한국장애인개발원, Barrier-Free 주거매뉴얼, 한국장애인개발원, 2011
27. 건축법 및 건축법시행령, 2015
28. 고령친화산업진흥법, 2013
29. 교통약자의 이동편의 증진법, 2015
30. 노인복지법, 2015
31. 소방시설 설치 · 유지 및 안전관리에 관한 법률 시행령, 2014
32. 장애인 · 고령자 등 주거약자 지원에 관한 법률, 2015
33. 장애인 · 노인 · 임산부 등의 편의증진 보장과 관한 법률, 2015
34. 저출산 · 고령사회기본법, 2014
35. Blake, Peter, Form follows Fiasco : Why Modern Architecture Hasn't Worked, Boston : Little, Brown and Company, 1977

36. Curl, J. S., A Dictionary of Architecture and Landscape Architecture, Oxford : Oxford University Press, 2006
37. Holahan, Vharles J., Environmental Psychology, New York : Random House, 1982
38. THE CENTER FOR UNIVERSAL DESIGN, http://www.ncsu.edu/ncsu/design/cud/(검색일 : 2015.7.29)
39. doopedia, http://www.doopedia.co.kr/doopedia/master/master.do?_method=view& MAS_IDX=101013999793194(검색일 : 2015.7.29)

제 3 장

미래지향적 주거기술

1. 미래지향적 주거기술의 의의
2. 고령자들의 LCS(Life Cycle Style) 변화
3. 주거 유형
4. 주거시설의 현황 및 종류
5. 주거기술의 종류 및 특성

제3장 >>> 미래지향적 주거기술

1. 미래지향적 주거기술의 의의

본 장에서는 과거와 현재 고령자들의 LCS(Life Cycle Style) 변화를 파악하고, 간략한 고령인구의 통계치 분석을 통해 향후 고령친화시설들의 수요 및 운영 현황을 분석하며, 향후 고령친화 전문가로서 반드시 알아야 할 고령친화 주거기술을 살펴보고자 한다. 이는 향후 고령사회에 대비하여 고령자들에게 요구되는 주거기술을 알아봄으로써 현재 고령친화 주거기술 전문가로 거듭날 수 있는 건축공학과 학생들뿐만 아니라, 고령친화와 관련된 모든 전공 분야 학생들의 능력향상을 목적으로 한다.

2. 고령자들의 LCS(Life Cycle Style) 변화

최근 우리나라는 의학기술의 발달로 평균수명이 연장되고, 저출산 문제가 확대되면서 고령자의 수가 급증하는 고령화사회에 접어들었다. 이처럼 새로운 고령화사회가 시작되면서 고령자들의 생활방식이 점차 바뀌어 가고 있는 추세이다. 과거의 고령자들은 병약하고, 힘이 없으며, 오래된 사상을 지닌 사람으로 여겨져 왔다. 그러나 예비의 고령자들은 건강하고 밝으며, 합리적이고 미래지향적인 사상을 지닌 사람으로 탈바꿈하고 있다.

이는 고령자들의 주거패턴에도 영향을 미치게 되어 과거의 전원생활 위주의 주거방식에서 도시생활 위주로 변화할 수 있다는 가능성을 보여준다. 따라서 고령자들의 LCS(Life Cycle Style) 변화를 파악하는 것은 향후 고령자들의 주거방식을 대비하기 위한 하나의 방안이라고 할 수 있다.

표 3.1은 과거와 예비 고령자들의 LCS(Life Cycle Style)를 보여준다. 표 3.1과 같이 고령자들의 의식수준이 상승하고, 기호가 변화함으로 인해 고령자들의 소비력이 증가하였다. 이 때문에 나타나는 주거측면의 수요변화를 예측하는 고령친화 전문가들의 노력이 상당히 필요하다.

표 3.1 과거와 예비 고령자의 LCS 변화

구 분	과거의 고령자	예비 고령자
검진상태	병약, 어둡고, 고집 셈	건강, 밝고, 유연함
생활의식	보수, 비관적	합리적, 미래지향적
노년기 인식	인생의 종말기	제3의 인생, 자기실현의 기회
삶의 태도	무취미, 검약, 소박	여유, 즐김, 다양한 취미
독립성	자녀 등에 의지, 독립성 약함	배우자/사회시스템에 의지, 독립성 강함
노후 설계	자녀 세대에 의존	계획적인 노후설계
가치관	노인은 노인답게	나이와 젊음은 별개
레저관	일하는 재미, 여가는 수단	여가 자체의 가치, 목적화
자산처분	자손에게 상속	자신을 위해 처분
여행형태	친목단체 등 단체여행	여유 있는 부부여행
취미생활	게이트볼 등 노인끼리 교류	취미 다양화에 따른 다른 세대와의 교류
생활 스타일	순 한국식 선호, 애연가 다수	타 문화 교류적 생활, 금연자 다수
유행 감각	둔함, 후기추종자	예민, 초기 반응자
주거형태	전형적인 전원생활	전원생활 또는 도시생활

(출전 : 한국실버산업협회(2010), 21세기 한국 실버산업의 현황과 발전 전망)

3. 주거 유형

본 절에서는 향후 고령친화시설의 수요가 증가할 것을 전망하여 다양한 고령친화시설 중, 고령자가 가장 많이 사용하게 되는 주거시설에 대한 유형을 다양한 각도에서 알아보고자 한다. 이는 다양한 첨단주거기술을 고령자 주거시설에 적용시키기 위한 첫 번째 스터디로서 현재 구성되어 있는 고령자 주거시설에 대한 특징을 유형별로 파악하는 것이다.

(1) 입지특성에 따른 유형[1)]

1) 도심시설

주거시설 유형 중에서 도심시설은 생활에 요구되는 서비스 기능이 구축되어 있는 도시에 소재함으로써 지역사회 내에 기존의 공공시설, 상업시설, 의료시설과 밀접한 관계를 가질 수 있다는 장점을 갖는다. 이러한 시설은 가족들과의 교류가 용이하며, 생활하기에 편리한 시설이 주위에 위치하고 있고, 도시 기능을 활용할 수 있을 뿐만 아니라 취업의 기회가 상대적으로 많을 수 있어 고령자 주거시설로는 유리한 점이 많다. 그러나 도시지역은 부지 비용이 지나치게 비싸고, 새로운 부지를 확보하는 데 많은 어려움이 있으며, 토지비용 등의 요인으로 시설을 건립함에 있어서 고층화 될 수밖에 없다. 따라서 건설비용에 따른 입주가격 또한 높아질 수밖에 없다는 문제점이 있다. 또한, 자연환경을 만끽할 수 없다는 단점도 있으나, 수요의 전망이 높은 장점이 있다.

2) 근교시설

도시 근교에 소재하고 있기 때문에 도시와의 교류가 비교적 단시간 내에 가능하고, 도시 내 다양한 서비스 기능을 이용할 수 있는 시설로서 주거환경이 양호한 시설이다. 도시근교형은 도시형과 전원형의 중간적 성격의 것으로서 많은 이점이 있다. 비교적 토지비가 저렴하고, 큰 부지의 확보가 가능하며, 대지가 넓기 때문에 건축계획을 수립함에 있어서도 토지활용의 여유가 있다. 또한 도심지와의 교통망도 잘 정비되어 있고, 도심지로의 통근도 가능하다. 운영 면에서도 시설 자체의 기능을 지역사회와 더불어 활용할 수 있다.

---

1) 대한주택공사 주택도시연구원, 공공임대 고령자주택 대상지선정 지표개발, 2008.12

3) 휴양단지시설

공기가 좋고 물도 맑아 자연경관이 수려한 곳에 소재하는 시설이다. 휴양단지형은 온천, 역사적·문화적 유산이 많은 지역 등 관광적인 요소가 풍부한 곳에 설치된 시설이다. 다른 성격의 시설과 비교하면 이 시설은 제2의 인생을 살겠다는 노인들이 선호하는 시설이라고 할 수 있다. 이러한 시설은 자연환경이라는 조건이 구비되는 반면, 충분한 도시기능이 구비되어 있지 않음으로 인하여 고립된 생활을 하게 된다는 단점이 있다.

4) 전원시설

입지로서는 대도시로부터 멀리 떨어져 있다고 하더라도 중소도시의 생활권 내 또는 중소도시 근교에 설치하는 것이 입주자 모집의 경우에 유리하다. 중소도시에서 멀리 떨어져 있는 산간벽지에 이러한 시설이 위치한다는 것은 입주자 모집에서도 상당한 어려움이 있을 수 있다. 단, 전원형이라 하더라도 그 주거단지 자체의 규모가 크고 일상생활에 필요한 편의시설 모두를 자체 내에서 완벽하게 구비하였을 경우 입주자들을 모집하는 데 별 어려움이 없을 수 있다.

표 3.2 입지특성에 따른 노인 주거시설 유형

구분	도시형	도시근교형	휴양단지형(전원형)
장점	- 종래 생활권의 연장 - 가족과의 교류 - 생활편의시설 확충 - 도시기능 활용 - 운영상의 유리한 조건 - 의료시설 이용 유리	- 도시형과 전원·휴양단지형의 중간유형 - 각 형태의 장점활용 - 교통이 용이 - 지역사회와 밀접 - 넓은 면적 확보 가능 - 건축계획의 다양성 - 양호한 주거환경	- 온천 · 명승지 등 관광지 요소를 갖춘 곳에 입지 - 종합적 노인 커뮤니티구축 가능 - 생산적 활동 가능 - 건강 활동가능
단점	- 높은 지가 - 사업비용 상승 - 자연조건 불리 - 도시환경 문제	- 건축제한구역이 많음 - 도시기능의 상승으로 지가 상승폭이 높음	- 도시기능 어려움 - 고립감 초래 - 개발비용 높음 - 운영부담 높음

(2) 입주방식에 따른 유형[2)]

1) 종신이용권방식

종신이용권 방식은 입주보증금을 지불함으로써 주거시설의 전용부분과 공용부문의 이용권을 취득하는 방식이다. 이 방식은 사업주와 입주자 간의 임의계약으로서, 이 권리의 분양에 있어서 '소유권'이라는 법적 개념은 없다. 종신이용권방식에는 입주보증금을 조금만 내고 월간납입금을 많이 내는 방식이 있는데 이 방식은 월간납입금을 그 달의 생활비와 건물의 감가상각비를 가산한 금액을 지불하는 것을 원칙으로 하고 있다. 현재 주거시설에서 보편적으로 적용되고 있는 종신이용권방식은 입주할 때 상당액의 보증금을 받고 매월 정기적으로 생활비를 받는 제도를 택하고 있으며 또한 입주할 때 일시금으로 수납 받는 보증금에 대해서는 상환제도에 의해서 입주 연수에 따라 일정액을 제하고 나머지 금액만을 반환하는 제도가 있다.

2) 분양방식

분양형은 주거의 형태를 소유권으로 보장받는 데 큰 특징이 있다. 입주에 가까운 시기에 사용자가 분양 비용을 지불하는 것에 따라 소유권을 취득하고, 매달 관리비 등을 지불함으로써 공공시설측이 제공하는 서비스 등을 이용하는 사업방식이다. 분양형 입주방식의 경우, 부동산의 소유권을 확보할 수 있다는 점에서 재산증식의 수단이 된다는 이점이 있기는 하지만, 장차 자녀들에게 상속하거나 양도할 경우 반드시 일정 연령 이상의 노인에게만 이용될 수 있다는 전제조건이 있어야 한다는 문제점이 있고, 또한 장차 해당 시설에 대한 큰 규모의 보수공사를 하게 될 경우, 각 세대는 공사비에 대한 부담 문제, 시설을 분양해 줄 경우라 하더라도 입주자들과의 시설관리 또는 각종 서비스 제공과 관련된 계약은 별도로 체결해야 한다는 문제점이 있다.

3) 회원권방식

회원권방식은 골프회원권제도와 유사한 제도로서 재산증식의 수단으로 활용된다. 가격 설정은 종신이용권과 같이 하며, 투자비 회수 차원의 입주 일시금을 회원권 가

2) 대한주택공사 주택도시연구원, 공공임대 고령자주택 대상지선정 지표개발, 2008.12

격으로 징수할 수 있다. 회원권 가격의 10%를 명의변경으로 회사에서 징수하고 90%는 퇴거 시에 반환하는 방식이다. 종신이용권형 보증금제도는 인플레 요인 등으로 인해서 일정기간 후에도 그 가치가 하락하므로 재산의 손실이라는 문제가 제기될 수도 있다.

4) 임대방식

현재 국내에서 사용되는 방식으로 입소 시에 월 생활비의 일정 개월 수분의 보증금을 납부하고 입소하여 매월 일정한 생활비를 지불한다. 퇴소 시에는 월 생활비에 대한 보증금을 그대로 환급 받는 방식이다. 사업주는 시설의 소유자로 관리 운영 전반에 대한 책임을 지게 되며, 운영관리 측이 주도권이 강함은 장점이나 투자비 회수가 불가하며, 임대료율의 제한으로 인한 저가의 임대료로 책정된다.

표 3.3 부담방식에 따른 노인 주거시설 유형

구분	종신이용권방식	분양방식	회원권방식	임대방식
내용	입주자가 입주금을 일시에 지불함으로써 공동시설의 종신 이용권 권리를 취득함	입주자가 맨션의 구입과 동시에 건물의 소유권을 취득함	분양권방식과 흡사하며, 소유권을 취득함	입주 시 보증금을 지불하고 임대 형태로 계약하여 입주함
장점	부동산 소유에 따른 세금이나 개보수 등 번거로움이 없음	부동산 재산가치가 있으면 전매가 가능함	부동산 재산가치가 있으면 전매가 가능함	계약해지가 용이하고, 입주 초기 비용 부담이 적음
단점	설치주체가 시설 운영을 할 수 없게 되었을 경우 입주자의 거주권에 대한 법적인 보장이 없음	상속, 양도의 제한이 있음	현실적이지 못함	임대료 상승이나 입주자의 수입 감소 시 지속적 입주 불가능함

(3) 거주특성에 따른 유형[3)]

1) 일반 고령자주택

현재까지의 거주환경을 유지하면서 필요에 따라 지역사회에서 제공하는 서비스를 받을 수 있는 형태를 말한다. 이는 타인의 도움 없이 스스로 생활할 수 있는 건강한 노인을 대상으로 한다. 여기에는 계획단계에서 노인의 신체적 특성을 고려하여 설계한 주택과, 기존의 주택을 노인의 특성에 맞게 개량하여 거주성을 높인 주택 모두가 포함된다. 또한 인근에 노인들이 즐길 수 있는 여가시설이나 서비스가 부대시설로 또는 지역사회시설로 제공되어 있으며, 단독주택에서 아파트, 연립에 이르기까지 다양한 주택 형태가 적용될 수 있다.

2) 3세대 동거주택

3세대 동거형 주택은 노인이 가족과 가깝게 거주하면서 세대 간의 거주공간을 분리하여 프라이버시가 보장된 생활을 할 수 있게 하는 주택형태를 말한다. 단독주택일 경우 자녀 집에 노인가족을 위한 주거를 수직 또는 수평 방향으로 증축하거나 확장할 수 있으며, 처음부터 노인과 함께 생활할 수 있도록 3세대 전용으로 설계할 수 있다. 이 같은 형태는 노인이 자녀 가족과 가까이 거주함으로써 심리적으로 안정된 생활을 할 수 있고, 가족으로부터의 케어가 가능하다. 가족과 많은 시간을 함께 보낼 수 있지만 필요에 따라 각자 독립된 생활도 추구할 수 있어 가족과의 동거를 원하는 노인들에게 유용한 형태이다.

3) 노인복지주택

노인복지주택은 고령자들을 위한 특별계획 주택으로 건축 설계와 동시에 서비스가 함께 제공되는 주택이다. 약간의 보조와 서비스가 있으면 자립적 거주가 가능한 고령자층을 대상으로 하며, 노인복지센터가 구축되어 있어 필요에 따라 식사서비스나 가사 도움, 교통 편의 등을 제공받을 수 있다. 또한, 간호원이나 사회복지사 같은 전문 관리인이 상주하여 긴급 상황에 대응하고 있으나, 개인적인 의료서비스나

3) 김지영, 노인의 주거실태와 노인주택정책에 관한 연구, 중부대학교 원격대학원 석사학위논문, 2010.6

간호서비스까지는 제공되지 않는다. 노인복지주택은 중산층, 저소득층 고령자 모두에게 제공될 수 있는 유형이다.

4) 노인보조주택

노인복지주택과 유사한 형태이지만 서비스 측면에 초점을 두어 개인적 보호서비스가 제공되는 주택이다. 탈의, 착의, 입욕, 식사에 관한 개인적인 서비스가 제공되며 24시간 응급에 대응할 수 있는 간호서비스가 부대되어 있다. 노인보호주택의 경우, 경제적인 여유가 있으면서 신체적으로 약한 노인이 시설에 입소하지 않고 보호를 받을 수 있는 주택이다.

5) 노인전용주거단지(노인촌락)

건강자 전담형에서 어느 정도의 보호가 제공되는 노인복지주택, 그리고 심신이 매우 쇠약하여 의료 및 간호 서비스가 함께 제공되는 요양원의 형태가주거단지(노인촌락) 안에 구축되어 있는 형태이다. 고령자의 건강 상태에 따라 주거단지 내에서 살아가면서 평생 보호를 받을 수 있는 형태로 중산층 이상이 주요 대상이다.

6) 리조트형 노인주택

경치 및 전망이 좋은 전원에 위치하고 있고, 취미 여가를 즐길 수 있는 부대시설이 구축되어 있는 형태로, 도심에서 벗어나 한산한 공간에서 휴식을 취할 수 있다는 점에 초점을 두고 있다.

7) 유료양로시설

고령자들이 시설에 입소하여 수익자가 비용을 부담하는 시설에서 제공하는 급식, 착의 등의 다양한 서비스를 받는 형태이다. 시설이기 때문에 일반용 주택보다 폐쇄적이고 자율적이지 못하나 시설에서 책임지고 고령자를 보호해 준다.

8) 유료요양시설

의료 서비스가 추가된 시설로 고령자 질환으로 활동이 부자유스럽고 장기간의 의료치료 및 간호가 필요한 고령자를 대상으로 한다. 의료, 간호 서비스에 대한 이용료를 지불해야 한다.

4. 주거시설의 현황 및 종류

본 절에서는 현재 고령자들이 주로 사용하는 고령친화 주거시설에 대해 자세히 알아보고자 한다. 이를 위해 먼저, 고령자 주거 현황 및 추이를 통계자료로 파악하고, 다음으로 고령친화시설의 종류를 상세히 알아본다.

(1) 고령자 주거 현황 및 추이

표 3.4는 우리나라의 과거, 현재, 미래 가구유형별 고령자 주거 현황을 조사 및 추이하여 나타낸 것이다. 표 3.4를 보면, 현재(2014년도)에는 1인 가구가 가장 많이 거주하고 있고, 2세대 가구, 3세대 가구 순으로 나타났으며, 2025년도와 2035년도 추이도 현재와 비슷한 경향을 보이고 있다. 이는 핵가족화 및 가치관의 변화 등 사회적 요인으로 인해 단독적인 고령자 가구 세대는 증가하고, 여러 세대가 모인 전통적인 가족관계는 감소하고 있음을 보여주는 자료이다.

표 3.4 국내 가구유형별 고령자 주거현황 및 추이 [명]

구분	2004	2005	2014	2025	2035
1세대	8,268	8,743	13,074	21,814	29,836
2세대	127,722	134,792	164,808	261,821	367,775
3세대	106,568	113,826	155,173	251,501	366,261
4세대 이상	4,448	4,448	3,026	2,652	2,281
1인 가구	728,748	728,748	1,316,504	2,247,735	3,429,621
비 친족 가구	10,460	10,460	13,095	17,195	19,197

(출전 : 통계청, 국가통계포털, 장래가구추계(65세 이상), 2005.5~2014.5)

(2) 고령친화시설의 종류[4)]

고령친화시설의 운영 현황을 알아보기 위해서는 우선 고령친화시설이 어떻게 분류되고 어떠한 목적에 의해 설립되었는지를 알 필요가 있다. 따라서 본 항에서는 우선적으로 고령친화시설 중, 가장 많은 수를 차지하고 있는 복지시설에 대해 파악하고자 한다.

고령자의 주거시설과 직접적인 관련을 갖는 복지시설을 크게 분류하면, 노인주거복지시설, 노인여가복지시설, 노인의료복지시설, 노인보호전문기관, 재가노인복지시설으로 분류된다. 또한, 이러한 복지시설을 세부적으로 분류하면, 노인주거복지시설에는 양로시설, 유료노인복지주택, 노인공동생활가정으로, 노인의료복지시설에는 노인요양시설, 노인전문병원, 노인요양공동생활가정으로, 노인여가복지시설은 노인복지관, 노인교실, 경로당, 노인휴양소로 분류된다. 재가노인복지시설의 경우, 방문요양서비스, 주야간보호서비스, 단기보호서비스, 방문목욕서비스로 분류된다. 이는 현재 보건복지부의 복지시설 분류체계이다.

이러한 복지시설에 대한 설치목적은 다음과 같다.

1) 노인주거복지시설

① 양로시설

노인을 입소시켜 급식과 그 밖에 일상생활에 필요한 편의를 제공

② 노인공동생활가정

노인들에게 가정과 같은 주거여건과 급식, 그 밖에 일상생활에 필요한 편의를 제공

③ 노인복지주택

노인에게 주거시설을 분양 또는 임대하여 주거의 편의·생활지도·상담 및 안전관리 등 일상생활에 필요한 편의를 제공

4) 보건복지부, 2011년 노인 복지시설 현황, 2011.3

2) 노인의료복지시설

① 노인요양시설

치매 · 중풍 등 노인성 질환 등으로 심신에 상당한 장애가 발생하여 도움을 필요로 하는 노인을 입소시켜 급식·요양과 그 밖에 일상생활에 필요한 편의를 제공

② 노인요양공동생활가정

치매 · 중풍 등 노인성 질환 등으로 심신에 상당한 장애가 발생하여 도움을 필요로 하는 노인에게 가정과 같은 주거여건과 급식·요양, 그 밖에 일상생활에 필요한 편의를 제공

③ 노인전문병원

주로 노인을 대상으로 의료를 행하는 시설(의료법에 의한 의료기관을 개설할 수 있는 자)에 한하여 시 · 도지사의 허가를 받아 설치

3) 노인여가복지시설

① 노인복지관

노인의 교양·취미생활 및 사회참여활동 등에 대한 각종 정보와 서비스를 제공하고, 건강증진 및 질병예방과 소득보장·재가복지, 그 밖에 노인의 복지증진에 필요한 서비스를 제공

② 경로당

지역노인들이 자율적으로 친목도모 · 취미활동 · 공동작업장 운영 및 각종 정보교환과 기타 여가활동을 할 수 있도록 하는 장소를 제공

③ 노인교실

노인들에 대해 사회활동 참여욕구를 충족시키기 위하여 건전한 취미생활 · 노인건강유지 · 소득보장 기타 일상생활과 관련된 학습프로그램을 제공

④ 노인휴양소

노인들에 대해 심신의 휴양과 관련한 위생시설·여가시설 기타 편의시설을 단기간 제공

4) 재가노인복지시설

① 방문요양서비스

가정에서 일상생활을 영위하고 있는 노인으로서 신체적 · 정신적 장애로 어려움을 겪고 있는 노인에게 필요한 각종 편의를 제공하여 지역 사회 안에서 건전하고 안정된 노후를 영위하도록 하는 서비스

② 주 · 야간서비스

부득이한 사유로 가족의 보호를 받을 수 없는 심신이 허약한 노인과 장애노인을 주간 또는 야간 동안 보호시설에 입소시켜 필요한 각종 편의를 제공하여 이들의 생활안정과 심신기능의 유지 · 향상을 도모하고, 그 가족의 신체적·정신적 부담을 덜어주기 위한 서비스

③ 단기보호서비스

부득이한 사유로 가족의 보호를 받을 수 없어 일시적으로 보호가 필요한 심신이 허약한 노인과 장애노인을 보호시설에 단기간 입소시켜 보호함으로써 노인 및 노인가정의 복지증진을 도모하기 위한 서비스

④ 방문목욕서비스

목욕 장비를 갖추고 재가노인을 방문하여 목욕을 제공하는 서비스

5) 노인보호전문기관

도지사 등이 노인보호전문기관을 지정 및 운영하고, 노인 학대 신고, 상담, 보호, 예방 및 홍보, 24시간 신고 · 상담용 긴급전화 운영함.

5. 주거기술의 종류 및 특성

본 절에서는 앞서 알아본 고령자들의 수요를 충족하고, 그들의 주거욕구를 만족시킬 수 있는 주거기술을 소개하고자 한다. 이는 국내 건축분야뿐만 아닌 다양한 분야에서 향후 고령사회를 대비하여 알아두어야 할 중요한 기술들이다. 따라서 본 절에서는 국내 및 유럽 사례들의 고찰을 통해 고령자 관련 홈 네트워크 기술을 살펴보고, 최근 국내에서 활성화되고 있는 친환경 건축기술에 대해 알아보고자 한다.

(1) 홈 네트워크[5)]

홈 네트워크란 가정에서 쓰이는 모든 전기·전자제품이 유무선 시스템 하나로 연결되어 쌍방향 통신이 가능한 미래형 가정 시스템을 말한다. 최근 국내 및 유럽에서는 이러한 홈 네트워크 시스템을 고령자 주거에 적용시켜 고령자들의 주거만족도 향상에 기여하고 있다. 본 항에서는 주거 공간의 중심이 되는 현관, 침실, 부엌, 화장실에 대한 홈 네트워크 기술을 설명한다.

1) 현관

스웨덴의 "Swedish Institute of Assistive Technology"에서는 고령자를 위한 현관 및 거실 기술로 현관 도어락 및 휴대용 단말기를 제시하였다. 주출입구의 현관 도어락은 휴대폰으로 제어가 가능하며 문의 개폐 시간이 중앙센터로 전송되어 안전이 확보된다. 휴대용 단말기를 통한 현관출입 통제가 가능하다. 현관문에 설치된 단말기에서는 실내에 이상한 상황이 발생할 경우, 음성과 화면으로 나타내어 고령자에게 알려준다. 고령자를 위한 고려사항으로 보통 아파트의 2배의 눈부심이나 반사방지 기능이 있다. 기기사용이 힘들고 복잡하게 여겨지는 고령자들을 위해 TV와 휴대폰을 연결하여 용이한 버튼으로 문자 및 사진 등의 전송기술을 개발하여 제품화하고 있다.

5) 국토교통부, 고령자를 위한 홈 네트워크 국외 연구 동향, 2008.12

2) 침실

치매 환자를 위한 색채 디자인을 활용하여 실별 바닥과 벽 색깔을 다르게 하여 고령자가 현재 어디에 있는지를 색으로 인지할 수 있게 하였다. 침대 바닥부분에 설치된 센서부착 카펫은 고령자가 침대에 있는 시간을 감지하여 일상생활과 비교한 후, 이상이 있을 시에 알람으로 알려주는 기능이 탑재되어 있다. 손목시계형 동작감지기를 통해 하루 활동량을 모니터링하고 이상증상이 생길 경우 자동으로 가족이나 병원으로 알려준다. 침대 측면에는 용이한 버튼으로 문과 조명 등을 제어할 수 있으며 시간을 알려주거나 가족 혹은 도우미가 사전에 녹음한 스케줄을 음성으로 알려주는 기능의 시스템이 구축되어 있다.

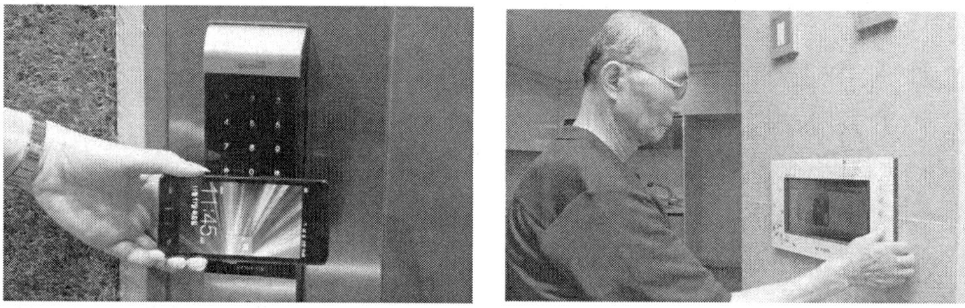

그림 3.1 고령자 현관 기술(출전 : http://www.kuccblog.net/650, 백제시대, http://www.100ssd.co.kr)

네덜란드 암스테르담의 "Living Tomorrow" 전시관에는 인간공학을 실현하고 유지하고자 하는 고령자 침실 기술을 전시하였다. 초인종은 일반 음성 신호 외 시각적 신호로 동시에 알려주며, 응급상황에 대한 스위치, 휴대용 비상버튼, 야간 일괄 소등 버튼을 포함한 Domitica 시스템은 고령자의 세밀한 NEEDS를 고려하였다. 상기 기능들은 침실의 리모컨으로 작동이 가능하며 시스템의 조정 버튼은 일반 스위치와 비슷한 모양이지만 고령자가 즉각적으로 인식 가능하도록 표시되어 있어 편리하다.

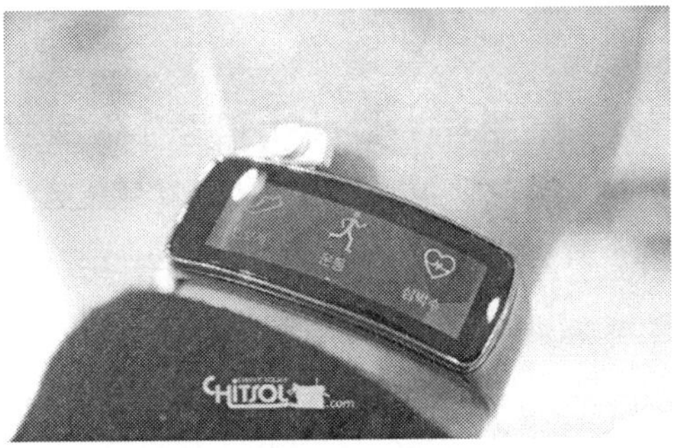

그림 3.2 고령자 침실 기술(1)(출전 : http://chitsol.com/, http://www.gsshop.com/)

침실의 책상에는 인터넷, 이메일 등이 가능한 웹캠이 달린 컴퓨터가 설치되어 있어 외부와의 연락이 중요한 고령자의 생활을 지원해 주는 역할을 한다. 또한 앉아서 휴식하기 편한 의자(비트라 워커의자)가 설치되어 있어 너무 낮지도, 깊지도 않아서 고령자가 쉽게 앉았다 일어났다 할 수 있도록 도와준다. 리모컨으로 조절이 가능한 매트리스의 섬유 하부 구조는 신체를 지지하며, 침대 왼쪽에는 컨트롤센터에 경고 신호가 송부되는 비상버튼이 있고 침대 오른쪽에는 조명, 난방, 전기 기구 등을 야간모드로 변환시키는 버튼이 있다.

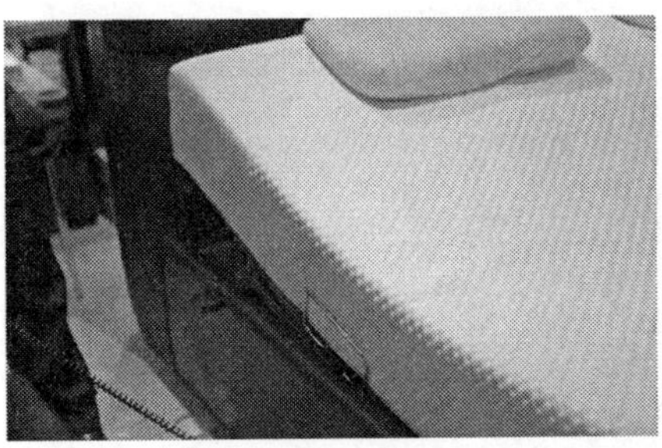

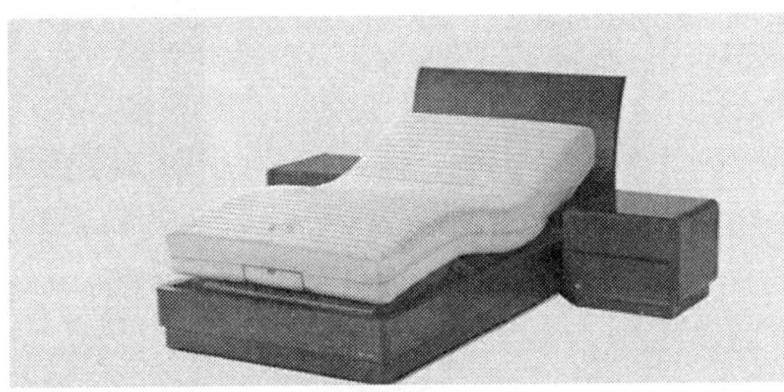

그림 3.3 고령자 침실 기술(2)(출전 : http://prod.danawa.com/, 에이스 침대, http://www.acebed.com/)

3) 부엌

부엌은 흰색바탕에 빨간색 손잡이로 콘트라스트를 명확하게 하여 고령자가 잘 볼 수 있도록 디자인되어 있다. 또한, 전기버너는 이용하기 용이하도록 터치식으로 설치되어 있으며 적정한 색과 문자를 사용하였다. 전기버너는 이상이 생길 경우, 자동적으로 불이 꺼지도록 되어 있다. 휠체어 이용자도 사용 가능하도록 상하 조절 싱크대가 구축되어 있으며, 무릎에 닿지 않도록 자동으로 조절된다. 기억력이 저하되는 고령자에게 일과를 알려주고 시간마다 해야 하는 일정을 알려주는 시스템이 구축되어 고령자의 생활을 지원한다. “Living Tomorrow” 전시관의 고령자 부엌 기술은 조리대 및 환기 측면을 고려하였다. 조리대는 휠체어 이용자의 시선을 고려하여 오픈 스페이스 하부에 배치되어 있으며, 지능형 이지쿡 오븐은 자동으로 요리 준비가 가능하다. 회전 손잡이를 돌려 미리 입력된 프로그램의 요리방법 중에서 선택가능하며 화면은 시각 및 청각 신호음의 두 가지 신호로 고령자에게 요리상태 및 가스안전 상태를 알려준다. 환기 후드는 열 감지 센서와 결합되고 파노라마 유도 벽난로와 연결되어 있어 만약 화재가 발생하면 후드가 자동적으로 호브를 끄도록 되어 있어 안전성 확보가 용이하다.

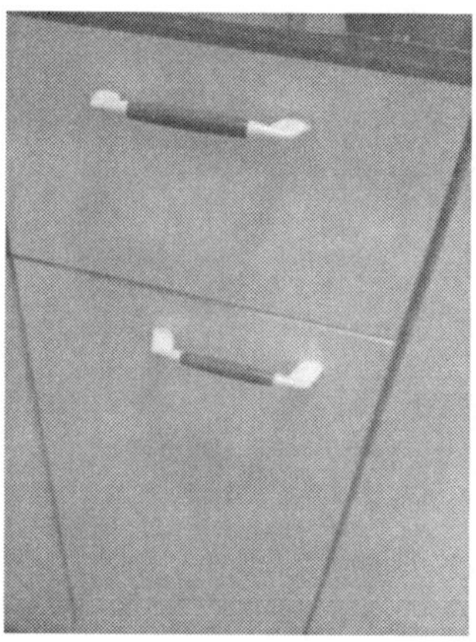

그림 3.4 고령자 부엌 기술(출전 : http://hwii.tistory.com/49, http://blog.daum.net/challaok/13740702)

4) 욕실

"Living Tomorrow" 전시관의 고령자 욕실 기술을 살펴보면, 휠체어 이용자가 사용 가능하도록 폭넓은 공간을 확보하고 있으며, 미끄럼방지 바닥을 시공하였으며, 물의 온도는 38도를 한도로 지정하고 있다. 또한 표준 규격의 non-step 샤워실의 샤워기 측면에는 비상시를 대비한 버튼이 설치되어 있고, 유리벽 등이 안전과 편리성을 고려하여 주문 제작되었다. 약 복용 시간의 알람 등 고령자의 건강상태를 체크해 주는 지능형 미러는 "Living Tomorrow" 전시관이 지니고 있는 독창적인 기술로서, 약에 RFID 칩을 탑재한다면 약사는 지능형 미러를 통해 환자에게 약을 처방하기 위한 유용한 정보를 얻을 수 있게 된다. 또 다른 기술로 다양한 신체 센서를 활용하는 것이다. 칫솔을 사용하면 고령자의 생체 신호가 지능형 미러에 나타나고 이렇게 수집된 정보들은 의사에게 전달되어 고령자의 일반 의료 기록에 추가되어 의사의 환자 방문 필요 여부를 즉각적으로 판단할 수 있게 한다. 진료 자료뿐 아니라 DNA자료에도 추가로 반영되어 고령자의 전용 약을 준비하기 위해 약사나 제약회사에게 송부될 수 있어 건강관리 및 진료가 가능하다.

5) 화장실

눈부심과 반사를 방지한 조명과 미끄럼 방지 바닥 재료를 사용하고 변기에서 쉽게 일어날 수 있도록 손잡이가 여러 곳에 설치되어 있다. 화장실 입구에 설치한 출입 감지 센서로 이용 상태 확인도 가능하다.

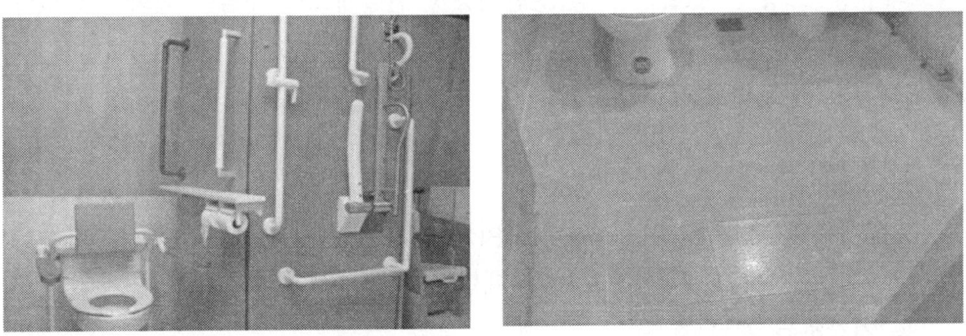

그림 3.5 고령자 화장실 기술(출전 : 에빙기사, http://kr.aving.net/news, http://hybridcoat.co.kr)

(2) 고령자를 위한 친환경 건축재료

최근 화학기술의 발달로 인해 다양한 건축재료의 사용이 증대되고 있는 실정이다. 그러나 이러한 화학 건축재료는 유해한 물질들을 발생시켜 건축물의 실내 환경을 오염시키고, 인체에 많은 영향을 입히고 있다. 이러한 현상들은 신체적 기능 및 인지적 요인이 저하된 고령자들에게 있어 건강상 매우 심각한 영향을 미칠 수 있다. 이를 해결하기 위해 국내 많은 건설재료 관련 기관들은 친환경성을 고려한 재료들을 개발하고 있다. 친환경성을 고려한 건축재료들은 향후 고령자들의 주거생활에 편의성 및 쾌적성을 도모하고, 건강상의 문제까지 해결할 수 있을 것이다. 본 항에서는 상기와 같이 고령자들에게 많은 도움을 줄 수 있는 친환경 건축재료의 대표적인 사례에 대해 알아보고자 한다. 이는 모든 고령친화시설에 해당되는 사항으로 앞으로 고령친화 관련 전문가들에게 중요한 요소가 될 것이며, 반드시 인지하고 있어야 할 사항이다.

1) 친환경 건축재료의 정의6)

친환경 건축재료는 '자원과 에너지 소비를 줄이고, 자연환경을 보전하며, 쾌적한 거주환경의 조성을 통하여 지속가능한 건설업 구현에 사용되는 건설재료 및 자재'라 정의된다. 이는 과거에는 인체에 유해한 성분이 없거나 자원절약이 가능한 재료 또는 자재에 한정되었으나 최근에는 이미 그러한 성능을 기본적으로 만족시키면서 건설재료의 생산, 공급, 활용 및 폐기 등 전 단계에 걸쳐 저에너지 소비형태의 건설재료, 인간 및 자연환경에 유해한 영향을 미치지 않거나 오히려 유익한 기능을 지닌 건설재료, 장수명 · 고내구성 · 고강성 · 조습기능 등 첨단기능성 건설재료로 개념이 진화하고 있다.

2) 친환경 건축재료의 형태7)

① 자원절약형

재생재료의 사용 및 사용 후 리사이클이 가능한 자재 · 재료를 사용하는 것, 또는 재료를 고강도화 함으로써 부재단면을 저감하는 것 등 천연자원의 사용량을 저감하는 재료 형태

6) 이세현, 미래형 친환경 건설재료, 대한건축학회지, 제55권 제4호, 2011.4
7) 위의 논문

② 에너지절약형

자재·재료의 제조, 운송·운반, 건축물의 시공, 건축물의 공용, 해체공사, 폐기물처리 등에 필요로 하는 에너지를 삭감하는 재료, 기기 및 시스템을 이용할 경우의 재료 형태

③ 환경 부하물질 저감형

지구환경, 지역환경, 작업환경 등 다양한 공간과 규모의 환경에 대해 부하요인이 되는 지구온난화, 오존층파괴, 산성비, 생태계파괴, 근접환경공해(대기, 토양, 수질 오염 등), 실내 위생 환경오염 등을 발생시키는 유해한 물질(CO2, NOx, SOx 등)을 저감하는 재료 형태

④ 장수명형

건축물 및 그 구성재의 내구성 향상을 통해 철근콘크리트 건축물의 내용연수를 증가시키는 재료 형태

3) 친환경 실내건축재료의 종류[8)]

전 세계적으로 환경문제가 이슈가 되면서 생활에 사용되는 자재들을 친환경 소재로 변경하려는 노력이 활발해지고 있다. 이는 우리나라의 건축분야에도 영향을 미쳐 다방면의 친환경 건축재료가 탄생하고 있다. 대표적인 친환경 건축재료로는 크게 기능성 바닥재, 항균 타일, 자연 소재 벽지, 참숯 초배지, 천연 직물 도배지, 천연 페인트, 실내 공기 청정기, 바이오 세라믹 내장 마감재 등이 있다. 이러한 친환경 건축재료들은 고령자들의 주거 생활에 있어 건강상의 문제해결, 주거생활의 쾌적화 등 다양한 장점을 지니고 있다.

① 기능성 바닥재

맥반석, 옥, 숯, 황토 등의 성분을 사용하여 인체에 유익한 원적외선을 방출하는 기능성 바닥재로서 일반 PVC 시트에 상기 소재들을 첨가시킨 제품이 주류를 이루고 있다. 또한 PVC 시트 위에 은 입자를 입혀 인체에 해로운 전자파를 막아주는 효과를 강조한 바닥재도 출시되고 있다.

8) 최부현, 친환경 실내 건축재료, 대한건축학회지, 제49권 제10호, 2005.11

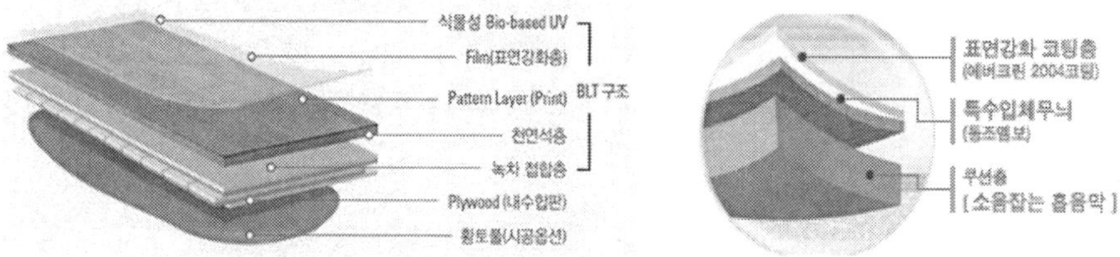

그림 3.6 기능성 바닥재(출전: LG하우시스(http://www.lghausys.co.kr), 청도맥반석(http://www.soundzero.co.kr/))

② 항균 타일

위생 및 청결이 필요한 공간에 세균 또는 박테리아의 생성과 번식을 방지하고 억제시키는 기능성 타일이 활용되고 있다. 이 타일은 표면을 특수 코팅하여 세균에 강하고 인체에 무해하다는 것이 확인되었다. 세균이 많이 번식하는 주거시설 등의 욕실·주방뿐만 아니라 의료시설, 실험실 등에서도 사용할 수 있다.

③ 자연 소재 벽지

벽지에도 자연스러움을 강조한 대리석, 면, 마, 회벽, 모 등의 질감을 강화한 패턴이 유행하고 있다. 설록차, 원두커피, 옥, 쑥, 향나무, 잣나무 목분, 전통한지, 왕겨 등 다양한 자연 소재를 원료로 사용한 벽지도 시판되고 있다. 최근 개발된 규조토 벽지는 천연 무기화합물인 규조를 주성분으로 한 벽지로, 온도·습도 조절, 탈취·공기정화 및 흡음 기능이 있고 원적외선도 방출한다고 하여 많은 관심을 끌고 있다.

④ 참숯 초배지, 천연 직물 도배지

전통 한지에 숯 성분을 첨가한 무공해 소재를 말한다. 이는 최근 초배지로서 벽지를 도배하기 전에 많이 사용되고 있다. 시공이 완료된 후 음이온 방출 효과, 탈취 효과 등이 있어 고령자들이 사용하는 방에 상당한 이점이 있다. 천연 직물 도배지는 대나무 등과 같은 천연 소재를 가공하여 만든 도배지이다.

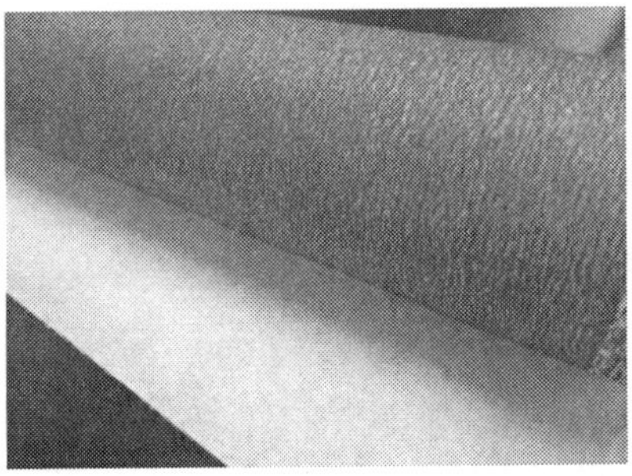

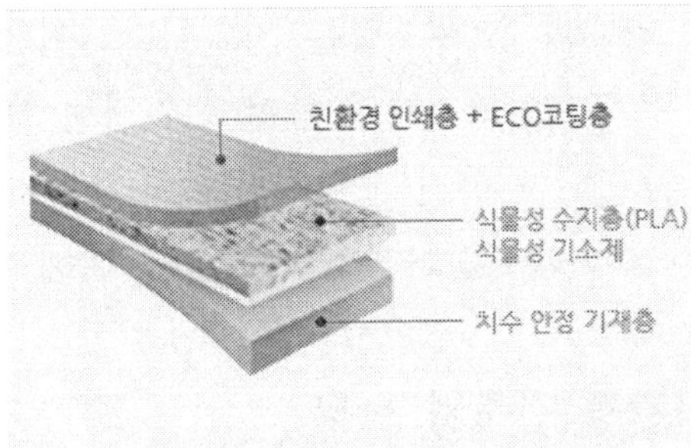

그림 3.8 참숯 초배지 및 천연직물 도배지 사례(출전 : 주항테크(http://joohang.com/),LG하우시스(http://www.lghausys.co.kr))

⑤ 천연 페인트

최근 자연 소재를 원료로 한 무독성 페인트가 큰 인기를 끌고 있다. 이 제품은 휘발성이 있는 중금속 등을 함유하고 있지 않아 인체에 무해하다. 시공 중이나 시공 후에 나타나는 냄새가 없어 학교, 아파트, 병원 등 쾌적한 환경이 요구되는 건물의 내벽에 많이 활용되고 있다. 유하 천연페인트의 제품들은 오동나무유, 다마르, 수지, 아마인유, 오렌지유,피자마유, 송진 등 10여종의 식물에서 추출한 무공해 천연 원료를 이용한다. 이는 유독성 화학물질이 함유되어 있지 않아 시공 시나 도장 후에 유해물질이 발생되지 않는다. 강도는 일반 페인트의 1.8배 정도이며, 정전기를 발생시키지 않고 천연 향기를 발산한다. 벽지나 종이 위에 바로 사용이 가능하고, 천연 페인트는 음이온 발생량이 높아 실내공기를 쾌적하게 유지해 주는 효과가 있으며, 탈취 및 조습 효과도 기대할 수 있다.

⑥ 바이오 세라믹 내장 마감재

천연 바이오 세라믹을 사용한 기능성 내장 마감재 등을 말한다. 이를 벽체·천장 등에 사용하면 인체에 유익한 원적외선을 방출하여 시멘트에서 발생하는 알칼리성과 곰팡이 등의 냄새를 제거하고 곰팡이 서식 방지 및 습기 제거, 보온 기능, 습도 조절에 용이한 성질을 지니고 있다.

(3) 고령자를 위한 친환경 건축기술

본 항에서 설명되는 친환경 건축기술은 최근 환경 문제를 해결할 수 있고, 에너지

효율을 최대화 할 수 있는 기술이다. 이는 향후 고령자들의 주거생활에 편의성 및 쾌적성을 도모하고, 재료 등이 친환경적 요소들로 구성되어 건강상의 문제까지 해결할 수 있도록 구성된 고령친화 주거기술이다. 이에 향후 고령친화 주거기술로 자리매김 할 수 있는 친환경 건축기술에 대해 상세히 살펴보고자 한다.

1) 친환경 건축의 정의

- 친환경 건축이란 "자연환경과 조화되며 자원과 에너지를 생태학적 관점에서 최대한 효율적으로 이용하여 건강한 주생활 또는 업무가 가능한 건축"으로 정의된다.[9)]
- 친환경 건축이란 환경문제가 인류의 생존과 직결된 최대의 현안으로 부각되면서 생태계 파괴로 직결되는 기존의 건축이 안고 있는 문제를 해결하기 위해 새롭게 대두된 대안적 건축의 한 형태이다.[10)]
- 친환경 건축은 자연환경의 중요성에 대한 생태학적 인식으로부터 출발하여 합리화와 경제성의 가치 숭상으로 빚어진 획일화, 비인간화, 생태환경의 파괴의 모순을 초래한 근대 이후의 건축양상에 대한 반성으로 새로운 건축적 대안의 모색이라 할 수 있다.[11)]

2) 친환경 주거기술의 목적[12)]

패시브 건축물과 같은 친환경 주거기술은 단순히 환경문제만 해결할 수 있는 것이 아니라 자연경관과의 유기적 연계를 구축할 수 있으며, 친환경 재료를 활용하였기 때문에 고령자들이 건강한 주거생활을 할 수 있도록 한다. 따라서 고령친화 전문인력이 되기 위해서는 친환경 주거기술을 알아두어야 할 필요가 있다. 이러한 친환경 주거기술의 세부 목적은 다음과 같다.

---

9) 최병희, AHP기법을 이용한 친환경건축요소의 중요도 분석, 경기대학교 건설·산업대학원 석사학위논문, 2010.2
10) 대한건축학회 부산·울산·경남지회, 친환경건축의 이해, 기문당, 2009
11) 김원 외 12인, 친환경 건축설계 가이드북, 발언, 2009
12) 최병희, AHP기법을 이용한 친환경건축요소의 중요도 분석, 경기대학교 건설·산업대학원 석사학위논문, 2010.2

① 자원과 에너지 절약과의 순환

건축물의 생산과 유지관리에 필요한 에너지와 자원의 수요를 최소화하고 순환 활용하는 것이 초점이 되며, 자연의 에너지, 물 순환체계와 재생 가능한 자원을 우선적으로 활용하며 태양에너지 이용, 자연 조건을 활용한 실내 기후조절, 식생을 이용한 건물 외부의 보호 등을 구체적 목표로 삼는다.

② 자연환경과의 조화

자연경관과 유기적 연계라는 협의의 의미는 환경 부하의 절감, 생물 서식환경과 건축 환경과의 조화를 의미하는 것으로 물리적, 생물학적 측면을 포함한 말이다. 따라서 공기의 오염, 폐열, 폐기물, 폐수의 양과 농도 그리고 토양 포장면적을 최소화하고 대지 주변에 다양한 종의 동식물 서식이 가능하도록 배려하는 것을 주안점으로 한다.

③ 건강한 주생활

건강한 주생활이란 근본적으로 건축의 궁극적 목표가 된다. 따라서 이 목표를 앞에서 언급한 다른 목표와 조화시키는 일이 생태건축의 중요한 과제로 부각된다. 좁은 의미로는 건축물을 주변 자연과 어우러지게 배치하여 건강한 주생활과 업무가 가능하게 하는 것을 의미한다. 이를 위해 자연조건과 에너지 효율을 고려한 입지선정, 배치, 건물형태, 재료선택, 건물 내·외부의 기능연계 그리고 식물과의 연계 등이 중요하게 고려되어야 한다. 그러나 보다 적극적이고 넓은 의미에서는 인간의 사회, 심리적 욕구의 충족을 포함한다.

3) 친환경 건축의 기술요소 사례

친환경 건축기술 사례는 친환경 건축의 기술요소 분류체계 중, 그린 홈(국립 과천과학관-Green Home Zero House)의 패시브 기술요소(건물에너지 최소화기술)[13]에 대해 자세히 살펴보고자 한다.

13) 에너지관리공단 보도자료, 국내 최초 그린홈 제로하우스 시범주택 준공식 개최, 2009.7

① 단열성능 강화(중공층 구조벽체)

가. 개요

벽체의 중앙에 2중으로 중공층(Still Air-정지된 공기층)을 형성하여 3중으로 벽을 쌓은 효과를 발휘하는 기능성 건축 구조재

나. 작동원리

열전도가 가장 낮은 정지된 공기층(0.022 kcal/mh℃)을 벽체 내에 2중으로 형성/단열 및 방음, 방습기능이 극대화/건식공법으로 시공하여 건물 해체 시에 벽돌을 100%까지 재활용 가능

그림 3.9 중공층 구조벽체(출전 : http://blog.naver.com/im0921c/50106367083)

② 단열성능 강화(단열블럭)

가. 개요

단열블럭(인슈블럭)이란 단열강화로 소비에너지의 50%를 절약할 수 있는 단열성, 시공성, 경제성을 모티브로 개발된 신개념 단열재

나. 시스템 원리

고단열재 적용으로 에너지절약형 주택 실현하여, 약 1.5 l/m2 난방유 소비, 용이한 시공성으로 공기단축 가능, 다양한 마감재 적용 용이

그림 3.10 단열블럭(출전 : http://blog.naver.com/im0921c/50106367083)

③ 시스템 창호

가. 개요

시스템 창호는 대체로 시중제품 대비 창호 5대 기능(기밀성, 단열성, 수밀성, 방음성, 내풍압성) 만족하는 제품으로, 특히 방음, 단열 및 보온 효과가 우수

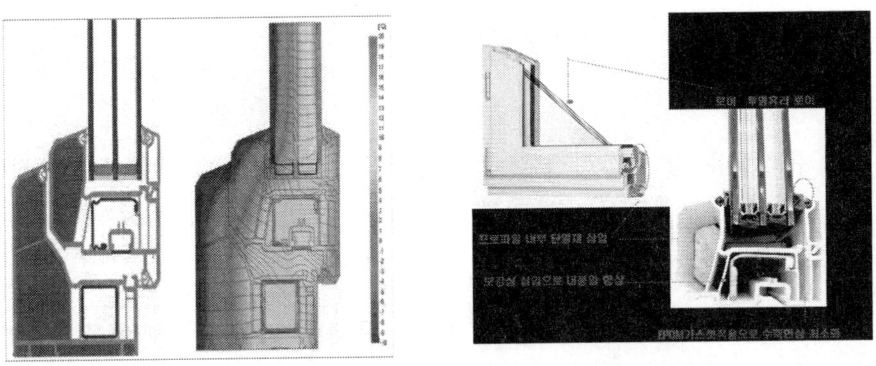

그림 3.11 시스템창호의 원리(좌) 및 적용 내용(우)(출전 : 에너지관리공단 보도자료, 국내 최초 그린 홈 제로하우스 시범주택 준공식 개최, 2009.7)

그림 3.12 시스템창호의 기능 및 외관

④ 단열 현관문

가. 개요

유리섬유 강화 플라스틱 소재 사용으로 단열/차음/기밀성을 유지하고, 뛰어난 강도와 내구성으로 뒤틀림/변형/부식/변색을 방지하는 도어

나. 시스템 원리

- CFC free 폴리우레탄 충전재 : 목재도어 대비 5배 이상의 단열성 및 차음성 확보
- 3중 유리 : 단열성, 안정성, 차음성 확보 및 결로 방지 구조
- 고성능 웨더스트립 : 외풍 차단(≤ $0.93m^2/hm^2$)으로 단열성 및 기밀성

확보

- 유리섬유강화 플라스틱 표면 : 낮은 열전도율로 인한 열손실 감소와 우수한 강도 및 내구성 확보

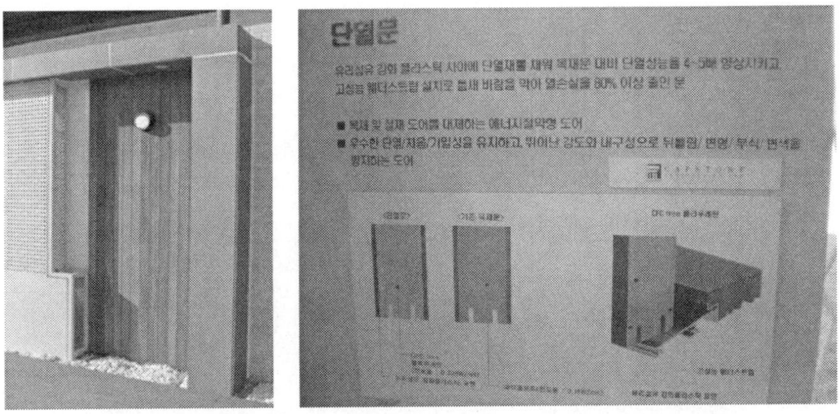

그림 3.13 단열 현관문 외관 및 구조(출전 :http://blog. naver.com/im0921c/50106367083)

⑤ 외부차양

가. 개요

일사량을 조절하여 실내온도 상승억제(여름) 및 단열효과(겨울)를 얻을 수 있는 건물 외부에 설치되는 차양

나. 시스템 원리

창문 내부에 블라인드를 설치하면 35% 정도, 차양을 외부에 설치하면 75% 정도의 열흡수량을 줄일 수 있으므로 냉난방에너지가 절약됨.

⑥ 배기열 회수장치

가. 개요

실내 배기열을 회수하여 유입공기의 온도를 실내온도와 비슷하게 조절하여 공급하는 장치

나. 시스템 원리

전열교환소자를 통해 환기 시 버려지는 공기 중의 에너지를 회수하며 신선한 실외공기를 실내로 유입/냉난방 열손실이 최소화되며, 이중필터로 여과하면서 먼지나 유해물질 등을 제거

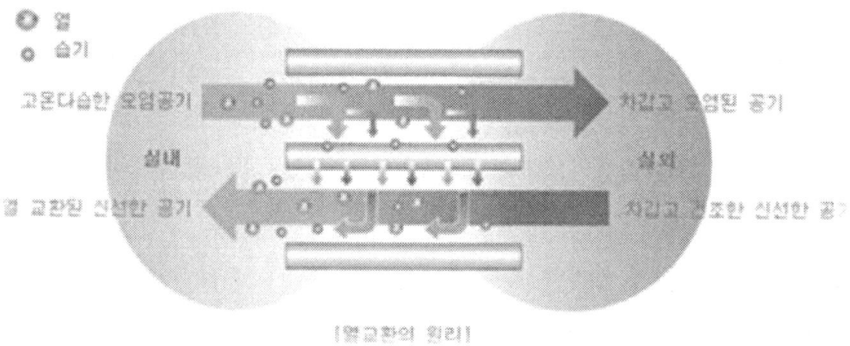

그림 3.15 배기열 회수장치(상) 및 원리(하)(출전 : 에너지관리공단 보도자료, 국내 최초 그린 홈 제로하우스 시범주택 준공식 개최, 2009.7)

참고문헌

1. 국토교통부, 고령자를 위한 홈 네트워크 국외 연구 동향, 2008.12
2. 김지영, 노인의 주거실태와 노인주택정책에 관한 연구, 중부대학교 원격대학원 석사학위논문, 2010.6
3. 김원 외 12인, 친환경 건축설계 가이드북, 발언, 2009
4. 대한건축학회 부산·울산·경남지회, 친환경건축의 이해, 기문당, 2009
5. 대한주택공사 주택도시연구원, 공공임대 고령자주택 대상지선정 지표개발, 2008.12
6. 보건복지부, 2011년 노인 복지시설 현황, 2011.3
7. 에너지관리공단 보도자료, 국내 최초 그린홈 제로하우스 시범주택 준공식 개최, 2009.7
8. 최병희, AHP기법을 이용한 친환경건축요소의 중요도 분석, 경기대학교 건설·산업대학원 석사학위논문, 2010.2
9. 최부현, 친환경 실내 건축재료, 대한건축학회지, 제49권 제10호, 2005.11
10. 통계청, 국가통계포털, 장래가구추계(65세 이상), 2005.5~2014.5
11. 한국 실버산업 협회(2010), 21세기 한국 실버산업의 현황과 발전 전망
12. 에이스 침대, http://www.acebed.com/ (검색일 : 2015.1.5)
13. iUMDECO, http://www.iumdeco.com/ (검색일 : 2015.1.5)
14. JOOHANG TECH INC. http://joohang.com/ (검색일 : 2015.1.6)
15. 청도맥반석, http://www.soundzero.co.kr/ (검색일 : 2015.1.8)
16. LG하우시스 http://www.lghausys.co.kr/ (검색일 : 2015.1.8)
17. 그린홈 시범주택 둘러보기1, http://blog.naver.com/im0921c/50106367083 (검색일 : 2015.1.9)
18. 미래형 스마트시티를 미리 체험해본 KT NFC 체험존, http://www.kuccblog.net/650 (검색일 : 2015.1.9)

19. 내가 노인이 된다면?, http://blog.daum.net/challaok/13740702 (검색일 : 2015.1.9)
20. #ybrid, http://hybridcoat.co.kr (검색일 : 2015.1.10)
21. danawa, http://prod.danawa.com/info/?pcode=2475046#bookmark_product_information (검색일 : 2015.1.11)
22. GS SHOP, http://www.gsshop.com/prd/prd.gs?prdid=12307810 (검색일 : 2015.1.11)
23. AVING, http://kr.aving.net/news/view.php?articleId=112928 (검색일 : 2015.1.11)
24. 백세시대, http://www.100ssd.co.kr/news/articleView.html?idxno=18667 (검색일 : 2015.1.11)
25. Sweet Peace, http://hwii.tistory.com/49 (검색일 : 2015.1.11)

제4장

주거안전

1. 고령자 주거안전의 의의
2. 주거안전의 이론적 개념
3. 주거 안전관리의 필요성
4. 주거 안전사고 사례
5. 안전계획
6. 향후 주거안전 사고 예방대책

제4장 주거안전

>>>

1. 고령자 주거안전의 의의

본 장에서는 고령자들이 다양한 주거 시설물을 이용할 때 발생하는 안전사고와 안전사고를 사전에 예방할 수 있는 대책에 대해 알아보고자 한다. 본 장의 주요 내용을 요약하면 다음과 같다. 첫째, 안전, 사고, 고령자에 대한 개념을 이론적으로 정리하고, 둘째, 보도자료 분석을 통해 고령자 안전관리의 필요성을 인지하며, 셋째, 고령자 주거 안전사고에 대한 다양한 실제 사례를 파악하여 어느 장소에서 어떠한 사고가 발생하는지를 살펴본다. 넷째, 고령자 주거 안전사고 사례를 예방할 수 있는 내·외부환경 안전계획과 고령자 주거 안전사고 사례들에 대한 예방대책을 수립한다. 본 교육의 목적은 상기와 같은 교육과정을 고령자 주거를 공부하는 학생들이 습득함으로써 향후 고령자들의 안전한 시설물을 주도면밀하게 계획할 수 있도록 하는 것이다.

2. 주거안전의 이론적 개념[1)]

(1) 안전의 개념

안전이라 함은 사고를 발생시킬 수 있는 위험 가능성을 감소시키기 위해 어떠한 생각으로 사람의 행동을 수정하거나, 물리적으로 주변 환경을 조성한 조건이나 상태를 말한다. 안전은 사람의 가장 큰 가치적 요소이며, 더 나은 삶을 추구하는 사람의 가장 기본적인 가치 요소이다. 또한 안전은 사고를 사전에 방지하는 것으로 생명의 위험과 경제적 손실, 환경파괴 등을 예방함으로써 다양한 리스크를 예방할 수 있다.

1) 소비자안전국, 노인 생활안전 사고 실태조사, 2007.8

(2) 사고의 개념

사고의 어원은 Accido로 이는 '낙하'의 Ac와 '떨어진다'의 Cido로 구성되고, 어떠한 사람의 행동으로 사망이나 부상을 입게 되거나 재산상의 피해를 발생시키는 사건을 말한다. 사고의 원인은 인적 요인, 물적 요인, 환경적 요인 등으로 구성된다. 인적 요인은 연령, 개인 태도, 심리적 상태, 행동 특성을 말하고, 물적 요인은 제품 결함, 오작동 등을 말하며, 환경적 요인은 날씨, 도로나 시설의 사정 등을 말한다. 이 중 환경적 요인은 인적/물적 요인과 함께 사고의 촉매가 되기도 한다.

(3) 고령자의 특성[2)]

고령자들에 대한 연령, 체력, 정신기능, 피로, 시각, 청각 등의 특성은 안전사고 발생 시 고령자의 대처능력과 밀접한 관계가 있는 항목들이다. 다음 설명사항들은 고령자들의 특성을 간략히 정리한 것이다. 이를 통해 고령자들의 특성을 자세히 파악하여 안전사고를 대비하는 방안을 모색해 보도록 한다.

1) 연령과 체력

그림 4.1과 같이, 체력은 신체적 요소와 정신적 요소로 분류하고 신체적 및 정신적 요소는 행동체력과 방위체력으로 분류된다. 행동체력은 외부로 작용하는 체력을 말하고, 방위체력은 정신적 또는 신체적 곤란을 방지하는 것이다. 신체적 요소의 행동체력은 형태와 기능, 방위체력은 구조와 기능으로 분류된다. 정신적 요소의 행동체력은 의지, 의욕, 판단이 있고, 방위체력은 정신적 스트레스에 대한 저항력이 있다. 방위체력은 환경에 대한 내성, 질병에 대한 저항력 등을 갖고, 신체적 작업능력에 직접 관련이 있는 행동체력은 연령이 증가함에 따라 저하된다.

종합적으로 연령의 증가에 의한 체력 변화를 근력, 지구력, 순발력, 민첩성,치밀성 차원에서 살펴보면, 근력은 연령 증가에 따라 많이 떨어지지 않지만, 순발력, 민첩성, 치밀성은 대다수 떨어지게 된다.

---

2) 최상복, 박용억, 이동호, 노인안전개론, 도서출판 골드 2005.8

그림 4.1 체력의 분류

2) 연령과 정신기능

고령자들은 지적 능력이 노년기에도 쇠퇴하지 않는다는 생각과 정신적 능력도 약간의 차이는 있을 수 있으나 신체적 능력과 함께 쇠퇴한다는 견해를 지니고 있다. 아직까지 연령과 정신기능에 대한 관계성을 확연하게 입증한 결과는 부재한 실정이다. 그러나 고령자들은 치매 등의 정신기능이 떨어지는 질병을 갖게 된다는 점에서 안전을 반드시 고려할 필요가 있다.

3) 연령과 피로

피로는 인간의 생리적 활동에 변화를 가져오게 되어 신체기능의 변화, 주관적 판단저하, 능률의 변화 등을 발생시킨다. 고령자들은 생리기능에 있어 복원성이 장년기 이전보다 열악하고, 따라서 치유가 더디게 된다. 또한, 각종 질병으로 신체적 기능 저하가 발생했을 시, 청년기에는 질병에 따른 기능회복이 빨리 되나 고령자는 기능 회복이 저하된 상태로 지속되는 경우가 많다. 종합적으로 고령자의 경우 젊은 층에 비해 피로가 많이 발생하고, 자각적 증상이 고정되며, 피로회복이 대다수 느리다는 특성이 있다.

4) 연령과 시각

연령의 증가와 함께 고령자의 시각 기능은 전체적으로 저하되고, 고령자의 수정체는 오랜 기간 자외선 노출로 인해 눈 내부의 단백질이 분해되어 투명에서 황색, 그 다음에는 갈색으로 백내장이 진행되게 된다. 이러한 백내장은 50대부터 시작되고, 70대에서는 약 90%의 사람들이 백내장을 앓게 된다. 시각의 기능은 훈련 등을 통해서 유지 및 향상이 곤란하다. 따라서 고령자들의 안전을 위해 조명, 문자 등의 표시 개선을 통해 시각기능을 보완할 필요가 있다.

5) 연령과 청각

대부분의 사람들은 50세 이후부터 점진적으로 청각의 기능이 악화되기 시작하며, 50대부터 고음영역에 대한 감퇴가 일어나기 시작하여 연령이 높아질수록 점차로 저음영역으로 확대되게 된다. 이렇게 고령자들의 청각기능이 떨어짐에 따라 안전사고가 증가하고 있는 실정이다. 따라서 고령자들의 청각을 보완해 줄 수 있는 보청기 등의 기술이 더욱 발달될 필요가 있다.

3. 주거 안전관리의 필요성

한국 소비자원에서 보도한 자료[3]에 의하면, 고령자의 안전사고 발생 건수는 2010년 2,910건에서 2012년 3,911건으로 지속적인 증가를 보이고 있고, 발생장소별로는 가정에서 발생한 사고가 전체의 61.5%로 가장 많이 차지하는 것으로 나타났으며, 의료서비스시설 9.2%, 상업시설 8% 순으로 조사되었다. 이러한 고령자들의 안전사고는 고령자의 신체 기능, 인지 요인 외 생활공간 내에서의 여가활동 시간이 많아짐에 따라 시설 환경적 요인에 의해 발생한 것으로 판단되며, 고령자의 경우 신체 기능 저하와 저항성의 감소로 작은 상처에도 치명적일 수 있어 이로 인한 손실이 적지 않을 것으로 사료된다. 또한, 고령자들의 안전사고는 향후 고령 사회로 진입하는 국내 실정에 있어 해결책을 모색하는 것이 매우 필요한 실정이다.

3) 한국소비자원, 2012년도 고령자 안전사고 사례분석, 2013.11

4. 주거 안전사고 사례

고령자들은 신체적 노화로 생활기능이 감소하여 사회적 관계가 점차 축소되고, 생활의 대부분 시간과 공간을 가정에서 보내게 된다. 그러나 안전하다고 생각하기 쉬운 가정 내에서의 시설이나 일반적으로 이용하게 되는 물품에 의한 골절 등의 작은 사고가 가장 빈번히 발생하고 있다. 이는 고령자들의 건강하고 쾌적한 주거생활에 있어 각종 질환으로 취약한 상황에 부가되어 보다 심각한 결과를 초래할 수 있다. 따라서 먼저, 고령자들의 실제 안전사고 사례를 살펴보고, 이에 따른 예방대책이 무엇이 있는지를 알아보고자 한다. 이는 향후 고령자들의 안전사고를 예방하기 위한 중요 사항으로서 고령친화시설 전문가들이 갖추어야 할 능력 중 하나이다. 본 절의 고령자 주거 안전사고 사례들은 보건복지부에서 발표한 실제 발생하였던 사례들을 정리한 것이다.

(1) 추락·넘어짐·미끄러짐 사고사례

추락·넘어짐·미끄러짐 사고는 고령자 안전사고에서 가장 많은 건수를 보이고 있다. 이에 추락·넘어짐·미끄러짐 사고사례를 파악하여 원인을 규명하고, 예방대책을 수립하는 것이 필요하다. 본 항에서는 공중 및 근린생활 시설과 주거시설에서의 추락·넘어짐·미끄러짐 사고가 어떠한 경우에 발생하는지를 살펴보도록 한다.

1) 공중 및 근린생활 시설

공중 및 근린생활 시설의 경우, 공중목욕탕, 에스컬레이터 및 엘리베이터 등에서 발생한 사고가 많다. 이는 고령자들이 신체적으로 미끄러운 바닥물기에 대한 대처능력(반사신경)과 움직이는 시설물에 대한 안전의식이 낮아 나타나는 사고들이다. 이에 대한 사례들을 살펴보면 다음과 같다.

가. 2000년 0월 경기도 포천에 거주하는 78세 여자고령자가 대중목욕탕에서 넘어지면서 머리를 의자에 부딪쳐 뇌진탕 발생

나. 2000년 0월 전라북도에 거주하는 72세 여자고령자가 대중목욕탕 안 타일에서 넘어져 무릎에 골절상을 입음.

다. 20OO년 O월 대전에 거주하는 76세 여자고령자가 목욕탕 탈의실에서 바닥의 물기로 인해 미끄러져 손목 골절상을 입음.

라. 20OO년 O월 서울에 거주하는 72세 남자고령자가 공중목욕탕 이용 중 사망

그림 4.2 목욕탕 사고사례 (출전 : 한국소비자보호원(http://www.kca.go.kr), 한국소방안전협회(http://www.kfsa.or.kr))

마. 20OO년 O월 서울에 거주하는 67세 여자고령자가 대형 유통시설의 에스컬레이터에서 미끄러지면서 넘어져 파열상 및 골절상을 입음.

그림 4.3 에스컬레이터 사고사례(출전 : http://blog.naver.com.donkeyhorte/120055352199/, 문화일보 보도자료, 2008.9)

바. 20OO년 O월 일산에 거주하는 82세 여자고령자가 엘리베이터에서 내리다 넘어져 손목 골절상 및 허리 부상을 입음.

사. 20OO년 O월 인천에 거주하는 67세 여자고령자가 아이스링크에서 넘어져 손목 골절상을 입음.

그림 4.4 아이스링크 사고사례(출전: http://cafe.naver.com/fndmom/723, 경인일보 보도자료, 2013.12)

2) 주거시설

주거시설의 경우, 대부분의 집 내·외부 모든 장소에서 사고 사례들이 다양한 형태로 발생하고 있다. 이는 고령자들이 가장 많은 시간을 혼자 보내게 되는 장소로서 안전의식이 낮고, 대부분의 주택구조가 안전시설물이 설치되어 있지 않아 나타나는 사고들이다. 이에 대한 각 장소별 사례들을 살펴보면 다음과 같다.

① 방·침실·거실

가. 20OO년 O월 일산에 거주하는 82세 여자고령자가 엘리베이터에서 내리다 넘어져 손목 골절상 및 허리 부상을 입음.

나. 20OO년 O월 부산에 거주하는 78세 남자고령자가 침대에서 떨어지면서 손을 잘못 짚어 손목 골절상을 입음.

다. 20OO년 O월 인천에 거주하는 65세 여자고령자가 침대에서 떨어져 대퇴골 골절상을 입음.

라. 2000년 0월 전라북도에 거주하는 77세 여자고령자가 방에서 미끄러지면서 침대모서리에 부딪쳐 요통 발생

마. 2000년 0월 전라북도에 거주하는 76세 여자고령자가 거실에서 넘어져 등뼈 골절상을 입음.

바. 2000년 0월 서울에 거주하는 81세 여자고령자가 소파에 앉으려다 엉덩방아를 찧어 대퇴경부의 골절상을 입음.

사. 2000년 0월 서울에 거주하는 79세 남자고령자가 방에서 넘어지면서 가구모서리에 부딪쳐 두피에 열상과 왼쪽 대퇴골절상을 입음.

아. 2000년 0월 강원도에 거주하는 74세 남자고령자가 가정에서 넘어져 뇌출혈 진단 후 사망

그림 4.5 방 및 거실 사고사례(출전 : 한국소비자보호원, http://www.kca.go.kr)

② 화장실·욕실

가. 20OO년 O월 경기도 포천에 거주하는 83세 여자고령자가 화장실에서 나오다 미끄러져 넘어지면서 팔 골절상을 입음.

나. 20OO년 O월 경상남도에 거주하는 74세 여자고령자가 욕실에서 미끄러져 가슴통증 및 혈뇨 발생

다. 20OO년 O월 경기도 고양에 거주하는 71세 여자고령자가 욕조에서 미끄러져 다리 골절상을 입음.

라. 20OO년 O월 일산에 거주하는 98세 여자고령자가 화장실에서 미끄러져 대퇴부 골절상을 입음.

그림 4.6 화장실 및 욕실 사고사례(출전: 한국소비자보호원, http://www.kca.go.kr)

③ 계단

가. 20OO년 O월 전라북도에 거주하는 67세 여자고령자가 계단에서 추락하여 허리 통증 유발

나. 20OO년 O월 서울에 거주하는 73세 여자고령자가 아파트 계단에서 넘어져 엉덩이 골절상을 입음.

다. 20OO년 O월 경상북도에 거주하는 82세 여자고령자가 계단에서 미끄러져 허리에 골절상을 입음.

라. 20OO년 O월 서울에 거주하는 70세 남자고령자가 계단에서 넘어져 뇌출혈

로 사망

마. 20OO년 O월 서울에 거주하는 66세 남자고령자가 계단에서 넘어져 뇌출혈 발생

바. 20OO년 O월 인천에 거주하는 여자고령자가 주택 계단에서 굴러서 사망

그림 4.7 계단 사고사례(출전 : 한국소비자보호원, http://www.kca.go.kr)

④ 부엌

가. 20OO년 O월 서울에 거주하는 69세 여자고령자가 주방에서 미끄러져 손목, 대퇴경부 골절상을 입음.

(2) 충돌·충격 사고사례

충돌·충격 사고는 고령자 안전사고에서 추락·넘어짐·미끄러짐 사고 다음으로 많은 건수를 보이고 있다. 이에 충돌·충격 사고사례를 파악하여 원인을 규명하고,

예방대책을 수립하는 것 또한 중요한 과제이다. 본 항에서는 공중 및 근린생활 시설과 주거시설에서의 충돌·충격 사고가 어떠한 경우에 발생하는지를 살펴보도록 한다. 이는 추락·넘어짐·미끄러짐 사고보다는 사례가 적고 대부분 비슷한 사례로 발생하기 때문에 각 시설별로 간략한 사례만을 설명하였다.

1) 공중 및 근린생활 시설

가. 2000년 0월 서울에 거주하는 70세 남자고령자가 대형유통시설의 대형 유리문에 부딪쳐 코뼈 골절상을 입음.

2) 주거시설

① 방·침실·거실

가. 2000년 0월 경기도의 한 요양원에서 TV가 전도되면서 82세 여자고령자가 부딪쳐 비골 골절상을 입음.

② 화장실·욕실

가. 2000년 0월 전라북도에 거주하는 67세 여자고령자가 욕실 문에 손가락이 끼여 압궤손상을 입음.

나. 2000년 0월 전라북도 군산에 거주하는 70세 여자고령자가 세탁기 옆면 돌출부 위에 부딪쳐 어깨 골절상을 입음.

③ 부엌

가. 2000년 0월 경기도 포천에 거주하는 67세 여자고령자가 부엌 싱크대 모서리에 눈을 부딪쳐 열상을 입음.

나. 2000년 0월 인천에 거주하는 68세 여자고령자가 싱크대 모서리에 부딪쳐 좌측 안검 열상을 입음.

다. 2000년 0월 서울에 거주하는 86세 남자고령자가 문 모서리에 머리를 부딪쳐 찔림.

5. 안전계획

본 절에서는 고령자 주거에서 가장 중요하게 고려해야 하는 안전계획에 대해 알아보고자 한다. 이를 위해 먼저 한국 소비자원에서 제시하고 있는 고령자 안전사고 예방을 위한 주의사항을 살펴보고, 고령자들이 주거활동을 함에 있어 내·외부환경 계획을 어떻게 해야 하는지 파악해 보도록 한다.

(1) 충돌·충격 사고사례

다음에 제시된 사항들은 고령자 안전사고 발생에 따른 주거생활 주의사항이다. 이는 한국 소비자원에서 제시한 사항으로, 주의사항을 기반으로 고령자가 주거생활을 한다면 안전사고 예방에 매우 효과적일 수 있다고 판단된다. 이 중 시설물 계획과 관련된 사항으로는 가, 바, 사, 아, 자, 차, 카, 파가 있다.

가. 미끄러운 바닥재는 가급적 사용을 피하고, 방·거실 등의 바닥에는 습기를 제거하거나 습기가 없도록 유지한다. 또한, 미끄럼 방지테이프 등을 이용하여 사고를 예방하도록 한다.

나. 일상생활 동안에 주기적인 운동을 수행하여 신체를 강화시켜 골절 등의 각종 사고를 예방하도록 한다.

다. 다수의 약물을 복용 시, 넘어짐, 미끄러짐, 추락, 낙상의 사고위험이 증가하게 된다.

라. 항우울제, 간질약, 고혈압 약, 항부정맥제, 수면제, 신경안정제 등은 이러한 위험사고를 증가시키는 약물로, 이들 약물 투약 시 특히 주의해야 한다.

마. 기상 시에는 10분 이상 적응하고 이동하기, 천천히 일어나기, 보조기나 지지대를 이용하기, 화장실에서는 천천히 일어나고 일어난 후에는 적응시간을 가진 후 이동하기 등을 생활화 하도록 한다.

바. 침대는 낮은 높이의 침대를 이용하고 벽에 안전손잡이를 설치하여 이동 시 이용하고 움직일 수 있도록 한다.

사. 침대 주변에는 낙상 시 충격 완화용 보호 카펫이나 푹신한 매트를 깔아 위험을 방지한다.

아. 가구 등의 모서리 부분에는 보호대를 씌우거나 설치하여 넘어짐 사고를 예방하도록 한다.

자. 욕실의 깔판, 매트 등은 미끄럼 방지용 제품을 이용한다.

차. 복도, 계단, 현관 등에는 밝은 조명을 설치하여 보행에 불편을 주지 않도록 하여 사고를 예방하도록 한다.

카. 미끄러운 구두나 슬리퍼는 신지 않도록 한다.

타. 전열매트에서 수면 시에는 전원을 끄거나 가장 낮은 온도로 지정하여 이용하고, 담요 등을 여유 있게 깔아 신체가 직접 닿지 않도록 한다.

파. 집안에서 생활할 때에는 동선을 미리 검토하여 안전손잡이(핸드레일)를 설치하여 넘어짐 및 미끄럼 사고를 미연에 방지하도록 한다.

(2) 안전사고 예방을 위한 내부환경 계획

고령자들은 대부분의 시간을 실내에서 보내게 된다. 특히, 신체적 건강이 좋지 않은 고령자들은 더욱 그러하다. 이러한 고령자의 행태적 특성으로 인해 시설물의 내부공간 계획은 고령자 안전측면에서 매우 중요하다. 고령자의 신체적 변화 중 시각, 청각, 촉각 등이 둔해지는 현상은 안전사고와 직결되어 이에 따른 안전성 계획이 요구된다. 앞서 「4. 주거 안전사고 사례」에서 살펴본 바와 같이, 고령자 주거시설에서 흔히 일어나는 안전사고들은 추락·넘어짐·미끄러짐 등의 사고로, 이는 고령자들의 노화로 인한 골격의 약화, 감각기관 퇴화 등이 주요한 원인이다. 이러한 사고들은 사고 자체보다도 그 후에 발생하는 신체적 손상으로 이어지는 사고의 가능성이 높기 때문에 주의를 기울일 필요가 있다.

1) 고령자 시설의 물리적 환경인자

다음 항목들은 고령자 안전사고를 방지하기 위해 고려해야 할 고령자 시설의 물리적 환경인자[4]들이다. 이러한 인자들을 고려한 주거시설의 내부 환경 계획이 이루어진다면 고령자들의 안전사고를 사전에 예방할 수 있을 것으로 사료된다. 따라서 이러한 인자들을 고려한 내부 공간별 안전계획에 대해 2)에서 설명하도록 한다.

4) 이관용, 노인건축, 세진사, 2003.5

가. 휠체어의 이동 시 현관까지의 접근성
나. 욕실 및 화장실의 핸드레일 설치
다. 복도나 홀 공간의 핸드레일 설치
라. 고령자용 주차장 확보
마. 층과 복도의 색채 계획
바. 계단공간의 조명 확보
사. 주 현관의 조명 확보
아. 계단바닥의 미끄럼 방지
자. 욕실 및 화장실 바닥의 미끄럼 방지
차. 방 및 시설의 화재경보기 설치
카. 욕실 및 화장실의 비상콜 시스템 설치
타. 방의 비상콜 시스템 설치
파. 시설 외부에서의 비상콜 시스템

2) 내부 공간별 안전계획

고령자 주거 공간 및 공용 공간에는 안전사고 발생 시 응급대처를 할 수 있도록 응급호출장치의 설치가 필수적이며, 욕실이나 화장실에도 설치되어야 한다. 일반적으로 응급호출장치는 전화기와 같은 장치보다 벽에 설치하는 응급용 줄을 잡아당겨 시설의 직원실이나 구조대를 호출하는 장치가 고령자에게 적절하다. 특히 화장실과 같이 고령자가 혼자 이용하는 공간들은 필수적으로 설치해야 하며, 이에 대한 시설의 안전교육도 요구된다. 이러한 응급호출장치에 대해서는 담당 시설직원이 고령자의 방을 방문하여 안전 상태를 정기적으로 점검할 필요가 있다.

벽의 모서리 부분에는 충돌방지 안전장치를 설치해야 한다. 고령자들은 감각기관의 퇴화로 인해 벽 모서리를 인지하지 못해 충돌사고가 발생하기 때문에 영구적으로 모서리 부분을 둥글게 하거나 충격방지용 안전장치를 설치해야 한다.

복도 및 경사로 주위에는 고령자의 보행 시에 발생할 수 있는 쓰러짐이나 넘어짐 사고를 대비하기 위해 보행보조막대기, 핸드레일 같은 장치를 설치해야 한다. 복도나 경사로 양쪽에 보행보조막대기나 핸드레일을 설치해야 하며, 미끄럼 사고를 방지하기 위해 바닥 재료와 구조를 점검해야 하고, 다른 사람이나 물건에 부딪치지 않도록 조명이나 채광을 밝게 해야 한다.

그림 4.8 화장실의 응급콜 시스템(1) 그림 4.9 화장실의 응급콜 시스템(2)

다음 사항들은 고령자 주거에 대한 내부 공간 안전계획의 성공여부를 예측할 수 있는 안전계획 체크항목[5]이다. 이는 고령자 주거에 대한 내부 공간 안전계획이 수립되고 나서 반드시 수행되어야 하는 요소이다.

가. 사고 발생 시 응급처치가 신속히 이루어질 수 있도록 시스템이 구축되어 있는가?
나. 주거 유닛과 직원실을 연결하는 응급호출장치를 설치하였는가?
다. 주거 유닛의 욕실이나 화장실에 응급호출장치를 설치하였는가?
라. 호출이 용이할 수 있도록 당김용 호출 줄을 계획하였는가?
마. 시설직원의 정기적인 안전교육을 실시하였는가?
바. 시설직원은 정기적으로 입주자의 방을 방문하여 안전을 점검하도록 하였는가?
사. 시설 벽의 모서리 부분은 충돌사고를 방지할 수 있는 안전장치로 계획하였는가?
아. 미끄러짐을 방지할 수 있는 마감재료를 선정하였는가?
자. 고령자의 시각을 고려하여 실내 공간의 조명은 밝게 하며, 현관 및 복도는 넓게 계획하였는가?
차. 주요 공용공간의 모니터나 CCTV를 설치하였는가?
카. 시설 출입구에 출입 알림용 경고음 장치나 체크 센서를 설치하였는가?

---

5) 이관용, 노인건축, 세진사, 2003.5

(3) 안전사고 예방을 위한 외부환경 계획

고령자 주거에서 내부 안전계획만큼 중요하게 고려해야 할 사항이 있다면 외부환경으로부터의 안전계획이다. 외부로부터의 안전성 확보는 고령자 주거시설의 계획과 대지선정 시 매우 중요하게 고려되어야 할 요소이다. 고령자의 신체적 변화로 인해 범죄로부터의 노출은 일반인보다 더 크고 위험하며, 신체적 방어능력이 부족한 고령자의 신체적 특성으로 인해 실제 범죄를 당했을 시 고령자의 신체적 피해는 커질 수밖에 없다. 따라서 고령자의 사회적 인식과 신체적인 특성을 고려해서 고령자 주거단지 최종 선정 시 안전성을 최대한 확보할 수 있는 지역을 선정해야 하며, 단지 내에서도 안전을 도모할 수 있는 제반적인 물리적 장치가 필요하다.

안전성을 고려한 물리적인 장치는 고령자 주거단지의 출입구 단일화 같은 조치가 있다. 대규모의 고령자 주거단지 입구는 거주자용과 방문자용을 분리해서 설치하는 방법이 있으며, 입구에 관리직원이 상주하여 방문자를 확인하는 방법도 있다. 24시간 단지 내 순찰 서비스나 야간경비 같은 안전성을 위한 서비스 확보도 시설 거주자들에게 심리적인 안정감을 주게 된다. 출입구의 단일화와 경비 서비스 같은 안전성 조치는 장기간 외출이나 여행할 수 있는 노년기 삶의 특성을 배려하는 측면도 있다.

안전성을 확보하기 위해서 각 주거 유닛에서 다른 거주자 유닛들을 서로 감시할 수 있는 시각적 배려가 반영된 디자인을 할 수 있다. 단지 내에서 고령자와 고령자 사이의 상호적인 시각적 감시는 외부로부터 위험을 보호할 수 있는 방어공간을 만들어 준다. 특히, 인적이 드문 주차장이나 건물 현관, 단지 내 주도로나 보도와 같은 장소는 주거 유닛에서 시각적 감시가 가능하도록 디자인을 배려하여 안전성을 확보하는 것이 좋다.

그러나 안전성을 고려한 나머지 디자인이 내부 지향적으로 또는 방어적인 형태로 나타날 수 있다. 안전성만을 너무 고려하다 보면 물리적으로 그리고 시각적으로 이웃과의 관계가 격리될 수 있으며, 동시에 거주자들의 심리적인 고립감도 생길 수 있는 단점이 있다. 사회적인 접촉을 위한 개방감과 거주자들의 안전성은 디자인 시 상충되는 요소이다. 하지만, 노인시설의 입지적 상황에 따라 적절히 조절되어야 한다. 만약 범죄율이 낮은 도시나 주변 여건이 안전한 지역에서는 과도한 안전적인 디자인 조치는 가급적 줄이고, 건축의 형태 역시 방어적인 모습을 피해야 할 것이다. 하지만 도심 밀집지역이나 교통이 혼잡한 곳, 사람의 왕래가 잦은 지역의 입지여건에서는 안전성을 최대한 고려해 디자인해야 한다.

다음 사항들은 고령자 주거에 대한 외부환경 안전계획의 성공여부를 예측할 수 있는 안전계획 체크항목[6]이다. 이는 고령자 주거에 대한 외부환경 안전계획이 수립되고 나서 반드시 수행되어야 하는 요소이다.

가. 시설 외부로부터의 안전을 확보하였는가?
나. 시설의 출입구를 단일화 하거나 입주자 전용 출입구를 설치하여 입주자의 안전을 확보하였는가?
다. 시설의 안전을 위해 24시간 단지 순찰 서비스나 야간 경비요원을 상주시켰는가?
라. 시설 입지의 성격에 따라 안전성 확보를 디자인에 반영하였는가?
마. 단지 내에서 입주자끼리 서로 감시할 수 있도록 공간을 계획하였는가?
바. 주거 유닛의 창문을 통해 단지를 시각적으로 감시할 수 있도록 계획하였는가?

6. 향후 주거안전 사고 예방대책

한국소비자원의 소비자위해감시시스템 및 통계청의 사망사고 자료에는 고령자의 신체적 취약성으로 인해 주거생활에서 안전문제가 다발하고 있는 것으로 조사되었다. 따라서 본 절에서는 「4. 주거 안전사고 사례」에서 소개한 고령자 안전사고 사례를 해결하고, 고령자의 주거생활에 도움을 줄 수 있도록 사고별·장소별 예방대책을 살펴보고자 한다.

(1) 사고별 예방대책[7]

「4. 주거 안전사고 사례」에서는 고령자들의 주거생활에서 발생하는 사고사례를 살펴보았다. 본 항에서는 앞서 알아본 사고별 사례들의 예방대책을 살펴보도록 한다. 이는 한국소비자원에서 제시한 추락 · 넘어짐 · 미끄러짐 사고와 충돌 · 충격사고의 예방대책을 중심으로 설명하였다.

6) 이관용, 노인건축, 세진사, 2003.5
7) 소비자안전국, 리콜제도팀, 노인 생활안전 사고 실태조사, 2007.8

1) 추락·넘어짐·미끄러짐 사고 예방대책

추락·넘어짐·미끄러짐 사고 예방대책은 대부분 가정 내 안전시설물을 설치하는 것으로 구성되어 있다. 이와 같은 예방대책은 다음과 같다.

가. 욕실의 깔판 및 매트는 미끄럼 방지용 제품을 이용한다.

나. 이동 시 부딪칠 수 있는 모서리나 날카로운 물건 등을 정리하도록 한다.

다. 복도 현관, 욕실, 계단 등에 안전손잡이를 설치하고, 이동 시에는 반드시 안전손잡이를 잡고 이동하도록 한다.

라. 다양한 전기용품의 전선을 고령자 이동에 방해되지 않도록 항시 정리하도록 한다.

마. 계단이나 문턱의 높이를 낮춘다.

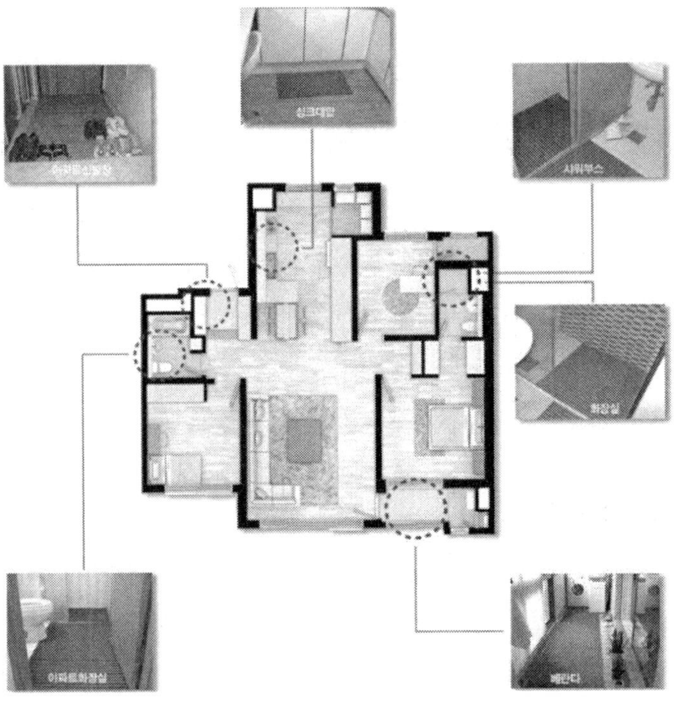

그림 4.10 가정 내 미끄럼방지용 매트(출전 : http://cafe.naver.com/ihangul/86797)

그림 4.11 계단 안전사고 예방대책(출전 : 한국소비자보호원, http://www.kca.go.kr)

그림 4.12 계단 추락·넘어짐·미끄러짐 사고예방 대책(출전 : http://blog.naver.com/familly33/10123720131)

그림 4.13 욕실 추락 · 넘어짐 · 미끄러짐 사고 예방 대책(출전 : 중앙일보, http://www.koreadaily.com/news/read.asp?art_id=1150462)

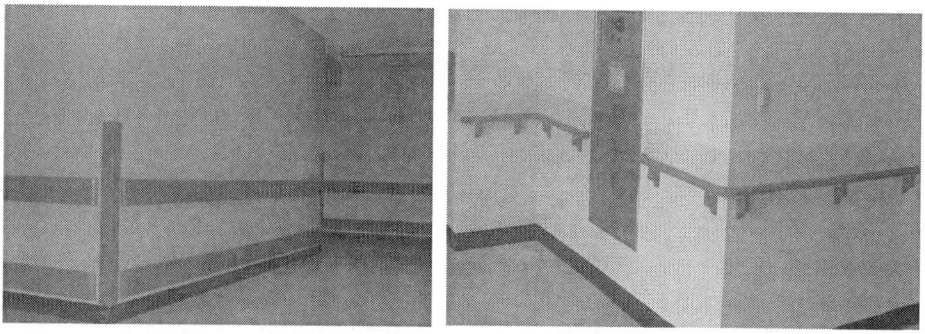

그림 4.14 복도 추락 · 넘어짐 · 미끄러짐 사고예방 대책(출전 : http://blog.naver.com/familly33/10123720131

2) 충돌·충격 사고 예방대책

충돌·충격 사고 예방대책은 대부분 가정 내 안전시설물, 조명시설물, 가전제품 등을 설치, 변경, 위치 조정하는 것으로 구성되어 있다. 이와 같은 예방대책은 다음과 같다.

가. 가구 등의 모서리 부분에 보호용품을 이용한다.

나. 이동 시 시야확보가 가능하도록 복도, 계단, 현관에 밝은 조명을 설치하고 조명 등에 대한 상·하부 스위치를 설치하도록 한다.

다. TV 등 전도 · 추락사고의 가능성이 있는 제품들은 충분한 공간을 확보하여 설치하도록 한다.

(2) 장소별 예방대책[8)]

고령자 인구가 늘어나면서 가정 내의 고령자 안전사고 발생이 지속적으로 증가하고 있다. 안전사고의 대부분은 고령자의 신체적 특성을 고려하지 않은 주택 구조와 잘못된 시설물 때문이다. 또한, 고령자가 거주하는 주택의 절반가량이 안전사고 위험을 지니고 있는 것으로 조사되어 이에 대한 예방책의 모색이 시급한 실정이다.

안전사고는 주로 방 · 거실 · 욕실 · 화장실 등에서 발생하고 있었고, 주요 발생 유형은 넘어지거나 미끄러져 다치는 것으로 조사되었다. 한국소비자보호원이 병원·소방서 등을 통해 수집한 고령자 안전사고 사례 976건과 고령자가 거주하는 476가구를 대상으로 한 실태조사에 따르면 고령자들이 주택에서 경험하는 사고의 83%가 욕실·화장실 바닥 등의 시설물 때문에 일어나고, 고령자가 거주하는 주택의 42%가 사고 위험이 있는 것으로 나타났다. 고령자에게 질환이 있거나 신체 기능이 떨어져 몸을 가누기 어려운 상황에서 발생한 피치 못한 사고는 13%에 불과했다.

따라서 고령자들의 안전을 고려해 주택을 보수하여 위해 요인을 제거하고, 고령자들에게 주택이나 물품 이용 요령을 교육한다면 안전사고의 예방에 크게 기여할 것으로 판단된다. 본 항에서는 가정 내에서 발생하는 사고가 가장 많은 것을 감안하여 가정 내 장소별 안전사고 예방대책을 살펴보고자 한다. 본 항에서 제시되는 예방책은 문헌고찰[9)] 및 소비자 안전센터에서 보도한 가정 내 노인 안전사고 예방법을 토대로 구성되었다.

1) 욕실 · 화장실

주택의 욕실 및 화장실은 물과 바닥 재질로 상당히 미끄럽다. 특히, 고령자들은

---

8) 소비자안전국, 리콜제도팀, 노인 생활안전 사고 실태조사, 2007.8

9) 최상복, 박용억, 이동호, 노인안전개론, 도서출판 골드 2005.8

다리와 허리가 약한 신체적 특성을 가지고 있고, 균형 감각이 떨어져 있기 때문에 욕실 및 화장실에서 옷을 벗은 상태로 미끄러지면 크게 다칠 수 있다. 따라서 다음과 같은 예방대책이 필요하다.

가. 욕실에 설치된 깔판 및 매트는 미끄럼 방지용 마감재를 이용한다.

나. 고령자가 미끄럼으로 인해 넘어져 욕실 내부에 놓인 물건에 부딪치는 경우가 많기 때문에 욕실 및 화장실 내부는 정리 정돈이 항상 잘되어 있어야 하고 모서리나 날카로운 물건 등에 대한 대책이 필요하다.

다. 욕조에 들어가거나 나올 때 고령자의 몸 균형을 지탱할 수 있도록 안전손잡이를 설치하면 고령자의 미끄럼 사고를 최소화할 수 있다. 따라서 욕조 이용 시 고령자가 용이하게 잡을 수 있는 위치에 손잡이를 설치하도록 한다.

라. 화장실이 가까운 방(침실)에 고령자의 방(침실)을 계획한다.

마. 욕실 및 화장실의 야간 사용을 고려하여 침실부터 욕실 및 화장실까지의 이동통로에는 장애물을 두지 않는다.

바. 미끄럼 사고 등의 긴급 상황 시에 대비하여 가족 등 타인에게 알릴 수 있는 비상벨을 욕실에 반드시 설치하도록 한다.

사. 고령자의 출입이 빈번한 욕실 및 화장실 입구에는 턱이나 계단이 없어야 한다.

아. 욕실 및 화장실 스위치는 어둠속에서도 찾기 용이하도록 출입구 바깥에 설치하도록 한다.

2) 계단

계단은 고령자들이 다니기에 가장 불편한 요소들이 많은 공간이다. 따라서 계단의 안전사고를 예방하기 위해서는 다음과 같은 다양한 대책이 필요하다.

가. 시력이 쇠퇴한 고령자의 계단 통행 시, 계단 디딤판과 가장자리가 잘 보이도록 밝은 전등을 사용한다.(계단이 어두우면 발을 헛디디는 경우가 발생하기 때문에 그림자가 생기지 않도록 설치)

나. 2층에 고령자가 사는 주택은 계단에 설치된 전등에 대해 계단의 위와 아래 양쪽에서 스위치의 on/off가 될 수 있도록 한다.

다. 난간(손잡이)은 계단 양쪽에 설치하도록 한다.(계단 하행 시 더 많은 사고가 발생하므로 하행 오른쪽에 적어도 1개의 견고한 난간을 설치하도록 함.)

라. 계단에 카펫을 깔 때에는 반드시 확인하여 고정시키고 계단 상단에는 소형 매트를 두지 않도록 한다.(계단에 확실하게 고정되지 않은 카펫을 깔거나 계단 상단에 소형 매트를 놓을 경우, 발이 걸려서 넘어지거나 미끄러져서 넘어지게 됨.)

마. 계단 간에 높이 차가 나거나 디딤판이 고르지 못한 상태일 경우, 잘 보이도록 표시해 둔다.

바. 계단 시공 시에는 디딤판 앞쪽으로 더 나와 있는 계단코를 설치하지 않도록 하고 계단코가 있는 계단은 계단코를 없애도록 한다. (신체의 운동 신경이 저하되고 발을 올리기 힘든 고령자들은 계단코에 걸려서 넘어짐 사고를 발생시킴.)

사. 주택 건축 시, 고령자가 거주하게 되는 주택 계단은 높이 16cm 이하, 너비 32cm 이상으로 시공하는 것이 안전하다.

3) 부엌

오래전부터 부엌의 사고는 강도가 큰 사고로 이어지고, 다양한 위험요소가 많은 공간으로 인식되어 왔다. 이는 고령자에게도 적용되는 사항으로, 후각 감지능력이 저하된 고령자들에 대한 부엌에서의 안전사고를 해결할 대책을 모색하는 것이 필요하다. 부엌의 안전사고를 예방하기 위해서는 다음과 같은 대책이 필요하다.

가. 화재의 위험성이 큰 부엌은 가스 누출 및 화재경보기를 설치하여 경고 신호를 고령자가 어디서나 들을 수 있도록 한다.

나. 가스레인지 및 난로 근처에 수건걸이나 커튼이 있으면 다른 곳으로 이동시키거나 커튼을 제거한다.

다. 선반 및 싱크대 등 상부에 있는 물건을 꺼낼 때를 고려하여 안정적인 받침대를 비치해야 한다. (이용하기 전에는 받침대가 안정적으로 설치되어 있는지 확인한다.)

라. 가스레인지, 난로, 싱크대 등 음식을 조리하거나 칼을 사용하는 곳은 조명을 밝게 하도록 한다.

마. 부엌은 바닥에 물기가 있는 경우가 잦으므로 미끄럼을 방지할 수 있는 바닥

마감재로 시공하도록 한다.

바. 부엌의 전선 및 전기 제품은 물의 이용이 잦은 싱크대나 열이 발생하는 가스레인지 등의 장소로부터 일정 거리를 두도록 한다. (전선 및 전기 제품은 물과 접촉 시 쇼크나 감전 사고를 발생시키고 열로 전선이 쉽게 손상되기 때문임.)

4) 방·거실

방·거실의 경우는 고령자들이 주택에서 가장 많은 시간을 보내는 공간으로, 추락·넘어짐·미끄러짐 사고, 충돌·충격 사고 등 다양한 사고가 발생하게 된다. 이러한 다양한 안전사고를 방지하기 위해 다음과 같은 예방대책이 필요하다.

가. 고령자의 수면공간은 전등 스위치가 인접한 곳으로 한다. (스위치가 수면공간에 가깝게 있어야 야간에 화장실 등의 이용 시 넘어짐 사고를 막을 수 있다.)

나. 침대, 소파 등의 가구 주위에 손잡이 등의 안전시설물을 설치한다.

다. 방과 거실 사이에 문턱을 낮게 계획한다.

라. 주택 계획 시, 기둥 등이 적은 무장애 공간으로 설계하도록 한다.

마. 비상벨이나 전화를 침대 등과 가까운 곳에 설치 및 배치한다.

바. 방, 침실의 바닥 마감재를 미끄럼 방지 재질로 시공하거나 장판 및 모노륨 등을 미끄럼 방지 제품으로 시공한다.

참고문헌

1. 경인일보 보도자료, 2013.12
2. 문화일보 보도자료, 2008.9
3. 소비자안전국, 노인 생활안전 사고 실태조사, 2007.8
4. 소비자안전국, 리콜제도팀, 노인 생활안전 사고 실태조사, 2007.8
5. 이관용, 노인건축, 세진사, 2003.5
6. 중앙일보, http://www.koreadaily.com/news/read.asp?art_id=1150462
7. 최상복, 박용억, 이동호, 노인안전개론, 도서출판 골드 2005.8
8. 한국소비자원, 2012년도 고령자 안전사고 사례분석, 2013.11
9. 한국소방안전협회, http://www.kfsa.or.kr/ (검색일 : 2014.11.3)
10. 한국소비자보호원, http://www.kca.go.kr (검색일 : 2014.11.3)
11. 승강기사관학교, http://blog.naver.com/donkeyhorte/120055352199 (검색일 : 2014.11.3)
12. FND, http://cafe.naver.com/fndmom/723 (검색일 : 2014.11.4)
13. 맘앤비, http://cafe.naver.com/ihangul/86797 (검색일 : 2014.11.4)
14. 사람과 편의시설, http://blog.naver.com/familly33/10123720131 (검색일 : 2014.11.5)

제5장

건축설계 방법

1. 고령친화 건축설계 개념
2. 고령자의 신체와 건축
3. 유니버설디자인

제5장 >>> 건축설계 방법

1. 고령친화 건축설계 개념

(1) 노인 인구의 증가와 사회적 대응

통계청이 발표한 '2008 고령자 통계'(그림 5.1)에 따르면 우리나라의 고령화 속도가 세계에서 가장 빨리 진행되고 있음을 알 수 있다. 유엔은 65세 이상 노인이 총인구의 7%를 넘으면 고령화사회, 14%를 넘으면 고령사회로 규정하고 있다.

우리나라는 2000년에 이미 65세 인구비율이 7.2%에 이르는 '고령화사회'에 진입하였고 2018년에는 14.3%로 '고령사회'에, 2026년에는 20.8%로 '초고령사회'에 도달할 것으로 예상하고 있다.

OECD 평균기대수명에 따르면 한국은 76.4세(2001년)에서 79.1세(2006년)로 늘어났고 노령화지수[1] 또한 34.3%(2000년)에서 213.8%(2030년)로 급속하게 증가할 것으로 예측하고 있다.

노인 인구의 증가는 모든 사회분야에서 이에 대응하는 적절한 변화가 있어야 함을 의미한다. 정부는 노인과 관련된 노인요양 및 건강보장, 노후소득 및 여가활동보장, 소외된 노인보호, 장사시설 설치 및 운영 등의 다양한 복지정책을 수립하고 있으며 최근에는 국민건강보험제도와는 별도로 치매·중풍의 노화 및 노인성 질환 등으로 인하여 혼자 힘으로 일상생활을 영위하기 어려운 대상자에게 요양시설이나 재가 장기요양기관을 통해 신체활동 또는 가사지원 등의 서비스를 제공하는 노인장기요양보험제도를 2008년 7월 1일부터 시행함으로써 그간 가족의 영역에 맡겨져 왔던 치매 · 중풍 등 노인에 대한 장기간에 걸친 간병, 장기요양 문제를 국가와 사회의 공동책임으로 인식하게 되었다.

---

1) 노령화지수 = (65세 이상 인구 / 0~14세 인구) x 100

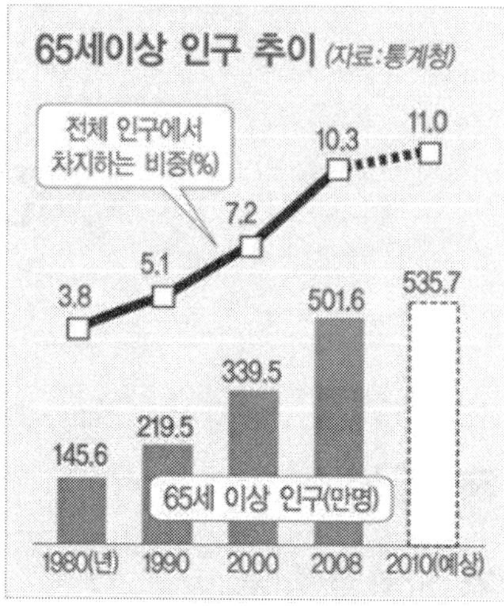

그림 5.1 2008 고령자 통계(출전 : 경향신문, 2008년10월1일)

노인들의 신체 및 정신적 특성을 반영한 편리성과 안전성이 고려된 사회시스템 구축이 필요하며 이를 위한 '고령친화제품' 즉, 노인을 주요 수요자로 하는 제품 또는 서비스 개발이 진행되고 있다. 고령친화산업진흥법[2]에서는 아래와 같은 제품 또는 서비스를 언급하고 있다.

가. 노인이 주로 사용하거나 착용하는 용구 · 용품 또는 의료기기
나. 노인이 주로 거주 또는 이용하는 주택 그 밖의 시설
다. 노인요양 서비스
라. 노인을 위한 금융 · 자산관리 서비스
마. 노인을 위한 정보기기 및 서비스
바. 노인을 위한 여가·관광·문화 또는 건강지원 서비스
사. 노인에게 적합한 농업용품 또는 영농지원서비스
아. 그 밖에 노인을 대상으로 개발되는 제품 또는 서비스로서 대통령령이 정하는 것 (노인을 위한 의약품 · 화장품, 노인의 이동에 적합한 교통수단 · 교통시설

2) 고령친화산업진흥법, 제2조(정의) - '고령친화산업진흥법'은 고령친화산업을 지원·육성하고 그 발전 기반을 조성함으로써 노인의 삶의 질 향상과 국민경제의 건전한 발전에 이바지함을 목적으로 제정되었다.

및 그 서비스, 노인을 위한 건강기능식품 및 급식 서비스)

특히, 노인의 일상생활이 이루어지는 '노인이 주로 거주 또는 이용하는 주택 그 밖의 시설'에서 노인의 특성이 반영된 고령친화적 건축설계가 이루어져야 한다. 이와 관련된 노인복지시설(노인복지법[3] 제31조)로는 아래와 같다.

가. 노인주거복지시설(양로시설, 노인공동생활가정, 노인복지주택)

나. 노인의료복지시설(노인요양시설, 노인요양공동생활가정)

다. 노인여가복지시설(노인복지관, 경로당, 노인교실)

라. 재가노인복지시설

마. 노인보호전문기관

바. 노인일자리지원기관

(2) 고령친화시설 계획방향[4]

고령친화시설은 노인들이 인간으로서의 존엄성을 지키면서 활동에 불편함이 없이 일상생활 및 여가활동 등을 지속해 나갈 수 있는 방향으로 계획되어야 한다. 여기에는 아래와 같은 몇 가지 개념들이 반영되어야 한다.

1) 프라이버시(Privacy)와 독립성

프라이버시는 사전적으로 개인의 사생활이나 사적인 일 또는 그것을 남에게 간섭받지 않을 권리 등을 의미한다.

인간은 자신만의 생활영역을 갖고자 하는 욕구와 인간으로서 존엄을 지키고자 하는 욕망을 지니고 있다. Nizer(1941)는 프라이버시의 권리에 대해 개인이 혼자 남몰래 생활을 영위할 권리로서 그것은 타인의 관심으로부터 도피하려는 인간의 욕망을 전제로 하며, 개인영역의 존엄성, 인간 자유의지의 위대함, 개인의 가장 깊이 있는 자아를 지키는 의미를 지닌다고 한다.

과거에는 프라이버시를 혼자 있을 수 있는 권리로 이해되었으나 현대에 와서는

---

3) 노인의 질환을 사전예방 또는 조기발견하고 질환상태에 따라 적절한 치료·요양으로 심신의 건강을 유지하고, 노후의 생활안정을 위하여 필요한 조치를 강구함으로써 노인의 보건복지증진에 기여함을 목적으로 제정되었다.

4) 임철우·윤종숙, 실버+디자인, 대학서림, 1998, pp.42~46

정보화 사회 등의 환경적 요인으로부터 자기와 관련된 정보를 통제할 수 있는 권리라는 적극적이고 능동적인 개념으로 변화하고 있다.

인간은 자신만의 영역을 만들고 보호 받을 수 있어야 한다. 사람마다 크기의 차이는 있겠지만 개인적 공간이 필요하며 다른 사람들과 일정한 거리를 두고 싶어 한다. 따라서 고령친화시설에서 프라이버시와 독립성을 보장받을 수 있는 계획이 요구된다.

2) 자율성(Autonomy)과 자주성

제한적이고 통제받는 시설에서 노인들은 종종 고립감을 느끼고 생활의 만족도가 떨어진다고 한다. 노인들은 시간이 흐를수록 점점 남에게 의존할 수밖에 없기 때문에 자신이 선택하고 조절하는 물리적 환경은 큰 의미를 갖는다. 따라서 노인의 자립성을 높이고 행동이나 생활이 자유롭도록 물리적 환경을 조성하는 것은 고령친화시설을 계획함에 있어서 매우 중요한 요소이다. 노인들이 자신의 주변 환경을 지배하고 제어할 수 있다고 생각하는 것은 삶에 대한 만족도를 높이는 데 긍정적인 효과를 만든다고 한다.

3) 개인화(Personalization)와 소속성

주변 환경을 개인화할 수 있고 자신의 영역으로 표시할 수 있는 다양한 기회를 제공하는 것은 노인들의 정체성을 표현하는 수단으로 삶의 만족도와 의미를 증대시킬 수 있는 계획 요소이다. 또한 동시에 본인이 어디에 소속되어 있다는 생각 즉, 가족 및 친척의 일원, 동네 주민의 일원, 학교 또는 단체 등의 일원이라는 소속감을 느낄 수 있는 디자인적 고려가 필요하다.

4) 지각(Sensory Aspects)과 안전(Safety)

사람은 나이가 들면 감각에 대한 지각 기능의 변화 즉, 시각, 청각, 후각, 촉각, 미각 등이 쇠퇴하게 된다. 이러한 신체적 기능저하를 반영한 물리적 환경 조성과 이를 극복할 수 있는 디자인적 고려가 있어야 한다.

노인들은 시각 장애, 균형 조절의 어려움, 하체 힘의 상실 등과 같은 신체적 퇴화에 따른 다양한 위험요소들에 노출되게 됨에 따라 이를 예방할 수 있는 물리적 환경조성이 뒤따라야 하는데 여기서 중요한 개념은 안전이다. 그리고 여기에 노인들의 정신적 또는 신체적 특성에 적합한 편의성과 쾌적성이 포함되어야 한다.

5) 익숙함(Familiarity)과 친밀성

인간은 누구나 자신이 살아 온 지역과 문화에 친숙해 있고 계속해서 이러한 환경 속에서 생활을 지속하고자 한다. 따라서 노인들에게 친근하고 친숙한 생활환경 즉, 그들이 살아온 지역의 전통과 문화, 생활양식이 반영된 건축 및 물리적 환경이 제공되어야 한다.

6) 미학(Aesthetics)

아름답고 적응 가능한 적절한 자극이 발생할 수 있는 물리적 환경 조성이 필요하다. 쾌적하고 미적으로 아름다운 실내·외 환경들은 노인과 그들의 친구 및 친척 등에게 무언의 메시지를 던지고 이를 통해 자부심, 마음가짐 등의 긍정적 요소들이 만들어지게 된다.

7) 사회적 상호작용(Social Interaction)

일상생활 속에서 노인들의 소외감, 외로움 등을 해결할 수 있도록 다양한 경험들이 발생할 수 있는 디자인적 고려가 필요하다. 사회적 상호작용은 만남의 기회 즉, 일상생활의 사건과 경험 등을 공유하도록 해줌으로써 생활에 활력소를 제공할 수 있다.[5)]

5) 김혜정은 노인전용 공동주거 디자인을 위한 설계개념으로 생활환경 보조성, 자주성/독립성, 편의성/기능성, 안전성, 쾌적성, 향수성, 친밀성, 융통성, 사회성/소속성, 다양성 등 10가지 항목을 제시하고 있다.
- 김혜정, 고령화 사회의 은퇴주거단지 디자인, 경춘사, 2000, pp.74~86

2. 고령자의 신체와 건축

(1) 고령자의 특성과 환경

인간은 출생에서부터 사망할 때까지 신체변화에 따른 적합한 물리적 환경을 제공받아야 한다. 인간은 표 5.1과 같이 생애주기에 따라 신체 기능이 변화하게 되고 건축을 포함한 주변의 물리적 환경이 이에 적절히 대응할 수 있을 때, 인간은 최적의 삶을 영위할 수 있을 것이다.

표 5.1 생애주기(Life Cycle)에 따른 대표적 신체 변화6)

연령	신체 변화
10세	- 근육조절 능력 빠르게 발달 - 전체적 모습이 성인과 유사 - 가치관과 행동규범을 획득하면서 사회화
20세	- 시력, 기억력, 직감 등이 최고인 시기 - 급격한 신체변화와 성적 성숙 - 지적 및 인지 발달이 활발 - 자아 정체감 확립
35세	- 시력, 청력 등이 떨어지기 시작 - 거의 모든 신체적 성장과 성숙이 완결(신체적 및 지적으로 가장 정점인 시기)
50세	- 청력이 점진적으로 상실 - 노안 시작 - 손의 기능 떨어지고 추위를 잘 타게 됨 - 아침 일찍 일어나게 됨
65세	- 눈 관련 질병률 높아짐(노안에 따른 안경 필수) - 평형 및 동작조정이 잘 안됨 - 촉각이 떨어져 압력이나 고통, 온도에 대한 감각이 둔해짐
80세	- 기력 쇠퇴 - 큰 소리로 의사 소통 - 지팡이나 벽에 의지해 걷게 됨 - 문 손잡이나 수도꼭지를 돌리기 힘들어짐

6) 이연숙·이성미, 고령친화 혁신 디자인, 연세대학교 출판부, 2009, pp.68~69

유아기, 아동기, 사춘기, 청년기, 장년기, 노인기의 각 연령별 신체 변화에 대응하는 최적의 건축 및 공간 디자인이 고려되어야 하며 이를 위해 무장애디자인과 유니버설디자인 등의 적용이 필요할 것이다.

1) 신체적 특성[7)]

노화란 신체적, 정신적, 심리학적 요인들 이외에 사회적 요소들까지 포함한 하나의 과정으로 이들 요소들은 상호 연결되어 있다. 신체 변화가 사회적 행동에 영향을 미치고, 동시에 사회적 행동은 신체적 조건에 영향을 준다. 노인의 건강상태는 개인별로 다르지만 전반적으로 신체 기능이 약화되고 각종 질병에 노출되어 있다. 지체, 시각, 청각, 정신, 언어 등의 각종 장애가 발생하며 야간에 수면시간이 단축되거나 역할상실, 노쇠현상 등으로 인한 낮잠과 휴식시간의 증대 등이 나타난다.

이러한 신체적 쇠퇴현상은 운동으로 예방 및 방지할 수 있으며 노인의 건강 유지를 위해서는 거주지의 입지 및 건축물 계획에서 노인의 신체적 특성을 반영해야 할 것이다.

2) 심리적 특성

노화는 개인에 따라 다를 수 있지만 신체적 기능저하뿐만 아니라 정신과 관련된 기능저하도 초래하게 된다. 감각, 지각, 기억력, 사고력, 학습력 등이 저하되며 심할 경우에는 치매 등과 같은 병으로 발전하게 된다. 일반적으로 노인들은 과거 지향적이고 새로운 것에 적응을 거부하는 경향이 있다.

노화에 따른 심리적 특성으로는 자기중심적, 보수성, 의존성 증가, 내향적, 수동성의 증가, 행동이나 정신적인 면에서의 유연성과 융통성 결여, 적응력 저하, 기억력 쇠퇴로 인한 인식의 부족과 판단력의 부정확성 등을 들 수 있다. 노인들은 개인적 성향에 따라 다소 차이는 있지만 이러한 심리적 특성들을 건축계획에 반영해야 할 것이다.

---

7) 이인수, 실버산업의 전망과 과제, 대왕사, 2006, pp.45~51

3) 사회적 특성

노인들은 신체적 노화뿐만 아니라 시기적으로 가정과 사회에서 새로운 관계 맺음이 이루어져 정신적으로 많은 고통을 받게 된다. 그동안 왕성하게 활동하던 직장과 사회로부터 정년퇴직이라는 고독과 소외감을 맛보게 된다. 이러한 심리적 문제를 해결하고 노인들의 사회적 욕구를 충족시키기 위해 여가 및 사회활동을 지원할 수 있는 다양한 프로그램 개발이 이루어져야 할 것이다.

(2) 고령자 특성이 반영된 건축계획

노인은 시대와 사회에 따라 여러 용어로 표현되며 그 의미 또한 조금씩 다르다. 영어권에서는 늙은 사람(older person, older), 나이든 사람(aged), 연장자(elderly), 선배 시민(senior citizen), 황금연령층(golden age) 등으로 표현된다. 이처럼 다양한 표현에서 알 수 있듯이 노인에 대한 정의를 명확하게 내리기 어려운 점이 있다. 그것은 노화(老化, aging)가 단순한 인간의 생물학적 과정만이 아니라 정치, 경제, 사회, 문화 등 여러 요인과 연관되기 때문이다.[8)]

일반적으로 65세 이상의 자[9)]를 노인으로 정의하고 이들의 보건복지 증진을 위하여 표 5.2와 같이 노인복지시설을 설치 및 운영하고 있다.

노화는 개인의 심리적인 감각, 지각, 정신 기능, 욕구, 동기와 정서의 변화를 동반하게 되며 나아가 성격의 변화를 초래하는 노년기 성격의 특성을 보인다.[10)] 이러한 변화를 겪게 되는 노인들을 위한 시설계획에서 전문가들이 제시하는 계획의 방향은 안전한 물리적 환경조성, 자율적 활동 보장, 사회적 교류 기회제공, 프라이버시 보호 등을 목표로 하고, 탈시설적인 주거 같은 소규모 활동공간 조성, 가족 또는 주변 커뮤니티와의 관계유지, 환경적 장애 제거, 독자성의 극대화 등을 계획의 원칙으로 주장[11)]하고 있다. 요약하면 거주노인들의 생활만족도 향상과 서비스 제공의 효

---

8) 양옥남 외 3인, 노인복지론, 공동체, 2006, pp.19~21
9) 국가 또는 지방자치단체는 65세 이상의 자에 대하여 대통령령이 정하는 바에 의하여 국가 또는 지방자치단체의 수송시설 및 고궁·능원·박물관·공원 등의 공공시설을 무료로 또는 그 이용요금을 할인하여 이용하게 할 수 있다. - 노인복지법 제26조(경로우대)
10) 양옥남 외 3인, 앞의 책, pp.61~67
11) 문창호, 노인전문요양시설의 건축계획기준에 대한 기초적 연구, 대한건축학회논문집 계획계 19권 2 호, 대한건축학회, 2003, pp.20~21

율성 증진[12]으로 압축할 수 있다.

표 5.2 노인복지시설의 종류(노인복지법)

시설 종류	분 류	내 용
노인주거 복지시설	양로시설	노인을 입소시켜 급식과 그 밖에 일상생활에 필요한 편의를 제공함을 목적으로 하는 시설
	노인공동생활 가정	노인들에게 가정과 같은 주거여건과 급식, 그 밖에 일상생활에 필요한 편의를 제공함을 목적으로 하는 시설
	노인복지주택	노인에게 주거시설을 분양 또는 임대하여 주거의 편의·생활지도·상담 및 안전관리 등 일상생활에 필요한 편의를 제공함을 목적으로 하는 시설(입소할 수 있는 자는 60세 이상의 노인)
노인의료 복지시설	노인요양시설	치매·중풍 등 노인성질환 등으로 심신에 상당한 장애가 발생하여 도움을 필요로 하는 노인을 입소시켜 급식·요양과 그 밖에 일상생활에 필요한 편의를 제공함을 목적으로 하는 시설
	노인요양공동 생활가정	치매·중풍 등 노인성질환 등으로 심신에 상당한 장애가 발생하여 도움을 필요로 하는 노인에게 가정과 같은 주거여건과 급식·요양, 그 밖에 일상생활에 필요한 편의를 제공함을 목적으로 하는 시설
노인여가 복지시설	노인복지관	노인의 교양·취미생활 및 사회참여활동 등에 대한 각종 정보와 서비스를 제공하고, 건강증진 및 질병예방과 소득보장·재가복지, 그 밖에 노인의 복지증진에 필요한 서비스를 제공함을 목적으로 하는 시설
	경로당	지역노인들이 자율적으로 친목도모·취미활동·공동작업장 운영 및 각종 정보교환과 기타 여가활동을 할 수 있도록 하는 장소를 제공함을 목적으로 하는 시설
	노인교실	노인들에 대하여 사회활동 참여욕구를 충족시키기 위하여 건전한 취미생활·노인건강유지·소득보장 기타 일상생활과 관련한 학습프로그램을 제공함을 목적으로 하는 시설

12) 권순정, 노인 요양시설의 위계적 공간구성에 관한 연구, 한국실내디자인학회논문집 34호, 한국실내디자인학회, 2002, p.99, 101

표 5.2 (계속) 노인복지시설의 종류(노인복지법)

시설 종류	분 류	내 용
재가노인 복지시설	방문요양 서비스	가정에서 일상생활을 영위하고 있는 노인(이하 '재가노인'이라 한다)으로서 신체적·정신적 장애로 어려움을 겪고 있는 노인에게 필요한 각종 편의를 제공하여 지역사회 안에서 건전하고 안정된 노후를 영위하도록 하는 서비스
	주·야간 보호서비스	부득이한 사유로 가족의 보호를 받을 수 없는 심신이 허약한 노인과 장애노인을 주간 또는 야간 동안 보호시설에 입소시켜 필요한 각종 편의를 제공하여 이들의 생활안정과 심신기능의 유지·향상을 도모하고, 그 가족의 신체적·정신적 부담을 덜어주기 위한 서비스
	단기보호 서비스	부득이한 사유로 가족의 보호를 받을 수 없어 일시적으로 보호가 필요한 심신이 허약한 노인과 장애노인을 보호시설에 단기간 입소시켜 보호함으로써 노인 및 노인가정의 복지증진을 도모하기 위한 서비스
	방문목욕 서비스	목욕장비를 갖추고 재가노인을 방문하여 목욕을 제공하는 서비스
노인보호 전문기관	중앙노인보호 전문기관	국가는 지역 간의 연계체계를 구축하고 노인학대를 예방하기 위하여 중앙노인보호전문기관을 설치·운영하여야 한다.

노인의료복지시설 중 하나인 '노인요양시설'을 예를 들면, 우리나라에서는 표 5.3과 같이 침실, 식당 및 조리실, 세면장 및 목욕실, 프로그램실, 물리치료실, 간호사실 등에서 노인들의 특성을 반영한 기본적인 시설기준을 마련하고 있다.

노인들은 나이가 들면서 환경에 대한 적응력이 떨어지게 된다. 환경변화에 따른 새로운 주거지에 적응하기 어렵고 이에 따라 독립적인 생활에 장애가 오고 이것은 개인의 주거 불만족으로 이어지게 된다. 이러한 점에서 노인주거의 지속성을 유지하는 것은 상당한 장점이 있으며 이것은 최근 OECD 국가들을 중심으로 노인주거 계획의 원칙으로 인식되고 있는'Aging in Place' 개념과 일맥상통한다.

'Aging in Place'은 가장 이상적인 노인복지 방향으로 "the effect of time on a non-mobile population ; remaining in the same residence where one has spent his or her earlier years" 즉 자신이 살던 집에서 지속적으로 사는 것이라고 정의내리고 있다.[13)]

표 5.3 노인요양시설의 건축관련 시설기준(노인복지법 시행규칙 제22조)

종 류	건축계획 관련 시설기준
침실	- 독신용 · 합숙용 · 동거용 침실 - 남녀공용인 시설에는 합숙용 침실을 남실 및 여실로 각각 구분 - 1명당 침실면적은 6.6m^2 이상 - 침실 1실의 정원은 4명 이하 - 합숙용 침실에 입소자의 생활용품을 보관할 수 있는 보관시설 설치 - 노인질환의 종류 및 정도에 따른 특별침실을 입소정원의 5% 이내의 범위에서 두어야 함 - 침실바닥면적의 7분의 1 이상의 면적을 창으로 하여 직접 바깥 공기에 접하도록 하며, 개폐가 가능하여야 함 - 난방 및 통풍장치, 채광·조명 및 방습설비, 안전설비를 갖추어야 함
식당 및 조리실	- 조리실 바닥은 내수재료로서 세정 및 배수에 편리한 구조
세면장 및 목욕실	- 바닥은 미끄럽지 않도록 함 - 욕조를 설치할 경우, 욕조에 노인의 전신이 잠기지 않는 깊이로 하고 욕조 출입이 자유롭도록 최소한 1개 이상의 보조봉과 수직의 손잡이 기둥을 설치하여야 함
프로그램실	- 자유로이 이용할 수 있는 문화시설과 오락기구를 갖출 것
물리(작업) 치료실	- 기능회복 또는 기능감퇴를 방지하기 위한 훈련 등에 지장이 없는 면적과 필요한 시설 및 장비를 갖출 것
의료 및 간호사실	- 진료, 간호에 필요한 상용의 약품·위생재료 또는 의료기구를 갖출 것
기타	- 계단의 경사는 완만하여야 하며, 치매노인의 낙상을 방지하기 위하여 계단에 출입문을 설치하고 잠금장치를 하여야 함 - 바닥은 부드럽고 미끄럽지 않은 바닥재를 사용 - 주방 등 화재위험이 있는 곳에 치매노인이 임의로 출입할 수 없도록 잠금장치를 설치하고, 배회환자의 실종 등을 예방할 수 있도록 외부출입구에 적정한 잠금장치를 하여야 함 - 경사로 : 침실이 2층 이상인 경우 경사로를 설치하여야 한다. 다만, 승강기를 설치한 경우에는 이를 설치하지 아니할 수 있다.

13) 권현주 외 3인, Aging-in-Place를 지원하는 디지털 홈 계획방향에 대한 연구, 한국실내디자인학회 학술발표대회논문집 제9권 1호, 한국실내디자인학회, 2007, p.131

3. 유니버설디자인

(1) 유니버설디자인의 개념과 사례

우리 주변의 건축과 이를 둘러싼 물리적 환경들은 '모든 사람'들이 이용 가능한 공간이어야 한다. '모든 사람'이라 함은 장애인을 포함한 노약자[14] 등 신체적으로 건강한 일반인들 모두를 지칭한다. 우리는 종종 일상생활에서 이용에 불편을 느끼는 다양한 장애들 즉, 주차장, 건축물의 주출입구, 복도의 폭, 계단의 단높이, 화장실의 설비 등에서 신체 특성에 맞지 않은 불편함을 경험하게 된다.

그림 5.1과 같이 주차장의 경우에는 장애인용 주차장을 표시하는 안내표시, 유도표시 등과 적정크기의 주차구획, 보행안전 통행로 등이 미설치된 경우가 있다.

보도 위에 배수구, 공동구 등의 덮개가 설치될 경우에는 보도와 동일한 높이가 되도록 해야 하고 격자구멍 또는 틈새가 휠체어의 바퀴가 빠지지 않게 1cm 이하가 되어야 하나 그렇지 않은 경우가 많다.

건축물의 주출입구는 장애인을 포함해 유모차나 무거운 짐을 가진 사람 등 모든 사람이 쉽게 접근이 가능해야 하나 계단 이외에는 별도의 시설(경사로 등)이 없는 경우가 많다.

(a) 보행안전 통행로, 장애인용 주차구역 표시 및 안내표시 미설치 주차장, 세명대학교 이학관 (2011년)

(b) 틈새가 큰 배수구 덮개, 세명대학교(2011년)

그림 5.1 사회적 약자에 대한 배려가 없는 일반적 건축계획

14) 장애인·노인·임산부 등이 생활을 영위함에 있어 안전하고 편리하게 시설 및 설비를 이용하고 정보에 접근하도록 보장함으로써 이들의 사회활동 참여와 복지증진에 이바지함을 목적으로 '장애인·노인·임산부 등의 편의증진보장에 관한 법률'이 제정되어 있다.

(c) 장애우의 이용이 어려운 주출입구, 세명대학교 이공학관(2015년)

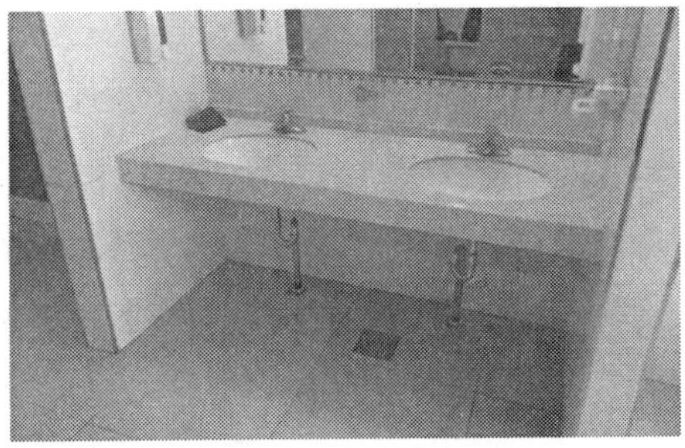

(d) 장애우의 이용이 어려운 세면대, 세명대학교 이공학관(2015년)

그림 5.1(계속) 사회적 약자에 대한 배려가 없는 일반적 건축계획

최근 화장실의 경우에는 장애인을 포함해 사회적 약자를 배려한 많은 개선이 이루어지고 있지만 출입문의 구조, 활동공간 및 유효폭, 변기의 구조 등에서 부족한 부분들이 많이 남아 있다.

모든 사람은 부분적 장애 또는 일시적 장애를 경험하게 된다. 따라서 장애와 비장애를 구분할 것이 아니라 인간의 생애주기 동안 '모든 사람'이 최적의 생활을 영유할 수 있는 우리 주변의 물리적 환경 조성이 반드시 이루어져야 한다. 이를 위해 탄생한 개념이 무장애디자인(Barrier Free Design)[15]이다. 이는 기존 환경을 편의에 따라 약간 개조해 주는 소극적인 개념으로 물리적인 각종 장애물 혹은 태도와 관련된 다양한 유형의 장애물을 제거한다는 제한적 개념이었다. 현재에 와서는 이러한 제한적인 부분이 아니고 모든 사람이 어떤 것을 개조하거나 특별히 변형할 필요 없이 최대한 이용할 수 있도록 환경을 디자인하는 것을 의미하는 유니버설디자인(Universal Design)의 개념이 중요시되고 있다. 연령이나 신체적인 차이에 상관없이 광범위하고 다양한 이용자가 사용할 수 있는 환경을 조성하여 삶의 질을 높이는

15) 고령자나 장애인들도 살기 좋은 사회를 만들기 위해 물리적·제도적 장벽을 허물자는 운동으로, 1974년 국제연합 장애인생활환경전문가회의에서 '장벽 없는 건축 설계(barrier free design)'에 관한 보고서가 나오면서 건축학 분야에서 사용되기 시작하였다. 이후 일본·스웨덴·미국 등 선진국을 중심으로 휠체어를 탄 고령자나 장애인들도 일반인과 다름없이 편하게 살 수 있게 하자는 뜻에서 주택이나 공공시설을 지을 때 문턱을 없애자는 운동을 전개하면서 세계 곳곳으로 확산되었다. 2000년 이후에는 건축이나 도로·공공시설 등과 같은 물리적 배리어 프리뿐 아니라 자격·시험 등을 제한하는 제도적·법률적 장벽을 비롯해 각종 차별과 편견, 나아가 장애인이나 노인에 대해 사회가 가지는 마음의 벽까지 허물자는 운동의 의미로 확대 사용되고 있다. - 두산백과 doopedia

데 그 목적이 있는 것이다.[16]

유니버설디자인은 인간이 출생에서 사망에 이르기까지 전 생애 동안 생애주기 변화에 따라 인간의 기능과 능력이 달라지므로 이들 변화하는 특성을 유연하게 담아주어 인간의 삶의 질을 향상시키는 것이 목적이다. 유니버설디자인은 모든 생애단계에 다 해당되나 크게 나누어 생각해 보면 대부분의 사람들이 일상적 생활을 지원하는 디자인, 작업 활동을 고무시키는 디자인, 노화를 지연시키는 디자인, 장애를 완화시키는 디자인 등으로 나누어 볼 수 있다. 이들 각 범주별로 흔히 일어나는 행위는 각기 다양하며 이들을 범주 간, 또는 범주 내의 여러 상황을 포용력 있게 만족시켜 주고자 하는 것이 유니버설디자인이다.[17]

론 맥(Ron Mace, 1941~1998)은 '유니버설디자인은 특별한 디자인이 아닌, 연령, 성별, 국적, 개인의 능력에 관계없이, 가능한 한 많은 사람이 이용 가능한 제품과 환경디자인, 사고방식과 프로세스를 말한다.'라고 정의하고 있다.[18] 유니버설디자인의 원칙[19]으로는 다음과 같은 것들이 있다.

가. 공평성(Equitable) : 누구나 차별 없이 이용 가능함

나. 유연성(Flexibility) : 누구에게나 적합함

다. 단순성(Simple)과 이해하기 쉬움(Intuitive) : 경험과 이해력이 없어도 쉽게사용 가능함

라. 인지성(Perceptible) : 필요한 정보를 쉽게 이해 가능함

마. 안전성, 허용성(Tolerance of error) : 큰 실수를 범하지 않도록 위험한 요소를 제거함

바. 효율성(Low effort) : 무리가 없는 자세로 적은 힘으로도 쉽게 사용 가능함

사. 적정한 넓이와 규모 (Size and Space) : 접근하기 쉬운 공간과 크기를 확보해야 하며, 다양한 이용자의 특성에 대응하는 공간 규모이어야 함

---

16) 양성용, 「복지의식, 복지환경 만들기, 복지마을 만들기」, 『건축사신문』, 2014년 12월 18일
17) 이연숙·이성미, 고령친화 혁신 디자인, 연세대학교 출판부, 2009, p.68
18) Universal Design is the design of products and environments to be usable by all people, to the greatest extent possible, without the need foradaptation or specialized design.
19) 성기창, 고령사회를 대비한 유니버설 디자인, 세명대학교 특강, 2014년 12월 4일

(a) 보도와 차도 등의 구분(턱 등), 일본 고베의 차이나타운 가로

(b) 보도 위 배수구 덮개, 일본 고베의 차이나타운 가로

(c) 주출입구의 진입로 2, 일본 나라의 동대사중문 회랑 경사로

(d) 주출입구의 진입로 1, 수원의 달맞이화장실

(e) 시각장애인 점자블록(재질차이), 일본 오사카의 이하라노사토역

(f) 계단과 승강기(선택의 다양성), 독일 도르토문트대학의 모노레일 승강장

그림 5.2 유니버설디자인의 사례(외부공간)

그림 5.2에 외부 공간에 관한 유니버설디자인의 사례를 나타낸다. (a)와 (b)에 나

타낸 일본 고베시의 차이나타운에서는 가로(街路)에 보도와 차도의 구분을 위한 경계석 등의 턱이 없어 누구나 이동에 장애를 받지 않으며, 보도에 설치된 배수구의 덮개 틈이 작아 휠체어 등의 바퀴가 빠지지 않게 되어 있다. (c)는 수원시의 달맞이 화장실로, 출입을 위해 계단 및 경사로를 설치하여 이용자의 신체상황에 따라 선택적으로 사용할 수 있게 하였으며, (d)에 나타낸 일본 나라의 동대사에서는 문화재의 특성상 기존에 미설치된 경사로를 추가로 설치하고 있다. (e)는 일본 오사카의 이하라노사토역(井原里駅)으로, 바닥재질(시각장애인 점자블록 포함)에 따라 지하철 역사 건물과 외부 보행자용 보도부분이 구분되고 단차 또한 없게 계획하고 있다. (f)에 나타낸 독일 도르트문트대학 내의 모노레일 승강장에서는 계단 또는 승강장을 설치하여 이용자들이 선택할 수 있게 하였다.

그림 5.3~5.5는 건축물 내부에 대한 유니버설디자인 사례이다. 그림 5.3의 (a)와 (b)의 세명대학교 학술관 및 분당의 더헤리티지에는 실내에 계단과 함께 경사로 및 에스컬레이터를 설치하여 어느 것인가를 선택하여 이동할 수 있게 되어 있다. 화장실은 과거 남자와 여자용으로만 구분하던 것이 최근에는 장애인용을 일부 추가하거나 별도의 장애자전용화장실 또는 다목적화장실로 계획하여 사회적 약자를 배려하고 있는 추세이다. 수원시의 연무대화장실에는 (c)의 어린이용 세면대와 (d)의 장애인전용화장실, 수원월드컵경기장 공중화장실에는 (e)와 같은 기저귀 교환대가 설치되어 있으며, 세명대학교 이공학관 등에서는 (f)와 같은 스툴형 소변기를 설치해 어른과 어린이 모든 세대들이 사용할 수 있게 설치되어 있다.

그림 5.4의 (a)는 세명대학교 학술관 주출입구에 설치한 점자 안내판으로, 건물의 층별 안내, 남녀 화장실 표시 등을 나타내고 있으며, (b)는 서울의 더 클래식 500의 승강기 내에 설치한 점자 표지판으로, 이와 같이 시각장애인들을 위한 다양한 점자설비가 건물 내에 계획되고 있다. 분당의 더헤리티지 보바스기념병원에는 (c)와 같이 휠체어 사용자를 위해 주차장에서 건물 내로 진입하는 곳의 단차를 없앴고, 분당의 더헤리티지 너싱홈에는 (d)와 같이 복도 내 벽면에 손잡이를 설치하였다. 또 서울의 더 클래식 500에는 (e)와 (f)와 같이 각 건물 및 각 방들 사이에 문턱을 제거하는 등 보행의 안전성 확보를 위한 계획들이 진행되고 있다.

(a) 실내 경사로, 세명대학교 학술관의 1층 로비

(b) 실내 에스컬레이터, 분당의 더헤리티지

(c) 높이가 낮은 어린이용 세면대, 수원의 연무대 화장실

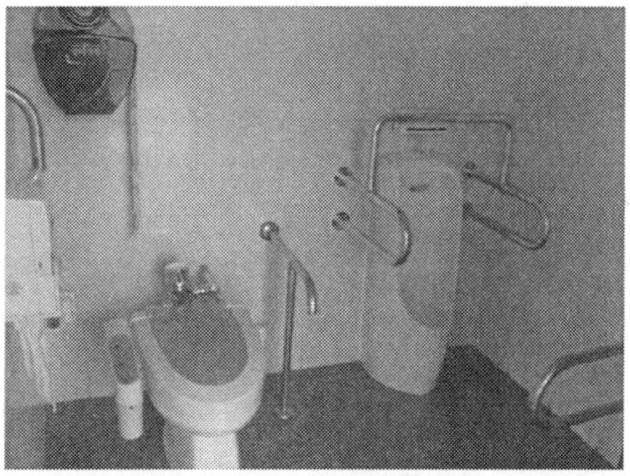

(d) 장애인용 화장실 변기 등, 수원의 연무대화장실

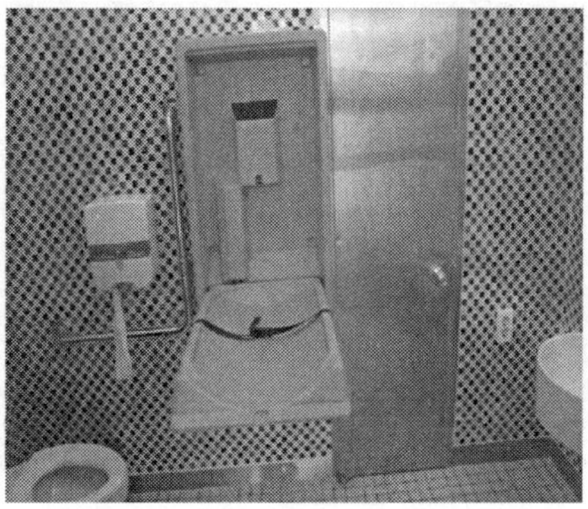

(e) 기저귀 교환대, 수원의 월드컵경기장 화장실

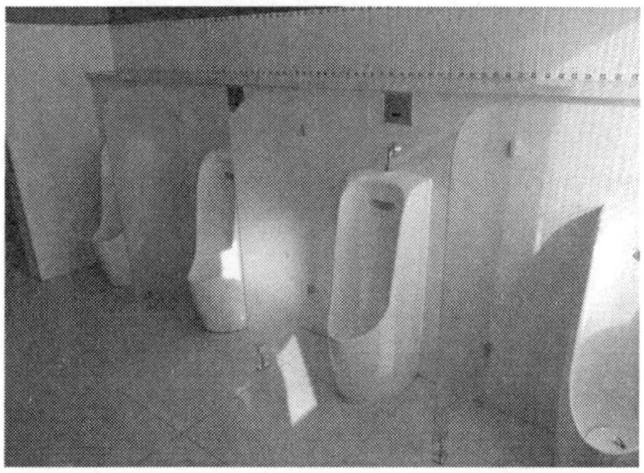

(f) 스톨형 소변기, 세명대학교 이공학관(2015년)

그림 5.3 유니버설디자인의 사례(내부공간-1)

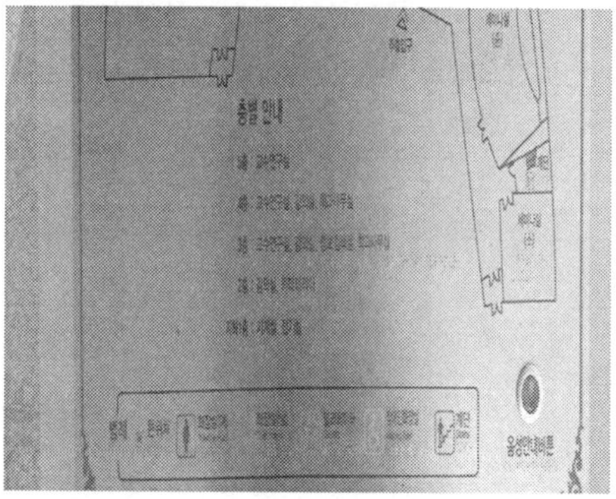

(a) 건물의 점자 안내판, 세명대학교 학술관 주출입구

(b) 승강기 내 점자표지판, 서울의 더 클래식 500

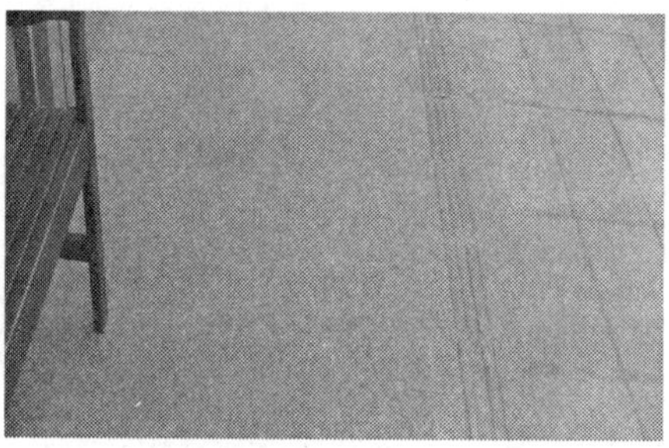

(c) 단차 없는 주출입구, 분당의 더헤리티지 보바스기념병원

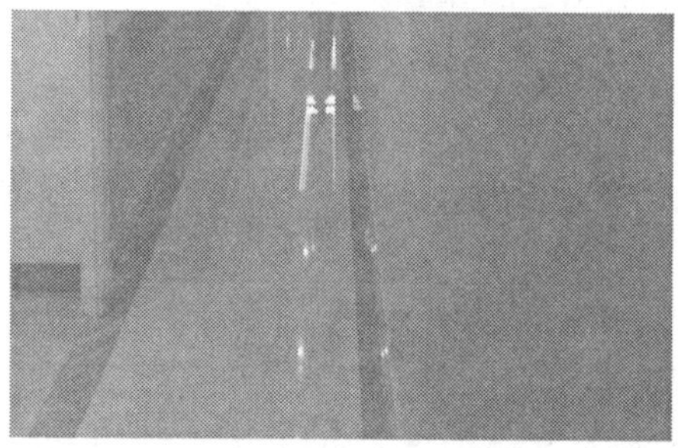

(d) 복도 내 손잡이, 분당의 더헤리티지 너싱홈

(e) 단차 없는 출입구, 서울의 더 클래식 500

(f) 문턱 없는 방, 서울의 더 클래식 500

그림 5.4 유니버설디자인의 사례(내부공간-2)

그림 5.5는 고령자들을 위한 실 계획이 이루어진 것으로, (a)와 같이 미닫이 형식의 문(sliding door)을 설치하거나 (b)와 같이 지렛대형(lever type) 손잡이를 설치하는 등의 세부적인 계획들이 이루어지고 있다.

(a) 미닫이 형식의 문(sliding door), 분당의 더헤리티지

(b) 지렛대형(lever type) 손잡이, 증평의 증평노인전문요양원

그림 5.5 유니버설디자인의 사례(내부공간-3)

(2) 유니버설디자인의 설계요소

건축물과 도로를 계획함에 있어 대표적인 유니버설디자인 요소들은 아래와 같다. 이와 관련해서 '장애인·노인·임산부 등의 편의증진보장에 관한 법률 시행규칙' 제2조 제1항과 관련된 '별표 1 편의시설의 구조·재질 등에 관한 세부기준'을 참조할 수 있다.

1) 도로

도로와 관련해서는 보도, 횡단보도, 시각장애인 점자블록, 승하차장으로 구분할 수 있다.

① 보도

보도는 원칙적으로 차도와 분리되어야 하며 장애인 및 노약자 등의 이용에 불편이 없게 연속적으로 설치되어야 한다.

가. 보도와 차도의 높이차는 원칙적으로 낮을수록 좋으며 없는 것이 이상적이다. 유효 폭은 휠체어 등이 상호 교행할 수 있도록 2m 이상인 것이 좋다

(최소 1.5m 이상은 확보할 것).

나. 마감은 평탄하고 미끄럽지 않아야 하고 틈이나 턱이 생기지 않아야 한다. 배수구 덮개 등이 설치될 경우에는 틈이 1cm 이하로 하여 휠체어 바퀴 등이 빠지지 않도록 한다.

다. 보도의 경계부분에 시각장애인을 위한 유도블록 등을 설치하거나 바닥의 재질, 색상 등에 차이를 두어야 한다. 또한 보도의 유효 폭 내에는 보행에 장애가 될 수 있는 볼라드(bollard), 안내판, 가로등, 전신주 등이 설치되어서는 안 된다.

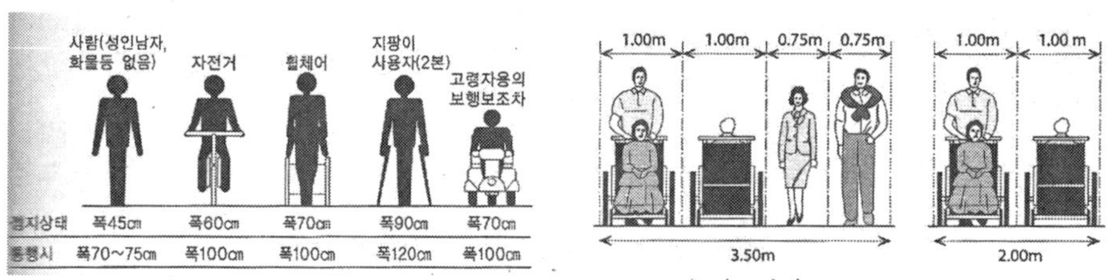

그림 5.6 휠체어 사용자 등의 통행 및 도로[20]

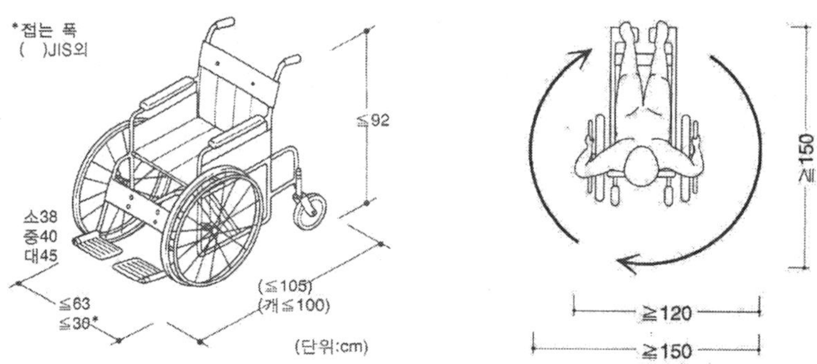

그림 5.7 휠체어 치수와 회전 폭[21]

20) 일본건축학회, 건축설계자료집성 지역·도시Ⅱ, 에이엔씨, 2005, p.131
21) 일본건축학회, 건축설계자료집성 인간, 에이엔씨, 2005, pp.64~65

② 횡단보도

횡단보도는 장애인 및 노약자 등이 안전하게 보행할 수 있도록 보도와 연속해서 설치한다.

가. 턱 낮추기(보도와 차도의 높이차 2cm 이하), 부분 경사로(유효 폭 90cm 이상), 안전지대, 장애인용 교통신호기 등을 설치한다.

③ 시각장애인 점자블록

시각장애인 점자블록은 시각장애인의 보행 유도 및 경고에 사용되며 주변 상황을 고려하여 설치한다.

④ 승하차장

장애인 및 노약자 등이 안전하게 대중교통을 이용할 수 있게 탑승하고자 하는 교통수단의 입구까지 안전하게 유도, 대기 및 탑승이 가능해야 한다.

가. 보도 폭, 지붕 있는 대기공간, 안내판(적절한 높이, 점자 표시, 음성 안내 등), 경계석의 턱 등이 고려되어야 한다.

2) 건축물

건축물은 주차장, 출입문, 복도, 계단 및 경사로, 승강기, 에스컬레이터, 장애인 등의 이용이 가능한 화장실, 침실 등으로 구분하여 살펴본다.

① 주차장

건축물의 출입구 가까이에 장애인 전용주차구역[22]이 마련되어야 하고 이를 알리는 안내판 및 유도표시가 설치되어야 한다.

가. 장애인 전용주차구역은 건축물의 주출입구 가까이 그리고 눈에 잘 보이는 장소에 설치되어야 하고 주차장법에서 정한 최소 3.3m(폭)× 5.0m(길이) 이상의 크기로 구획되어야 한다. 또한 휠체어 등이 이동할 수 있는 1.5m 이상의 접근 통로(access aisle, 60″)를 확보하여야 한다.

---

22) 주차장의 주차구획 크기는 평행주차형식의 경우에 일반형이 2.0m(너비) x 6.0m(길이)이며, 평행주차형식 외의 경우에 일반형이 2.3m(너비) x 5.0m(길이), 장애인 전용이 3.3m(너비) x 5.0m(길이)이다.
– 주차장법 시행규칙 제3조(주차장의 주차구획)

나. 장애인 전용주차구획에는 '장애인 전용주차장 표시 ( )'를 하여야 하며, 주차장 입구에는 장애인 전용주차장 안내표시, 전용주차장까지는 유도표시 및 주차구역 안내표시를 해야 한다. 또한 건축물의 출입구까지는 차도와 완전히 분리된 보행자 전용의 보행안전 통행로가 확보되어야 한다.

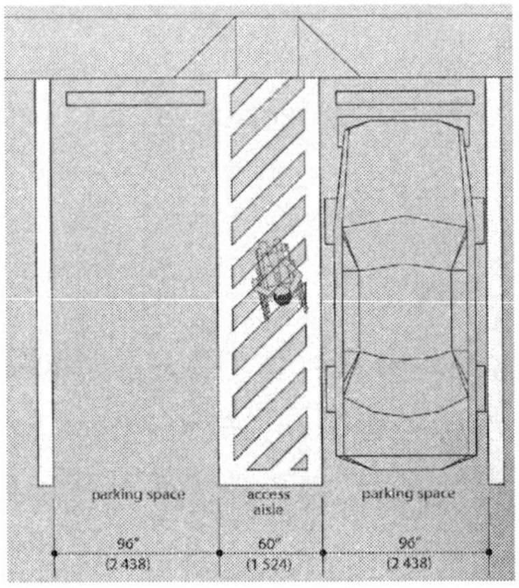

그림 5.8 장애인 전용 주차구역23)

② 출입문

출입문은 장애인 및 노약자 등이 불편 없이 이용 가능한 폭 및 구조 등을 갖추어야 한다.

가. 출입문은 전면으로 1.2m 이상의 여유공간이 있어야 하며 각 실은 휠체어 등이 출입할 수 있도록 최소 0.8m 이상(0.9m 이상이 최적), 자동문이 아닌 경우에는 출입문 옆에 0.6m 이상의 활동공간을 확보해야 한다.

나. 출입문은 실내 쪽으로 열리는 구조가 적합하나 복도 쪽으로 열릴 경우 알코브형 또는 충분한 복도 폭을 가지도록 계획하는 것이 바람직하다

다. 고령자가 이용하는 화장실은 미닫이문 또는 바깥쪽으로 열리는 여닫이문이 적합하다.

---

23) Julia Mcmorrough, materials, structures, and standards, rockport, 2006, p.124

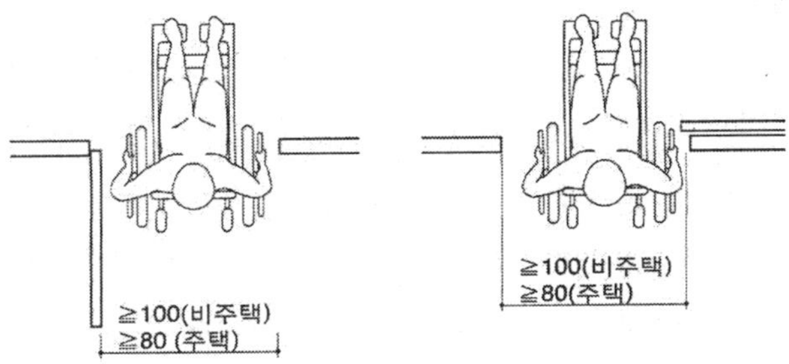

그림 5.9 휠체어와 개구부[24)]

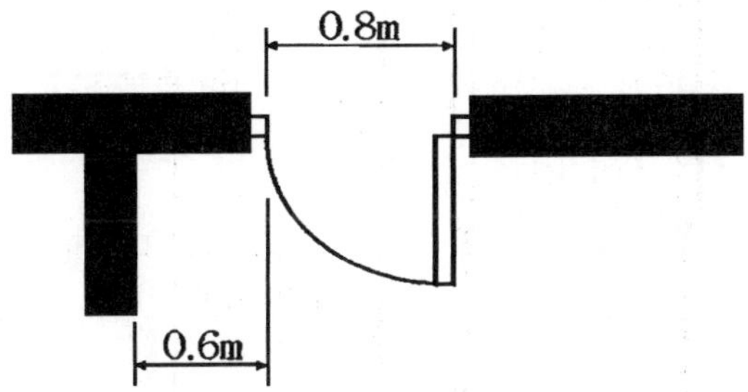

그림 5.10 개구부 주변 유효 폭

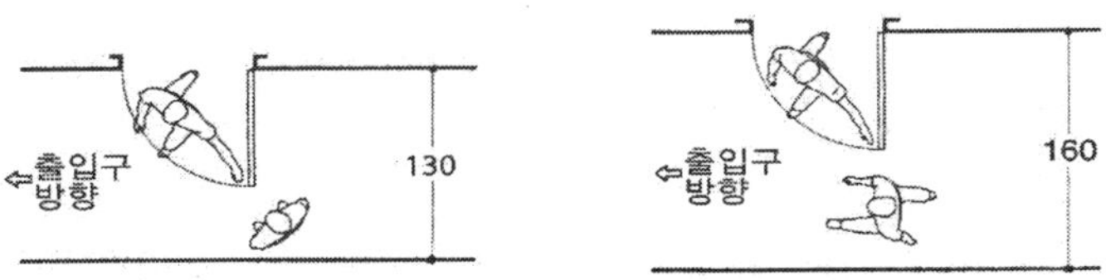

그림 5.11 복도 폭(단위 : cm)[25)]

③ 복도

복도는 휠체어 등이 회전 및 상호 교차 통행, 각 실로의 이동에 불편이 없어야 한다.

가. 바닥은 턱이나 단차가 없어야 하며, 시각장애인의 보행 유도 및 경고용으로

24) 일본건축학회, 건축설계자료집성 인간, 에이엔씨, 2005, p.65

25) 위의 책, p.66

바닥 재료의 질감이나 색상 등을 이용한다.

나. 휠체어가 상호 교행할 수 있도록 복도 폭은 최소 1.5m 이상[26]이며, 2.0m 이상이 바람직하다. 또한 방향 전환을 위한 복도의 내측 회전 벽면은 최소 0.3m 이상 사선 벽면으로 처리한다.

다. 출입구에 면한 복도는 최소 휠체어가 회전할 수 있는 1.5m 이상의 여유공간을 갖도록 한다.

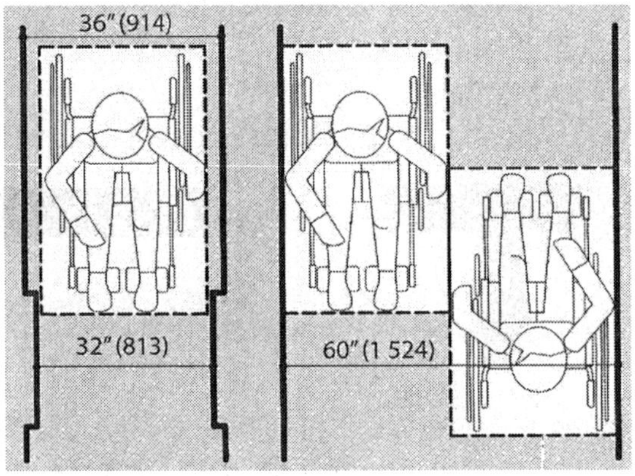

그림 5.12 휠체어 교행 폭(단위 : cm)[27]

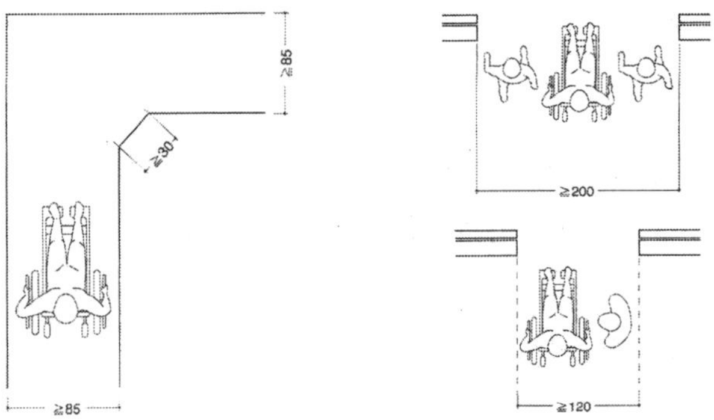

그림 5.13 복도 폭(단위 : cm)[28]

---

26) 복도의 유효 폭은 1.2m 이상, 복도의 양옆에 거실이 있는 경우에는 1.5m 이상으로 할 수 있다.
27) Julia Mcmorrough, 앞의 책, p.125
28) 일본건축학회, 앞의 책, p.65

④ 계단 및 경사로

계단은 장애인 및 노약자 등이 사용하기에는 매우 불리한 수직 이동수단이다. 가능한 한 동일 건축물 내에는 승강기, 경사로 등의 대체 이동수단이 반드시 갖추어져야 한다. 출입문은 장애인 및 노약자 등이 불편 없이 이용 가능한 폭 및 구조 등을 갖추어야 한다.

가. 계단은 진행방향과 방향전환이 규칙적이고 일정한 형태(직선 또는 꺾임 형태의 계단이 적합)여야 하며, 계단과 참[29]의 유효 폭은 1.2m 이상이 바람직하다. 또한 계단의 측면에는 손잡이를 연속하여 설치하고 시작과 끝, 방향 전환 부분에는 층수 및 위치 등을 나타내는 점자표지판을 부착한다.

나. 계단이 시작되는 지점과 끝나는 지점에 계단 폭 크기의 점형 블록을 설치하거나 시각장애인이 감지할 수 있도록 바닥재의 질감 등을 달리한다.

다. 계단의 디딤판 너비는 0.28m 이상, 챌면 높이는 0.18m 이하, 계단코는 3cm 이상 돌출해서는 안 된다.

라. 경사로는 복도, 계단과 같이 1.2m 이상의 폭을 갖는 것이 바람직하며 시작과 끝, 방향 전환 부분에 1.5m 이상의 공간(휠체어 회전공간)이 필요하다. 기울기는 1/12 이하로 하며 바닥면으로부터 높이 0.75m 이내마다 휴식을 할 수 있는 참을 설치한다.

⑤ 승강기

승강기는 장애인 및 노약자 등이 가장 편하게 이용할 수 있는 수직 이동수단이다. 최대한 출입구 가까이 설치하는 것이 바람직하다.

가. 승강기의 전면에는 1.4m×1.4m 이상의 활동공간이 필요하며, 출입문 폭은 0.9m 이상, 내부의 유효 바닥크기는 1.6m(폭)×1.35m(깊이) 이상으로 한다.

나. 조작설비는 버튼식으로 하되, 층수 등은 점자로 표시하며 조작반 및 통화장치 등에는 점자표지판을 부착한다.

다. 각 층의 장애인용 승강기 전면에는 점형 블록을 설치하거나 시각장애인이 감지할 수 있도록 바닥재의 질감 등을 달리한다. 또한 승강기의 도착여부를

29) 바닥면으로부터 높이 1.8m 이내마다 참을 설치한다.

표시하는 점멸등 및 음향신호장치를 설치하고 승강기의 내부에서도 도착층 및 운행상황을 표시하는 점멸등 및 음성신호장치를 설치한다.

⑥ 에스컬레이터

에스컬레이터는 장애인 및 노약자 등이 이용하기에는 불편이 따르는 이동수단이다.

가. 유효 폭은 0.8m 이상으로 하고 분당 30m 이내의 속도를 유지한다. 또한 디딤판은 3매 이상 수평상태로 사용할 수 있어야 한다.

⑦ 장애인 등의 이용이 가능한 화장실

장애인 및 노약자 등이 접근 가능한 위치여야 하며 화장실의 전면에는 점형블록이나 시각장애인이 감지할 수 있는 바닥재의 질감 등을 달리해야 한다. 바닥은 턱이나 단차가 없어야 하며 미끄러지지 않는 재질로 마감한다.

가. 대변기

출입문의 유효 폭은 0.8m 이상, 대변기의 유효 바닥면적은 1.4m(폭)×1.8m(깊이) 이상, 대변기의 전면은 휠체어가 회전할 수 있도록 1.4m×1.4m 이상의 활동공간이 필요하다. 또한 대변기의 좌측 또는 우측에 휠체어가 접근할 수 있는 0.75m 이상의 여유공간이 있어야 한다. 출입문은 미닫이 또는 접이문으로 할 수 있으며 여닫이로 할 경우에는 바깥으로 열리도록 한다.

나. 소변기

아래 그림과 같이 양옆으로 수평 및 수직손잡이를 설치한다.

다. 세면대

휠체어 사용자를 위해 상단높이는 바닥으로부터 0.85m, 하단은 0.65m 이상으로 하고 하단부는 휠체어가 들어갈 수 있는 구조로 한다.

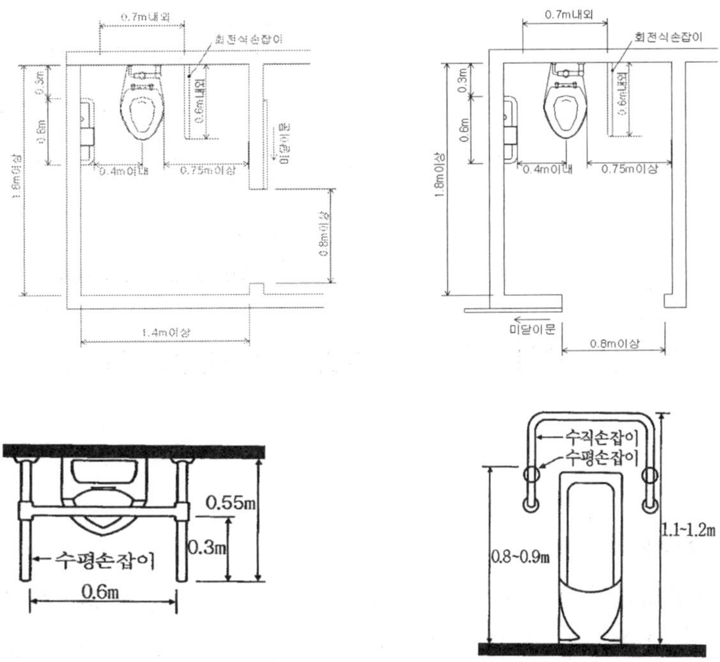

그림 5.14 장애인 등의 이용이 가능한 화장실과 소변기[30)]

⑧ 객실 또는 침실

시각, 청각 및 휠체어 사용자 등의 장애인, 고령자를 위한 설비가 갖추어져야 하고 화재 등의 비상시를 고려한 계획이 이루어져야 한다.

가. 침실 출입문 옆 벽면에 방 이름을 표기한 점자표지판을 부착하고, 화장실 및 욕실에는 초인종과 청각장애인용 초인등을 설치한다. 또한 청각장애인용 경보설비를 설치한다.

나. 침실로의 이동에 장애요소가 없어야 하며 침실에는 휠체어의 회전공간이 확보되어야 한다. 침대를 설치할 경우에는 측면에 1.2m 이상의 공간이 있어야 한다.

---

30) 장애인·노인·임산부 등의 편의증진보장에 관한 법률 시행규칙의 '[별표 1] 편의시설의 구조·재질 등에 관한 세부기준'

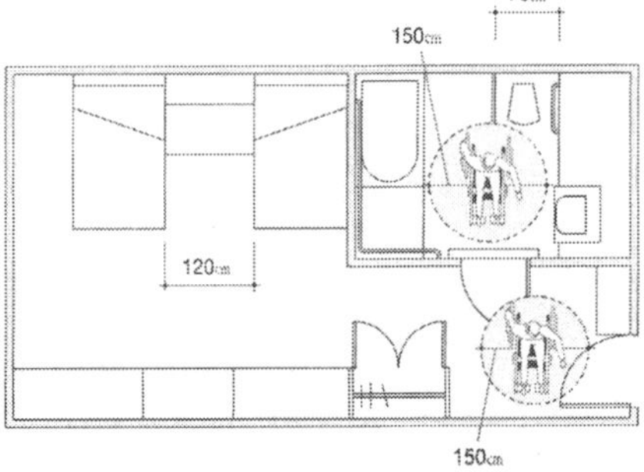

그림 5.15 침실 계획의 예31)

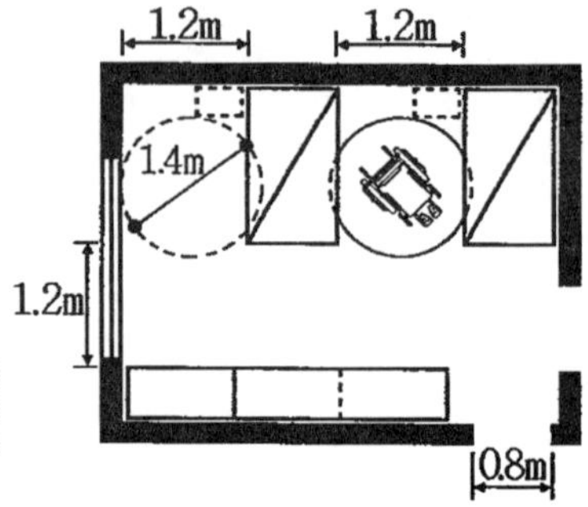

그림 5.16 객실과 화장실 계획의 예32)

⑨ 기타

가. 점자블록

시각장애인의 안전한 보행을 위해 점자블록(감지용 점형블록, 유도용 선형블록)을 사용하며 점자블록의 크기는 0.3m×0.3m(표준형), 색상은 원칙적으로 황색을 사용한다.

점형블록은 계단, 장애인용 승강기, 화장실, 승강장 등 시각장애인을 유도 및 위험한 장소의 0.3m 전면에 그리고, 선형블록이 시작·교차·굴절되는 지점에 설치한다.

선형블록은 건물의 주출입구와 연결된 접근로에서 시각장애인을 유도하는 용도로 사용하며, 유도방향에 따라 평행하게 연속으로 설치한다.

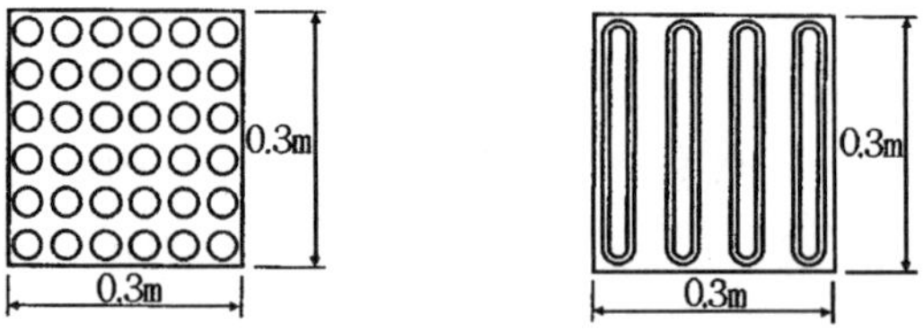

그림 5.17 점형블록과 선형블록33)

31) 장애인·노인·임산부 등의 편의증진보장에 관한 법률 시행규칙의 '[별표 1]' 참조
32) 서울특별시, 장애인 편의시설 설치 매뉴얼, 2002, p.67
33) 장애인·노인·임산부 등의 편의증진보장에 관한 법률 시행규칙의 '[별표 1]' 참조

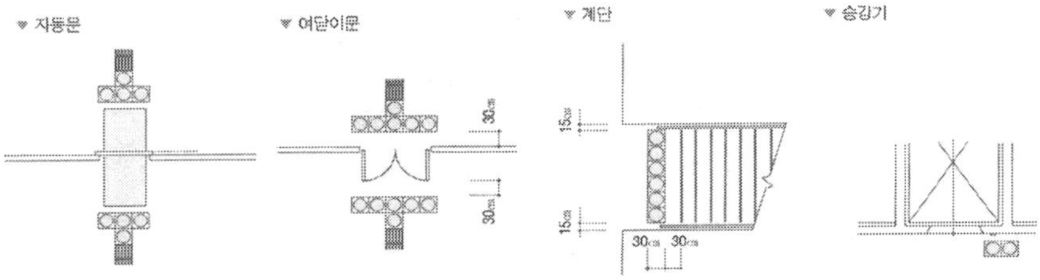

그림 5.18 점자블록 설치 예[34]

나. 시각장애인용 유도 및 안내설비

- 점자 안내판 또는 촉지도식 안내판
- 음성 안내장치
- 기타 유도 신호장치 : 시각장애인용 유도 신호장치는 음향, 시각, 음색 등을 고려하여 설치하고, 전자식 신호장치 또한 고려할 수 있다.
- 시각 및 청각장애인용 경보·피난 설비 : '소방시설 설치유지 및 안전관리에 관한 법률'에 따르며, 비상벨 설비 주변에 점멸형태의 비상경보 등을 함께 설치한다.

우리나라는 현재 저출산과 고령화 문제를 사회의 가장 큰 숙제 가운데 하나로 인식하고 있다. 특히 사회의 고령화에 대한 대응으로 복지라는 키워드를 통해 해결의 실마리를 찾고자 하고 있다.

인간은 누구나 자신이 자라고 생활해 온 장소에서 생을 마감하고자 할 것이다. 몇 년 전 실버타운들이 교외에 건설되는 경향이 있었으나 최근에는 도심에 건설하고자 하는 사례들이 늘어나고 있다. 주거의 물리적 쾌적함보다는 가족 또는 이웃과 함께 있다는 심리적 및 사회적 환경조성이 더욱 중요함을 일깨워주고 있다.

우리나라도 이제 누구나가 익숙하고 정든 자신의 집이나 지역에서 안심하고 살 수 있는 질 높은 거주환경과 지역사회에서 안심하고 생활하기 위한 체계적인 고령자 복지시설, 주거의 구축이 필요하다. 또한 생활 당사자의 요구에 대응하는 보건, 의료, 복지, 건축의 4분야가 일체가 되어 움직이는 지역 거주 케어시스템의 개척이 시급하다.[35]

---

34) 서울특별시, 앞의 책, p.59
35) 노지화, 「건축과 복지가 만나다」, 『건축사신문』, 2014년 11월 20일

참고문헌

1. 윤철준, 달서구 노인종합복지관, 비온후, 2005
2. 문창호, 노인전문요양시설의 건축계획기준에 대한 기초적 연구, 대한건축학회논문집 계획계 19권 2호, 대한건축학회, 2003
3. 이완건, 노인요양시설의 건축현황 및 개선방향에 관한 연구, 한국실내디자인학회 논문집 제19권 3호, 2010
4. 대한건설협회, http://www.cak.or.kr (검색일 : 2015.1.5)
5. 대한건축사협회, http://www.kira.or.kr (검색일 : 2015.1.5)
6. THE CLASSCIC 500, http://www.theclassic500.com (검색일 : 2015.1.6)
7. 서울시니어스타워(주), http://www.sst.co.kr (검색일 : 2015.1.6)
8. 증평노인전문요양원, http://www.jpwelfare/medical/ (검색일 : 2015.1.17)

제6장

건축사례 및 특성

1. 고령친화 건축유형
2. 고령친화 건축사례

제6장 건축사례 및 특성

1. 고령친화 건축유형

(1) 고령사회와 건축

최근 자료들에 의하면 우리나라는 세계에서 가장 빠른 고령사회로 진입하고 있음을 알 수 있다. 이는 우리 사회가 고령화에 대한 대비 그리고 더 나아가 사회 운영의 패러다임도 바뀌어야 한다는 것을 의미한다.

2010년 자료에 의하면 정부는 노인 보건복지사업으로 건강보장·노인요양, 여가활동 보장·노후소득, 장사시설 설치 및 운영, 소외된 노인보호와 관련된 사업을 추진하고자 하는 등 노인과 관련한 다양한 복지정책을 수립하였다.

관련법으로는 노인을 포함한 장애인, 임산부 등 사회적 약자를 배려한 '장애인 등의 편의증진 보장에 관한 법률'이 1997년에 제정되었다. 법은 이들이 생활을 영위함에 있어서 편리하고 안전하게 설비·시설을 이용하고 정보에 접근하도록 보장함으로서 이들의 복지증진과 사회활동 참여에 이바지함을 목적으로 하고 있으며, 적용 '대상시설[1](표 7.1)'과 '편의시설의 설치기준[2](표 7.2)'을 마련하고 있다. '어린이·노인 등 보호구역의 지정 및 관리에 관한 규칙'(2011년)에서는 노인 등의 보행 안전을 위해 노인 보호구역을 관리·지정하는 기준 등을 규정하고 있고, '장애인·고령자 등 주거약자 지원에 관한 법률'(2012년)에서는 고령자 등의 주거약자의 편리하고 안전한 주거생활을 지원하기 위한 사항들을 정해 주거안정과 주거수준 향상에 이바지하고 있다.

1) 편의시설을 설치해야 하는 대상으로 '공공건물 및 공중 이용시설', '공원', '공동주택', '통신시설', '기타 장애인등의 편의를 위하여 편의시설의 설치가 필요한 시설·건물 및 그 부대시설' 등이 있다. - 장애인·노인·임산부 등의 편의증진보장에 관한 법률 제7조(대상시설), 시행령 제3조의 '별표1'

2) 장애인·노인·임산부 등의 편의증진보장에 관한 법률 시행령 제4조(편의시설의 종류)의 '별표2'

표 6.1 편의시설 설치 대상시설(장애인 등의 편의증진 보장에 관한 법률시행령 제3조 – 별표 1)

구 분		대상 시설
공원		
공공건물 및 공중이용 시설	제1종 근린생활시설	- 일용품 · 수퍼마켓 등의 소매점 - 이용원 · 미용원 · 목욕장 - 파출소, 지구대, 지역자치센터, 우체국, 보건소, 공공도서관, 국민연금공단·국민건강보험공단·한국장애인고용공단·근로복지공단의 지사 - 대피소 - 치과의원 · 한의원 · 조산소 · 의원 - 지역아동센터
	제2종 근린생활시설	- 일반음식점 - 휴게음식점 · 제과점 - 안마시술소
	문화 및 집회시설	- 공연장, 집회장, 관람장, 전시장, 동·식물원
	종교시설	
	판매시설	
	의료시설	- 병원, 격리병원
	교육연구시설	- 학교, 교육원, 도서관
	노유자시설	- 아동관련시설 - 노인복지시설 및 장애인복지시설
	수련시설	- 생활권수련시설(청소년문화의 집 · 청소년수련관 · 유스호스텔) - 자연권수련시설(청소년수련원·청소년야영장)
	운동시설	- 체육관 - 운동장(볼링 · 수영 · 육상 · 구기 · 스케이트 · 로울러스케이트 · 승마 · 사격 · 골프 · 궁도 등)
	업무시설	- 공공업무시설, 일반업무시설
	숙박시설	- 일반숙박시설(호텔 및 여관) - 관광숙박시설(수상관광호텔 · 한국전통호텔 · 관광호텔 · 가족호텔 및 휴양콘도미니엄)
	공장	
	자동차관련시설	- 주차장, 운전학원
	교정시설	- 교도소, 구치소
	방송통신시설	- 방송국, 전신전화국
	묘지관련시설	- 화장시설, 봉안당
	관광휴게시설	- 야외음악당·야외극장·어린이회관 - 휴게소
	장례식장	
공동주택		- 아파트, 연립주택, 다세대주택, 기숙사

표 6.2 대상시설별 편의시설의 종류('공공건물 및 공중이용시설' 중 일부 – 장애인 등의 편의증진 보장에 관한 법률 시행령 제3조 – 별표 2)

대상시설 \ 편의시설		매개시설			내부시설			위생시설					안내시설		
								화장실			욕실	샤워실·탈의실			
		주출입구접근로	장애인전용주차구역	주출입구높이차이제거	출입구(문)	복도	승강기 또는 계단	대변기	소변기	세면대			점자블록	유도및안내설비	경보및피난설비
문화 및 집회시설	관람장 및 공연장	의무	의무	의무	의무	의무	의무	의무	의무	의무			의무	의무	의무
	집회장	의무	의무	의무	의무	의무	의무	의무	권장	권장					의무
	식·동물원, 전시장	의무	의무	의무	의무	의무	의무	의무	권장	권장			의무	권장	의무
의료시설	병원·격리병원	의무	의무	의무	의무	의무	의무	의무	의무	의무	권장	권장	의무	의무	의무
교육연구시설	학교	의무	의무	의무	의무	의무	의무	의무	의무	권장			의무	의무	의무
	유치원	의무	의무	의무	의무	의무	의무	의무	의무	권장					
	교육원·직업훈련소·학원	의무	의무	의무	의무	의무	의무	의무	의무	권장			권장	권장	의무
	도서관	의무	의무	의무	의무	의무	의무	의무	의무	의무			권장	권장	의무
노유자시설	아동관련시설	의무	의무	의무	의무	의무	의무	의무	의무	권장					
	노인복지(경로당 포함)시설	의무	의무	의무	의무	의무	의무	의무	의무	권장	권장	권장			
	사회복지(장애인복지시설 포함)시설	의무	의무	의무	의무	의무	의무	의무	의무	의무	의무	의무	의무	의무	의무

국내 고령계층의 빠른 증가와 함께 이들의 니즈 또한 다양해지고 있다. 국내의 노인복지와 관련한 시설은 약 7만 여개에 이르며 최근 자녀세대들과 독립된 주거생활을 희망하는 노인세대들이 늘고 있다. 과거 노인복지는 시설 중심이었으나 최근에는 탈시설화, 자신이 살아왔던 곳에서 지속적인 삶을 유지하는 Aging in Place에 대한 관심이 늘고 있다. 과거 전원지역에 조성되던 실버타운[3]도 최근에는 도심에 의료와 편의시설이 갖춘 도심형으로 개발되고 있는 추세이다.

인간은 노화에 따라 신체적 그리고 정신적 변화과정을 겪게 되고 이에 대한 무장애디자인(Barrier Free Design), 유니버설디자인(Universal Design) 등과 같은 적절한 물리적 환경을 제공 받기를 희망하고 있다. 따라서 노인 관련시설들은 이러한 다양한 요구들을 반영할 수 있는 시설로 계획되어야 할 것이다.

(2) 고령친화건축의 종류

최근 고령화에 따른 사회적 관심이 높아지고 있으며 이와 관련한 시설 또한 다양해지고 있다. 노인의 보건복지 증진에 기여함을 목적으로 제정된 노인복지법에서는 표 7.3과 같이 노인복지시설의 종류를 규정하고 있다. 노인주거복지시설로는 양로시설, 노인복지주택, 노인공동생활가정이 있으며, 노인의료복지시설로는 노인요양시설, 노인요양공동생활가정이 있다. 노인여가복지시설로는 노인복지관, 노인교실, 경로당로 구분할 수 있다.

노인복지법에서 규정하고 노인복지시설들의 건축관련 시설기준은 다음과 같다.

1) 노인주거복지시설[4]

가. 시설의 설비 및 구조는 일조·환기·채광 등 노인의 재해를 방지하고 보건위생 등을 충분히 고려하여야 한다.

---

3) 주거 기능 이외에 생활서비스, 의료, 커뮤니티 환경 조성 등 각종 서비스를 제공하는 복합 주거단지를 의미하며, 입지조건에 따라 도시근교형, 도심형, 전원형으로 구분된다. 과거에는 건강과 휴양 등의 목적으로 전원에 개발되었으나 최근에는 의료 및 편의시설, 접근성 등의 이유로 도시 또는 도시 인근에 개발되고 있다.

4) 노인복지법 시행규칙 제17조, [별표2] 노인주거복지시설의 시설기준 및 직원 배치기준

표 6.3 '노인복지시설'의 종류(노인복지법)[5]

시설 종류	분 류	내 용
노인주거 복지시설	양로시설	고령자(노인) 입소, 급식과 일상에 필요한 편의를 제공 하는 시설
	노인공동생활가정	고령자(노인)들에게 가정의 주거여건과 급식, 일상에 필요한 편의를 제공 하는 시설
	노인복지주택	고령자(노인)에게 주거시설 임대 또는 분양, 주거의 편의·상담·생활지도·안전을 관리하는 등 일상에 필요한 편의를 제공 하는 시설
노인의료 복지시설	노인요양시설	중풍·치매 등 노인성질환 등으로 심신에 상당한 장애가 발생하여 도움을 필요로 하는 고령자(노인)를 입소시켜 요양·급식과 그 밖의 일상생활에 필요한 편의를 제공 하는 시설
	노인요양공동생활가정	중풍·치매 등 노인성질환 등으로 심신에 상당한 장애가 생겨 도움을 필요로 하는 고령자(노인)에게 가정과 같은 주거여건과 요양·급식, 일상에 필요한 편의를 제공 하는 시설
노인여가 복지시설	노인복지관	고령자(노인)의 사회참여활동 및 교양·취미생활등에 대한 서비스와 각종 정보를 제공하고, 질병예방 및 건강증진과 재가복지·소득보장, 그 밖의 고령자(노인)의 복지에 필요한 서비스를 제공 하는 시설
	경로당	지역노인들이 자율적으로 취미활동·친목도모·공동작업장 운영, 정보교환과 여가활동을 할 수 있도록 하는 장소를 제공 하는 시설
	노인교실	고령자(노인)들에 대하여 사회활동 욕구를 충족시키기 위하여 노인건강유지·취미생활·소득보장,일상에 관한 학습프로그램을 제공 하는 시설

5) 건축과 관련이 적은 '재가노인복지시설'과 '노인보호전문기관'은 제외하였다.

나. 화장실·침실·복도 등 노인이 이용하는 설비는 휠체어 등의 이동 가능해야하며 문턱제거, 바닥 미끄럼 방지, 손잡이시설 부착등 활동에 편리한 구조여야 한다.

다. 노인이 건강한 생활을 영위하는 데 도움이 되는 스포츠·레크리에이션 시설, 도서관 등 체육 부대시설·문화시설을 설치하도록 하되, 지역사회와 상호 교류를 촉진하고 유대감을 증진시키기 위하여 입소자가 사용하는데 지장을 주지 않는 범위에서 외부에 개방·운영할 수 있다.

표 6.4 '노인주거복지시설'의 시설기준[6)]

구 분 (입소자)		침실	사무실	요양보호사 및 자원 봉사자실	간호사실·의료실	프로그램실 및 체력단련실	조리실·식당	비상재해대비시설	화장실	샤워실(목욕실)·세면장	세탁물 건조장·세탁장
양로시설	30명 이상	○	○	○	○	○	○	○	○	○	○
	30명 미만, 10명 이상	○	○		○	○	○	○	○	○	
노인공동생활가정		○	○			-	○	○	○	○	
노인복지주택		관리실1(사무실·숙직실 포함), 침실1, 식당 및 조리실1, 체력단련실 및 프로그램실1, 비상재해대비시설1, 식료품점 또는 매점1, 경보장치, 의료 및 간호사실1									

표 6.5 '노인복지주택'의 건축 관련 설비기준

종 류	건축계획 관련 설비기준
침실	- 동거용·독신용 침실의 면적은 $20m^2$ 이상 - 취사할 수 있는 설비 - 화장실, 목욕 등 입소자의 생활편의를 위한 설비 - 채광·조명 및 방습설비
프로그램실	- 자유로이 사용할 수 있는 적당한 오락기구와 문화시설
체력단련실	- 노인들이 기본 체력을 유지할 수 있는 적절한 운동기구
의료 및 간호사실	- 간호 및 진료에 필요한 상용의 위생재료·약품 또는 의료기구
경보장치	- 다른 사람의 도움이 필요 시 경보가 울리도록 화장실, 거실, 욕실, 복도 등 필요한 곳에 설치
경사로	- 침실이 2층 이상일 때 경사로 설치

6) 노인복지법 시행규칙 제17조, [별표2] 노인주거복지시설의 시설기준 및 직원 배치기준

표 6.6 '양로시설'의 건축 관련 설비기준

종 류	건축계획 관련 설비기준
침실	- 합숙용 · 독신용 · 동거용 침실 - 남녀공용인 시설의 경우에는 합숙용 침실을 여실 및 남실로 각각 구분 - 입소자 1명당 침실면적은 5.0m^2 이상 - 합숙용 침실(1실) 정원 : 4명 이하 - 방습설비 및 조명·채광
조리실 및 식당	- 조리실 바닥은 내수재료로서 배수 및 세정에 편리한 구조
목욕실 및 세면장	- 바닥은 미끄럽지 않도록 한다.
프로그램실	- 자유롭게 사용할 수 있는 적당한 오락기구와 문화시설
물리(작업) 치료실	- 노인들이 기본적인 체력을 유지할 수 있는 적절한 운동기구
의료 및 간호사실	- 간호 및 진료에 필요한 상용의 의료기구 또는 약품 · 위생재료
경사로	- 침실이 2층 이상일 때는 경사로 설치
그 밖의 시설	- 화장실 · 복도 그 밖의 필요한 곳 : 야간 상용등 설치 - 계단 경사는 완만, 난간 설치 - 바닥은 부드럽고 미끄럽지 않은 바닥재 사용

표 6.7 '노인공동생활가정'의 건축 관련 설비기준

종 류	건축계획 관련 설비기준
침실	- 합숙용 · 독신용 · 동거용 침실 - 남녀공용인 시설의 경우에는 합숙용 침식을 여실 및 남실로 각각 구분 - 입소자 1명당 침실면적은 5.0m^2 이상 - 합숙용 침실(1실) 정원 : 4명 이하 - 방습설비 및 조명 · 채광
조리실 및 식당	- 조리실 바닥은 내수재료로서 배수 및 세정에 편리한 구조
세면장 및 목욕실	- 바닥은 미끄럽지 않도록 한다.
경사로	- 침실이 2층 이상일 때는 경사로 설치
그 밖의 시설	- 화장실·복도 그 밖의 필요한 곳 : 야간 상용등 설치 - 계단 경사는 완만, 난간 설치 - 바닥은 부드럽고 미끄럽지 않은 바닥재 사용

2) 노인의료복지시설7)

가. 시설의 설비 및 구조는 채광·일조·환기 등 입소자의 보건위생과 재해방지를 충분히 고려하여야 한다.

나. 화장실·침실·복도 등 노인이 이용하는 설비는 휠체어 등의 이동 가능해야하며 문턱제거, 바닥 미끄럼 방지, 손잡이시설 부착등 활동에 편리한 구조여야 한다.

다. 노인이 건강한 생활을 영위하는 데 도움이 되는 스포츠·레크리에이션 시설, 도서관 등 체육 부대시설·문화시설을 설치하도록 하되, 지역사회와 상호 교류를 촉진하고 유대감을 증진시키기 위하여 입소자가 사용하는데 지장을 주지 않는 범위에서 외부에 개방·운영할 수 있다.

라. 노인의료복지시설은 다음의 인원이 입소할 수 있도록 시설을 만들어야 한다.

- 노인요양시설 : 입소정원 10명이상 경우
  (입소정원 1인당 연면적 $23.6m^2$ 이상 확보)
- 노인요양공동생활가정 : 입소정원 5명 이상 9명 이하 경우
  (입소정원 1인당 연면적 $20.5m^2$ 이상 확보)

표 6.8 '노인의료복지시설'의 시설기준

<table>
<tr><th colspan="2">구 분
(입소자)</th><th>침실</th><th>사무실</th><th>요양
보호사
실</th><th>자원
봉사자실</th><th>간호사
실·의
료실</th><th>작업(물
리)치료
실</th><th>프로
그램실</th><th>조리실
·식당</th><th>비상
재해
대비
시설</th><th>화장
실</th><th>목욕실 및
세면장</th><th>세탁물
건조장
·세탁
장</th></tr>
<tr><td rowspan="2">노인요
양시설</td><td>30명
이상</td><td>○</td><td>○</td><td>○</td><td>○</td><td>○</td><td>○</td><td>○</td><td>○</td><td>○</td><td>○</td><td>○</td><td>○</td></tr>
<tr><td>30명
미만
10명
이상</td><td>○</td><td colspan="3">○</td><td>○</td><td>○</td><td>○</td><td>○</td><td>○</td><td>○</td><td colspan="2">○</td></tr>
<tr><td colspan="2">노인요양
공동생활
가정</td><td>○</td><td colspan="4">○</td><td colspan="2">○</td><td>○</td><td>○</td><td colspan="3">○</td></tr>
</table>

7) 노인복지법 시행규칙 제22조, [별표4] 노인주거복지시설의 시설기준 및 직원 배치기준

표 6.9 '노인요양시설'의 건축 관련 설비기준

종 류	건축계획 관련 설비기준
침실	- 합숙용·독신용·동거용 침실 - 남녀공용인 시설의 경우에는 합숙용 침실을 여실 및 남실로 각각 구분 - 입소자 1명당 침실면적은 $6.6m^2$ 이상 - 합숙용 침실(1실) 정원: 4명 이하 - 적당한 난방 및 통풍장치 - 방습설비 및 조명·채광 - 노인질환의 정도 및 종류에 따른 특별침실을 정원의 5% 이내의 범위에서 둔다. - 침실 바닥면적의 1/7 이상을 창으로 설치하여 직접 외기에 접하도록 하며, 개폐가 가능해야 한다. - 침대 사용의 경우 : 노인들이 자유롭게 이용(오르내림)할 수 있어야 한다. - 안전설비 - 공동주택에 설치되는 노인요양공동생활가정의 침실 :1층에 설치
식당 및 조리실	- 조리실 바닥은 내수재료로서 배수 및 세정에 편리한 구조
세면장 및 목욕실	- 바닥은 미끄럽지 않도록 해야 한다.
프로그램실	- 자유롭게 사용할 수 있는 오락기구와 문화시설
물리(작업) 치료실	- 기능감퇴 방지 또는 기능회복을 위한 훈련 등에 지장이 없는 면적과 필요한 장비 및 시설
의료 및 간호사실	- 간호 및 진료에 필요한 상용의 위생재료·약품 또는 의료기구
경사로	- 침실이 2층 이상이면 경사로 설치
그 밖의 시설	- 화장실·복도 그 밖의 필요한 곳 : 야간 상용등 설치 - 계단의 경사는 완만, 치매노인의 낙상을 방지하기 위하여 잠금장치 설치,계단 출입문 설치 - 바닥은 부드럽고 미끄럽지 않은 바닥재 사용 - 주방 등 화재위험이 있는 곳은 치매노인이 출입할 수 없게 잠금장치 설치, 배회환자의 실종 등을 예방할 수 있는 외부출입구에 잠금장치 설치

3) 노인여가복지시설[8)]

노인여가복지시설은 다음의 인원이 이용할 수 있거나 또는 면적 이상의 시설을 갖추어야 한다.

가. 노인복지관 : 연면적 500m^2 이상

나. 경로당 : 이용정원 20명 이상(읍·면지역의 경우에는 10명 이상)

다. 노인교실 : 이용정원 50명 이상

표 6.10 노인여가복지시설의 시설기준

구 분	사무실	조리실 및 식당	상담실 또는 면회실	강당 또는 집회실	프로그램실	화장실	물리치료실	비상재해대비시설	휴게실 또는 거실	전기시설	강의실	휴게실	객실	공동목욕장	기타 부대시설
노인복지관	1	1	1	1	1	1	1	1							
경로당						1			1	1					
노인교실	1					1					1	1			

표 6.11 '노인복지관'의 건축 관련 설비기준

종 류	건축계획 관련 설비기준
식당 및 조리실	- 조리실 바닥은 내수재료로 하고 배수 및 세정에 편리한 구조로 할 것
프로그램실	- 자유롭게 이용할 수 있는 적당한 오락기구와 문화시설을 갖출 것
물리치료실	- 기능감퇴 방지 또는 기능회복을 위한 훈련 등에 지장이 없는 시설과 면적을 확보할 것

표 6.12 '경로당'의 건축 관련 설비기준

종 류	건축계획 관련 설비기준
거실 또는 휴게실	20m^2 이상

8) 노인복지법 시행규칙 제26조, [별표7] 노인여가복지시설의 시설기준 및 직원 배치기준

표 6.13 '노인교실'의 건축 관련 설비기준

종 류	건축계획 관련 설비기준
강의실	$33m^2$ 이상

2. 고령친화 건축사례

(1) 고령친화 주거복지시설

■ 서울시니어스타워(주)의 '고창타워'

전라북도 석정온천관광지구 고창웰파크시티 내에 위치한 고창타워는 자연환경이 좋은 곳에 쾌적하고 편안한 노후를 보내고자 하는 노인들에게 주거, 레저, 소득 그리고 웰빙의 4대 목적을 충족시키고자 하고 있다. 시니어스 고창타워는 단지 내 은행, 마트, 온천휴양병원 등이 있으며 군청 가까이 위치한 자연치유형 도심형 실버타운이다. 웰파크시티 내 온천휴양병원 및 자연면역치유센터, 온천스파와 사계절 썰매장, 18홀 퍼블릭 골프장과 스포츠센터, 황토펜션단지, 상가시설 등의 위락시설을 갖추고 있다.

노인들에게 필요한 식사와 간호서비스를 기본으로 제공하고 각종 부대시설(온천, 스파, 수영장 등)과 프로그램 등은 웰파크시티 단지 내 시설을 이용한다. 또한 은퇴자들을 위해 웰파크시티 단지 내의 병원, 온천, 스파, 펜션, 상가 등의 제반시설에 일자리를 마련하여 근로를 통한 소득 창출도 가능하게 하고 있다. 고창타워의 입지 특징으로 다음과 같은 것들이 있다.

가. 게르마늄 온천수

나. 우수한 교통 인프라로 주변 대도시와 연계성 우수

다. 축령산 및 방장산 인접

라. 문화관광자원 풍부

표 6.14 서울시니어스타워(주)의 '고창타워' 건축개요

위치	전북 고창군 고창읍 석정리 774번지		
지역 · 지구	관광 · 휴양개발진흥지구/ 계획관리지역	대지면적	34,350.90m^2
건축면적	8,132.99m^2	연면적	52,253.00m^2
건폐율	23.68%	용적률	148.89%
주용도	노유자시설(유료 노인복지주택)	세대수	총 622세대
규모	지하 1층, 지상 10층	개원일	2014년 하반기

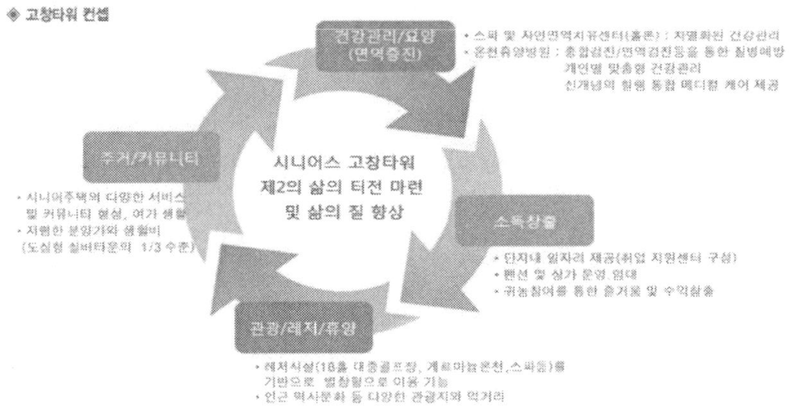

그림 6.1 고창타워 계획 개념(출전 : 서울시니어스타워(주)
(http://www.sst.co.kr))

그림 6.2 조감도(출전: 서울 시니어스타워
(주)(http://www.sst.co.kr))

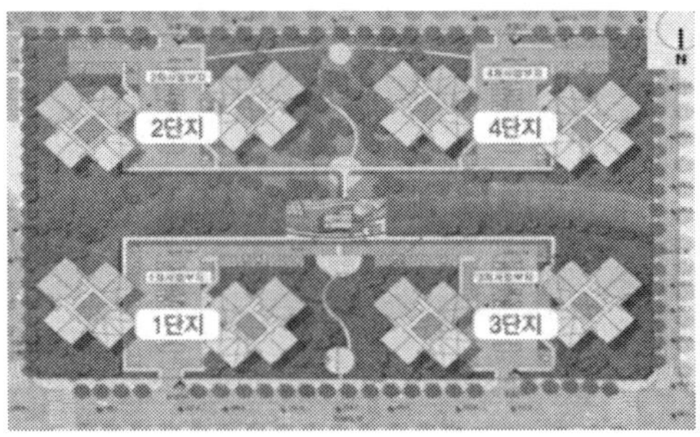

그림 6.3 배치도(출전: 서울 시니어스타워
(주)(http://www.sst.co.kr))

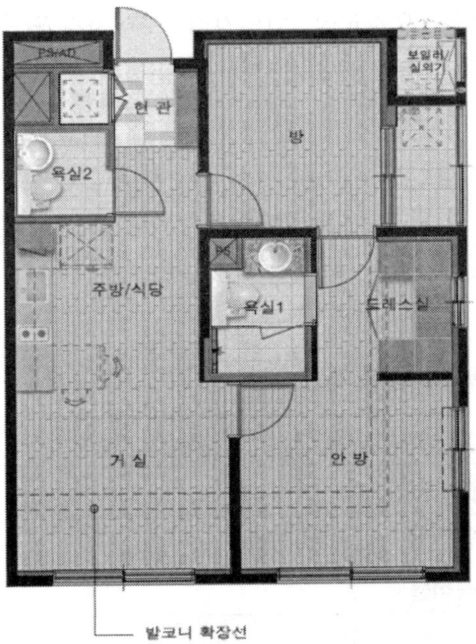

그림 6.4 단위평면(69m^2)의 예(출전: 시니어스타워(주)(http://www.sst.co./kr))

그림 6.5 단위평면(95.78m^2)의 예(출전: 시니어스타워(주)(http://www.sst.co.kr))

■ 더 클래식 500

도심 속 미래형 복합문화주거공간으로 편안한 하우징 서비스와 고급스런 호텔 서비스를 제공한다. 상위 1%를 위한 프라이빗 시니어 타운으로 최고의 하우징 서비스를 제공하여 내 집 같은 편안함을 느끼도록 계획하고 있으며, 다음과 같은 특징이 있다.

가. 호텔식 주거 서비스 : 건강하고 쾌적한 생활을 위한 웰빙 시스템(생활리듬 적응형 실내공조 시스템, 향 공조 및 수처리 시스템), 호텔식의 one-stop 생활서비스(하우스 키핑 서비스, 도어/발렛 서비스 등)

나. 메디컬 서비스 : 건국대학교 병원

다. 웰니스 서비스 : 스파, 휘트니스, 골프, 수영장

라. 컬쳐 및 커뮤니티 서비스 : 댄스스포츠교실, 요가교실, 와인강좌, 보이차강좌 등
마. 프리미엄 라이프 서비스 : 게스트룸, 식음시설, 연회시설
바. 입지환경
- 조망 : 아차산, 한강, 어린이대공원 등
- 교통 : 지하철 2호선과 7호선 인접, 청담대교, 영동대교, 강변북로 등
- One-Stop 생활공간 ; 롯데백화점, 롯데시네마, 이마트, 스타시티 등

표 6.15 더 클래식 500의 건축개요

위치	서울 광진구 능동로 90(자양동 227-342 일대)		
지역·지구		대지면적	
건축면적		연면적	158,678m^2
건폐율		용적률	
주용도	노인주거복지주택(유료 양로시설)	세대수	442실
규모	50층(A동), 40층(B동)	개원일	2009년 6월

그림 6.6 전경

그림 6.7 객실에서의 외부전경(건국대 병원)

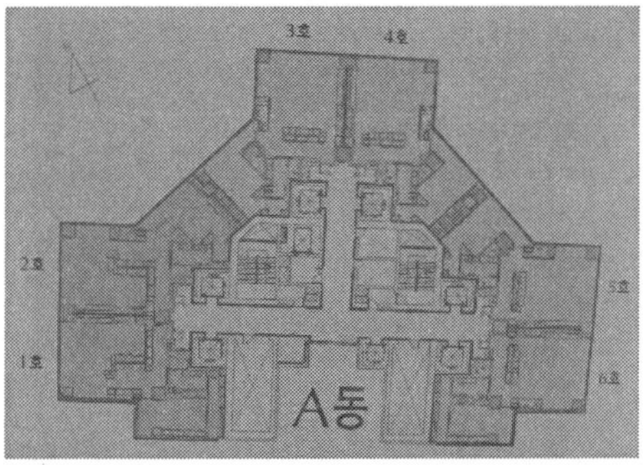

그림 6.8 'A동' 유닛 평면도

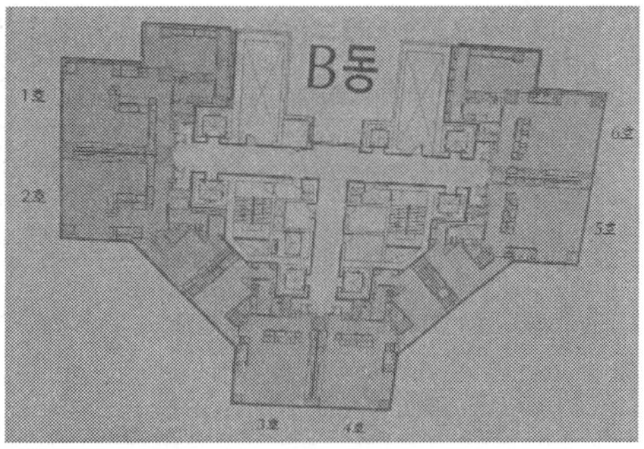

그림 6.9 'B동' 유닛 평면도

그림 6.10 침실

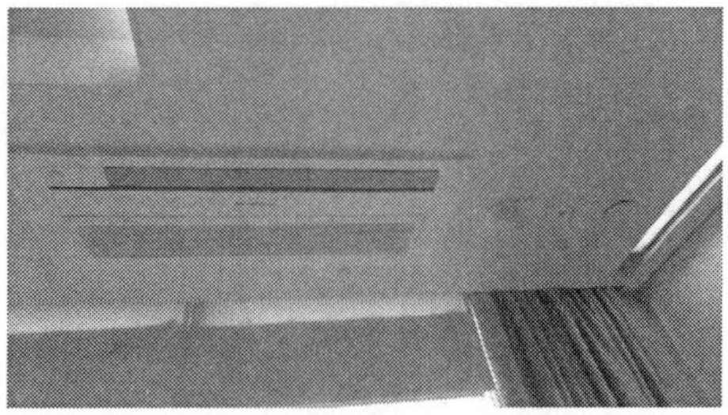

그림 6.11 천장설비

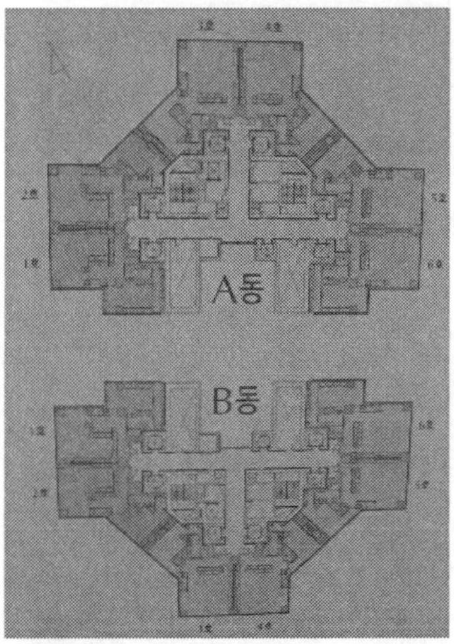

그림 6.12 기준층 평면도

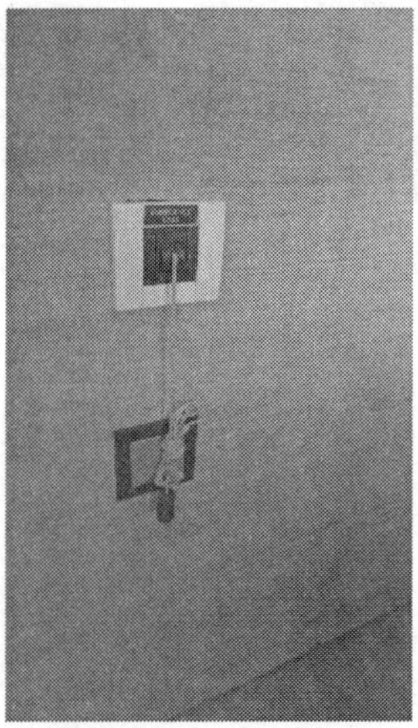

그림 6.13 비상용벨

그림 6.14 화장실

그림 6.15 AV룸

그림 6.16 북카페

그림 6.17 수영장

그림 6.18 운동실

그림 6.19 식당

그림 6.20 실내골프장

그림 6.21 침실 문턱

그림 6.22 승강기입구

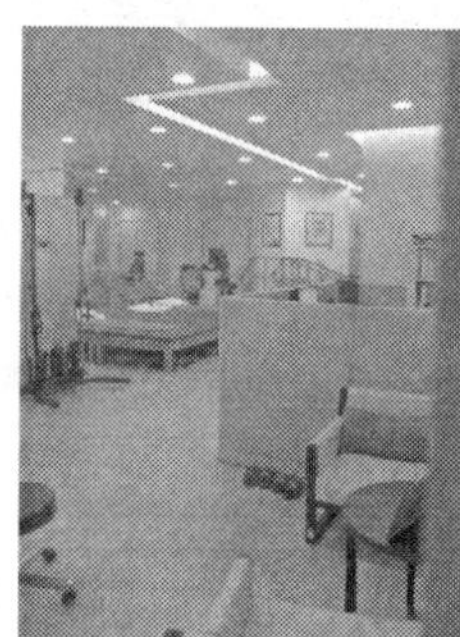

그림 6.23 운동치료실

표 6.16 더 클래식 500의 층별 용도

<table>
<tr><th colspan="2">A동</th><th colspan="2">B동</th></tr>
<tr><td>16F~50F</td><td>UNIT</td><td rowspan="5">5F~40F</td><td rowspan="5">UNIT</td></tr>
<tr><td>8F~15F</td><td>게스트룸</td></tr>
<tr><td>7F</td><td>훼미리존</td></tr>
<tr><td>6F</td><td>AV룸, 도서관, 와인바</td></tr>
<tr><td>5F</td><td>북카페, 노래방, 게임룸</td></tr>
<tr><td>4F</td><td>FITNESS(GX룸, 요가, 필라테스, 운동처방실)</td><td>4F</td><td>FITNESS</td></tr>
<tr><td>3F</td><td>메디컬센터</td><td>3F</td><td>식당, 연회장, 프로그램실, 댄스홀</td></tr>
<tr><td>2F</td><td>직원시설, 방재센터</td><td>2F</td><td>메디컬 서비스 시설(치과, 피부과, 한의원)</td></tr>
<tr><td>1F</td><td>은행, 약국, 택배실, 기타 편의시설(커피, 보석점, 레스토랑)</td><td>1F</td><td>로비, 라운지, 프론트데스크, One-Stop 서비스센터</td></tr>
<tr><td>B1F</td><td colspan="3">SPA, GOLF, 미용실, 테라피, 편의점</td></tr>
<tr><td>B2F</td><td colspan="3">세탁실, 직원용 시설, 기계실, 주차장</td></tr>
<tr><td>B3F~B6F</td><td colspan="3">주차장</td></tr>
</table>

표 6.17 더클래식500의 제공 서비스(2014년)

구 분	기본 서비스	옵 션
의료지원 서비스	- 건강상담 - 영양상담 - 건강검진 - 24시간 간호사 상주 - 기본 응급처치 - 건국대학교 병원 진료 연계 지원 등	- 전문 분과별 진료상담 - 맞춤식 운동관리 - 맞춤식 영양관리 - U-Health 서비스
여가지원 서비스	- 생활상담 서비스 - 동호회 활동 지원 - 문화 및 교양 프로그램 운영 등	- 부대시설 이용
생활지원 서비스	- 도어 서비스 - 리셉션 서비스 - 프론트 서비스 - 하우스 키핑 서비스 - 창고 제공 등	- 발렛파킹 서비스

(2) 고령친화 의료복지시설

■ 증평노인전문요양원

치매, 중풍 등의 만성질환을 앓는 노인들을 위한 전문 요양시설로 일상생활 지원, 간호 서비스, 재활 서비스를 제공하고 있다.

조직은 시설장, 사무국장, 복지행정팀(사회복지사 1명, 사무원 1명, 공익근무요원 2명), 요양보호팀(요양보호사 33명), 의료재활팀(간호사 3명, 물리치료사 1명), 영양지원팀(영양사 1명, 조리원 3명)으로 구성되어 있다.

① 주요 시설

생활실, 물리치료실, 간호사실, 요양보호사실, 세탁실, 린넨실, 활동실, 자원봉사자실, 상담실, 주방 및 식당, 산책로 등

② 주요 연계시설

증평군 보건소, 노인복지관, 청소년 수련관, 장애인 복지관

③ 입소 정원 및 대상

총 82명, 장기요양보험에 의한 1, 2등급 판정자 및 노인복지법 제28조에 의거, 시설 입소를 필요로 하는 자

④ 사업 내용

가. 건강관리 서비스 : 의료, 간호 서비스, 물리치료, 투약관리, 욕창관리, 건강체조
나. 영양관리 : 식사 관리, 영양 관리
다. 일상생활지원 서비스 : 목욕, 배뇨, 배변, 구강, 피복, 욕창, 이·미용 서비스
라. 심리정서지원 서비스 : 미술치료, 놀이치료, 음악치료, 운동치료, 생신잔치, 명절 행사, 원예치료, 작업치료
마. 지역사회통합 서비스 : 지역문화 행사 참여, 취미활동, 초청공연
바. 연계자원 관리 서비스 : 후원자 개발 및 관리, 자원봉사자 관리, 의료 네트워크 구성

⑤ 프로그램

가. 심리정서 지원 프로그램 : 원예교실, 향기치료, 음악치료, 산책
나. 기능회복 프로그램 : 미술교실, 운동치료, 물리치료, 작업치료
다. 치매 예방 프로그램 : 맷돌체조, 작업치료, 전통놀이, 회상훈련
라. 특별 프로그램 : 생신잔치, 절기행사(설, 추석), 가족 운동회, 어버이날, 노인의 날

⑥ 자원봉사

식사 수발봉사, 이·미용 봉사, 말벗 봉사, 목욕봉사, 프로그램 진행 및 오락 봉사, 노력봉사(일상적인 청소 및 의복 정리 등)

표 6.18 증평노인전문요양원의 건축개요(2010년 1월)

위치	충북 증평군 증평읍 보건복지로 64(보건복지타운 내)		
지역 · 지구	자연녹지지역	대지면적	35,039m^2
건축면적	676.4m^2	연면적	1,494m^2
건폐율	1.93%	용적률	3.72%
주용도	노인복지시설	정원	48명(현재 총 82명)
규모	지하 1층, 지상 2층	개원일	2008년 8월

표 6.19 노인요양시설의 프로그램[9)]

종 류	프로그램 내용
일상생활	말벗, 산책, 식사 및 개인위생(의복위생, 이 · 미용, 발, 구강, 목욕, 배뇨 · 배변, 욕창)관리 등
건강검진	촉탁의 진료
심리정서지원	미술·원예 · 음악 · 작업 · 웃음 · 놀이치료, 물리치료, 경락마사지 및 소규모 그룹활동(노래 · 서예 · 한글 · 요리 · 공작 · 풍물교실) 등
여가문화활동	레크리에이션, 음악 및 영화감상, 종교활동, 스포츠댄스, 수지침, 건강·생활체조, 나들이, 외식, 온천목욕, 초청공연 등
일반행사	생신잔치, 어버이날행사, 노인의 날 행사, 환경미화, 명절절기 행사, 지역문화 행사 등

9) 이완건, 노인요양시설의 건축현황 및 개선방향에 대한 연구, 한국실내디자인학회논문집 제19권 3호, 한국실내디자인학회, 2010, p.245

표 6.20 노인요양시설의 하루 일과표[10]

시 간		내 용	시 간		내 용
오전	5~6	새벽 예배	오후	2~3	★ 미술교실,생활체육,한글교실/노래교실,복음성경,음식교실/종이공예,동화구연,영화관람
	6~9	아침운동, 아침식사			
	9~12	★ 목욕(월,목)/일상생활보조,수요예배/구역예배,주일예배		3~3/30	오후간식, 프로그램 정리정돈
오후	12~1/30	점심식사, 구강청결		3/30~5	산책, 말벗
				5~6	저녁식사
	1/30~2	2000보 걷기운동		6~8	자유시간
				8~	잠자리 정돈

(★ 프로그램은 요일에 따라 변동)

표 6.21 노인요양시설의 일반적인 건축 공간구성

구 분	기능 구분		소 요 실
거주공간	단위생활		*침실, *화장실, *세면장 및 목욕실, 수납장, 데이룸 등
	공용생활		*식당, *세탁실 및 세탁물 건조장, 욕실, 탈의실, 일광욕실, 정리/작업실, 오락실, 독서실, 이·미용실
간호공간	건강관리	의료	*의료실, 검사실, 치료실, 의사실, X-ray 촬영실 등
		회복	*물리(작업)치료실, *프로그램실, 헬스, 운동실 등
	간호	간호	*간호사실, 간호대기실, 물품보관실, 의약준비실 등
		지원	*요양보호사실, 보건상담실, 휴게실, 갱의실, 당직실 등
관리공간	관리		*사무실, *자원봉사실, *비상재해대비실, 회의실, 직원휴게실, 갱의실 등
	공급		린넨실, 조리 제실(*조리실, 식품고), 전기실, 기계실 등
공용공간			현관, 방문실, 로비, 복도, 계단, 승강기

* : 노인복지법 시행규칙 제22조에 따른 '입소자 30명 이상'인 시설의 대표적 공간

10) 이완건, 노인요양시설의 건축현황 및 개선방향에 대한 연구, 한국실내디자인학회논문집 제19권 3호, 한국실내디자인학회, 2010, p.245

표 6.22 주요 공간의 건축계획 관련 설비기준의 예[11)]

<table>
<tr><th colspan="2">구 분</th><th>일 본</th><th>미 국</th></tr>
<tr><td rowspan="3">침실</td><td>크기</td><td>10.65m²/인 이상</td><td>- 다인실 : 7.2m² 이상(화장실, 옷장, 현관 등 제외)
- 1인실 : 9.0m² 이상
- 실의 길이 : 최소 3m 이상</td></tr>
<tr><td>인원/실</td><td>4인 이하</td><td>4인 이하, 3인 이상 실 25% 미만</td></tr>
<tr><td>창문</td><td>바닥면적의 1/14 이상</td><td>바닥면적의 8% 또는 1.4m² 이상</td></tr>
<tr><td colspan="2">식당</td><td>3m²/인 이상</td><td>0.9m²/인 이상</td></tr>
<tr><td colspan="2">주방</td><td>화기 사용부분 : 불연재료</td><td>바닥, 벽, 천장은 내수재료 마감</td></tr>
<tr><td colspan="2">화장실, 욕실</td><td>신체 부자유자 사용에 적합</td><td>- 화장실 : 1개 화장실은 거주자 2인 이하가 사용, 복도를 거치지 않고 직접 출입, 50% 이상 장애자용
- 세면대 : 입소자 8인당 1개 이상</td></tr>
<tr><td colspan="2">간호사실</td><td>-</td><td>층마다 확보, 침실로부터 최대 45m 이내, 감시 가능한 위치에 배치</td></tr>
<tr><td colspan="2">복도</td><td>- 편복도 : 1.8m 이상
- 중복도 : 2.7m 이상</td><td>-</td></tr>
</table>

표 6.23 증평노인전문요양원의 층별 용도

층	주요 실
2F	침실(요양실), 간호사실, 거실, 목욕실, 자원봉사실
1F	침실, 거실, 물리치료실, 요양보호사실, 간호사실, 세탁실, 식당, 사무실, 상담실
B1F	전기실, 보일러실, 기계실 및 물탱크실

11) 문창호, 노인전문요양시설의 건축계획기준에 대한 기초적 연구, 대한건축학회논문집 계획계 19권 2호, 대한건축학회, 2003, p.25

그림 6.24 전경

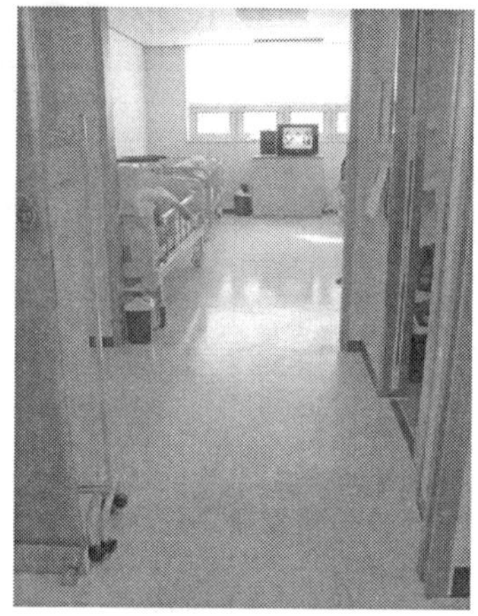

그림 6.25 침실

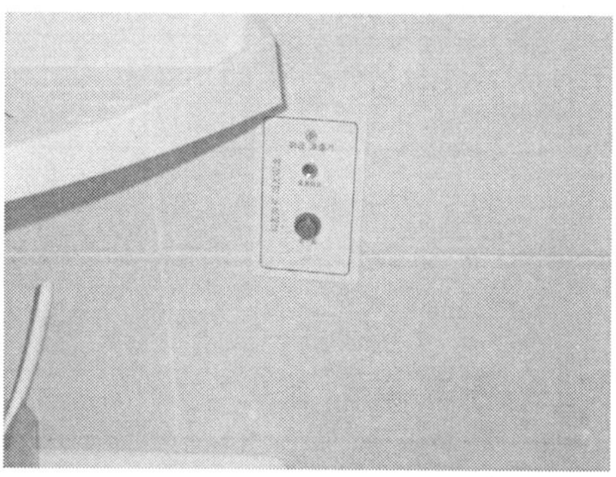

그림 6.27 화장실의 위급호출기

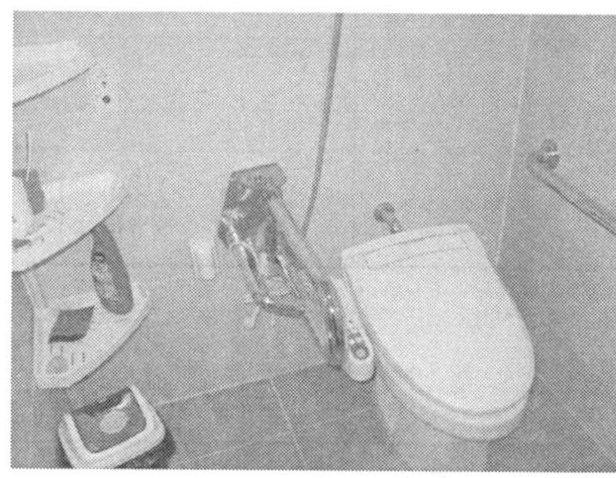

그림 6.26 화장실 내부

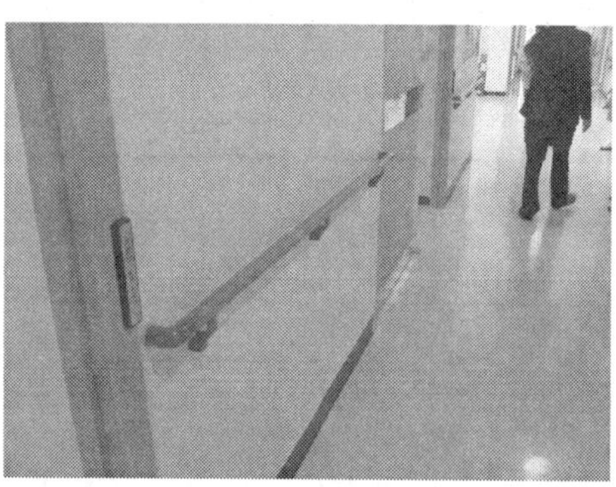

그림 6.29 복도의 손잡이 및 자동문

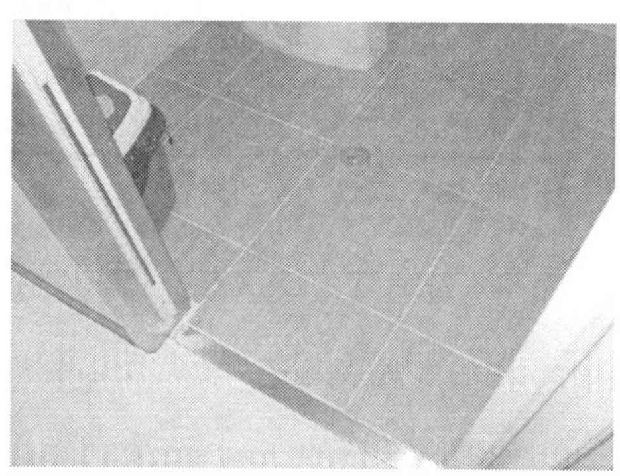

그림 6.28 화장실 문턱

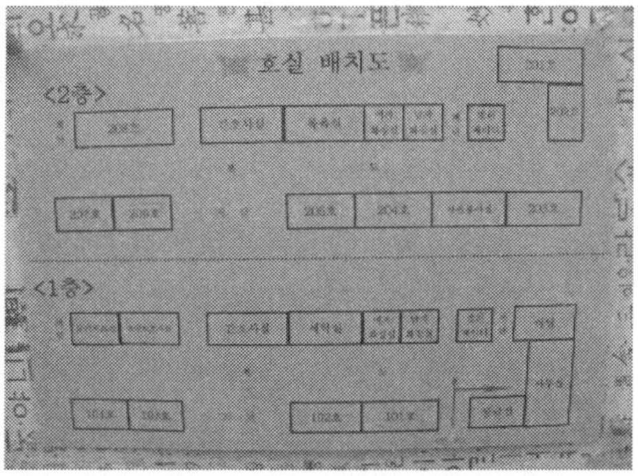

그림 6.30 각층 호실 배치도

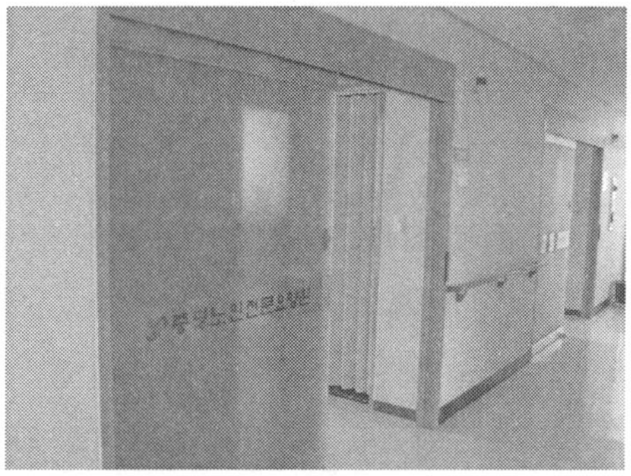

그림 6.31 침실 출입문(자동문)

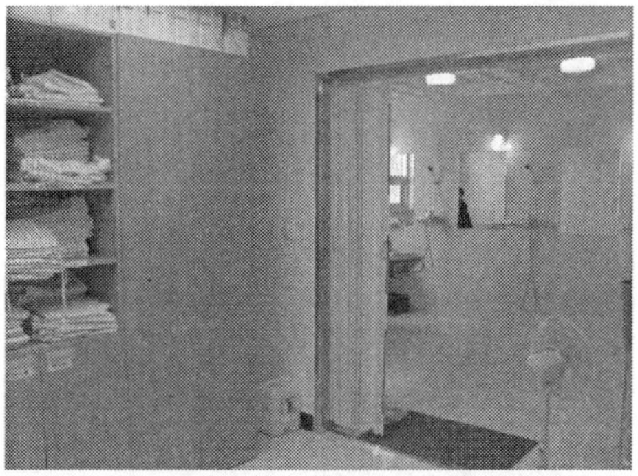

그림 6.32 목욕실 출입문

그림 6.33 주출입구 경사로

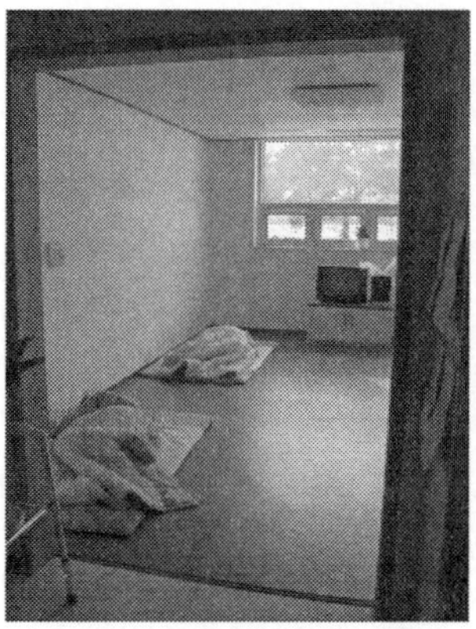

그림 6.34 온돌 침실

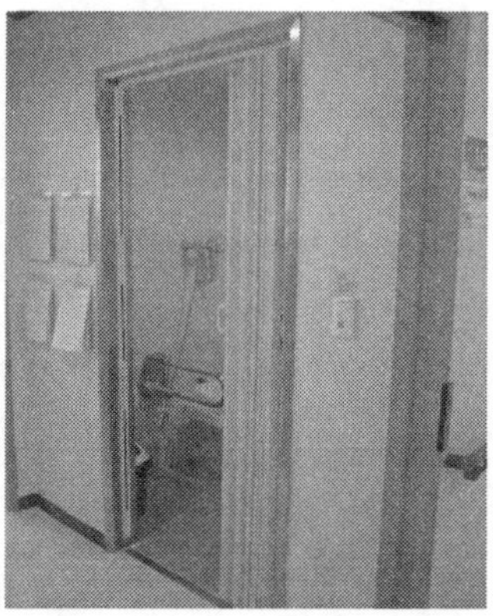

그림 6.36 화장실 출입문

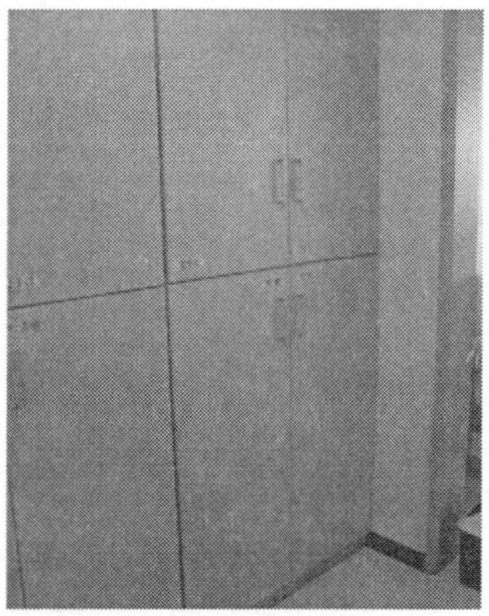

그림 6.35 침실 개인사물함

그림 6.37 계단실 별도 출입문

그림 6.38 주출입구 잠금장치

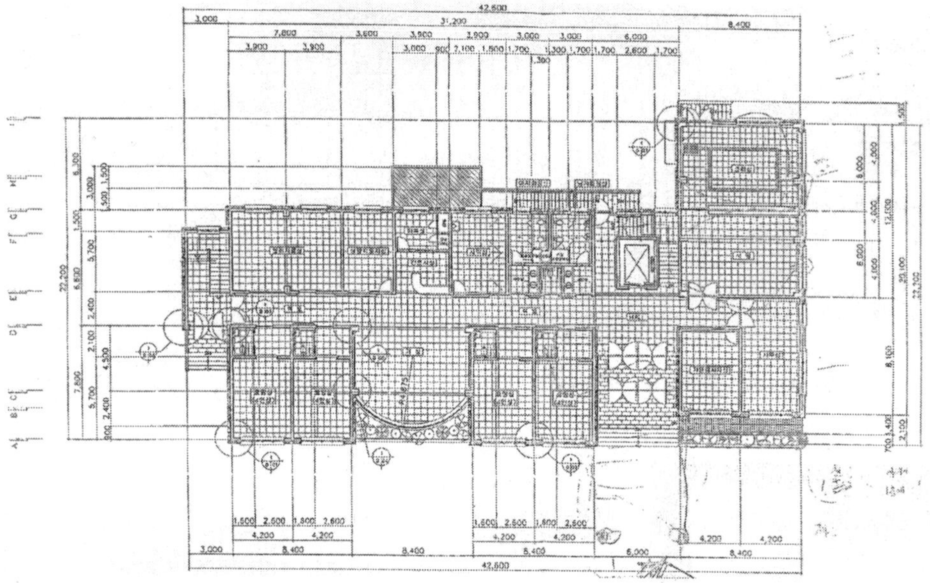

그림 6.39 1층 평면도

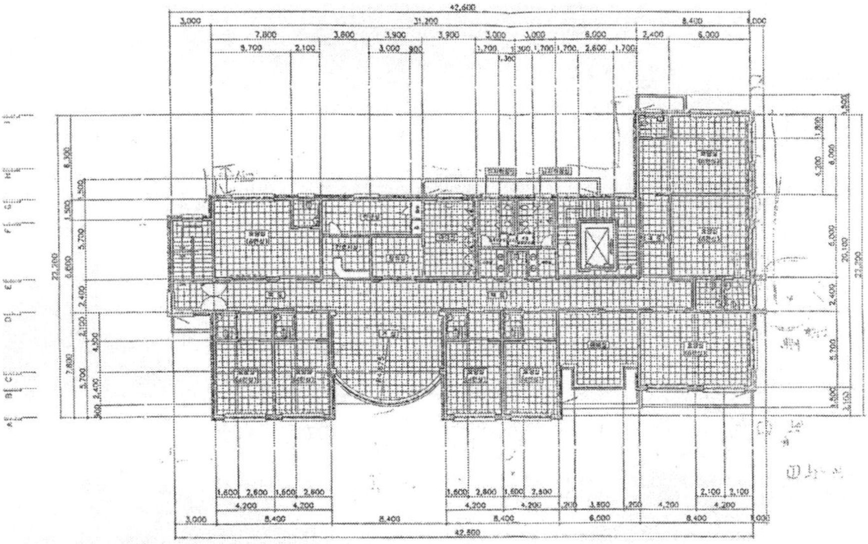

그림 6.40 2층 평면도

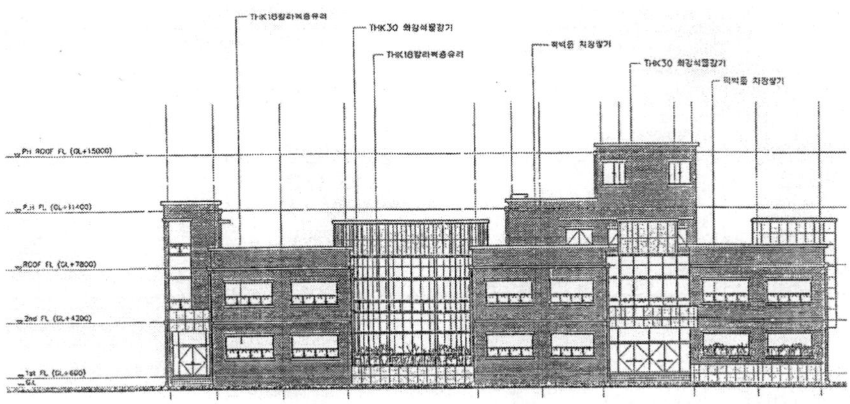

그림 6.41 남측 입면도

(3) 고령친화 여가복지시설

■ 달서구 노인종합복지관

2003년 사회복지사업법 개정에 따라 대구시 달서구의 특성에 맞는 차별화된 노인복지서비스 제공을 위해 경제, 법률 및 가정, 심리, 정서 등 다양한 상담활동을 통한 생활정보의 제공과 노인성 질환의 예방과 기능회복 훈련실시로 심신기능유지 및 향상을 하고자 하며, 사회 교육프로그램 및 취미, 오락 활동으로 자기개발 및 사회적응과 노인관련 행사 실시로 경로의식 고취하고자 하는 목적으로 계획되었다. 이러한 목적을 달성하기 위해 다음과 같은 건축설계 지침을 세웠다[12]

가. 다목적 기능을 수행하기 위한 융통성 있는 공간 계획
나. 도시환경, 자연환경, 인문환경과 조화되는 친근감 있는 계획
다. 노인시설로서 내부 편의성을 고려한 계획
라. 에너지절약, 공간계획 및 유지관리 등을 고려한 경제적 공간계획

표 6.24 달서구 노인종합복지관의 건축개요(2005년 2월)

위치	대구광역시 달서구 본동 804-2번지		
지역 · 지구	도시지역, 자연녹지지역	대지면적	11,600m^2
건축면적	1,722.94m^2	연면적	4,506.37m^2
건폐율	14.85%	용적률	34.5%
주용도	노유자시설	구조	철근콘크리트구조
규모	지하 1층, 지상 3층	외부 마감	화강석, 알루미늄시트

① 건축계획의 기본방향

가. 노인종합복지관으로서의 기능을 최대한 발휘할 수 있는 미래 지향적 복지시설 계획
나. 계획의 공익성 및 경제성 충족
다. 주변 환경에 부합하는 자연 친화적 계획

12) 윤철준, 달서구 노인종합복지관, 비온후, 2005, pp.58~65

라. 조경 시설을 포함하여 주변 지역에 대해 개방적 이미지 계획

마. 각실 간의 연계용이 및 사용 목적에 따른 가변적 공간 계획

② 장애인 및 노약자 편의시설 계획

가. 단차를 없는 출입구 (장애자용 주차구획과 직접 연결)

나. 무장애 동선 계획 (장애자용 주차구획→장애자용 출입구→장애자용 승강기 및 경사로→장애자용 화장실)

다. Main Core에 장애자용 엘리베이터 설치 (장애자용 엘리베이터 규정에 의한 주변 설치물과 안전장치 마련)

라. 주출입구에 직접 연결되는 경사로 설치

마. 장애자용 화장실 (접근이 용이한 장소에 설치, 바닥면의 높이차 제거, 미끄럽지 않는 바닥재료 사용)

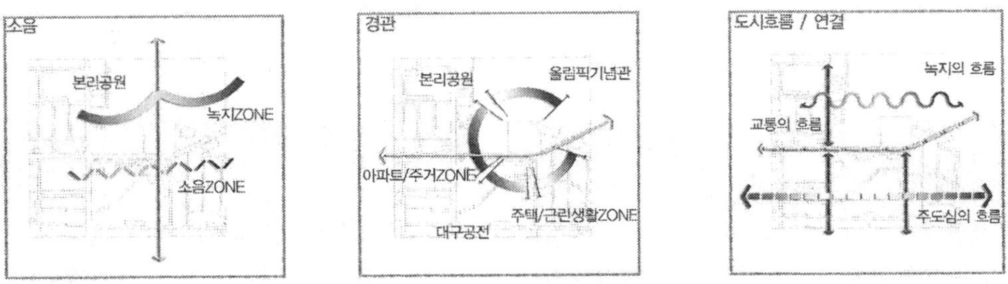

그림 6.42 대지분석(출전 : 윤철준, 달서구 노인종합복지관, 비온후, p.59)

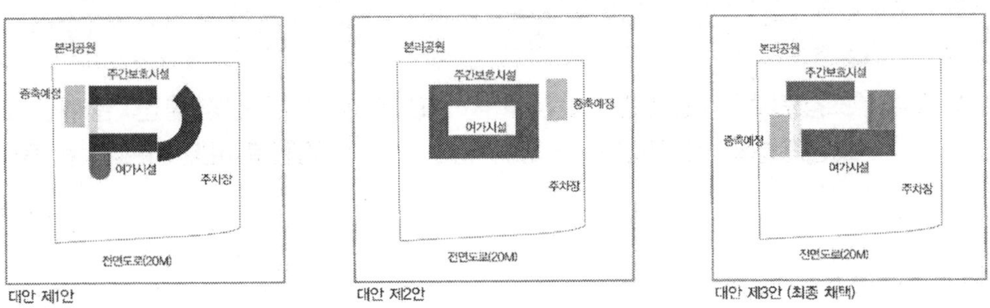

그림 6.43 배치 대안(출전 : 윤철준, 달서구 노인종합복지관, 비온후, p.62)

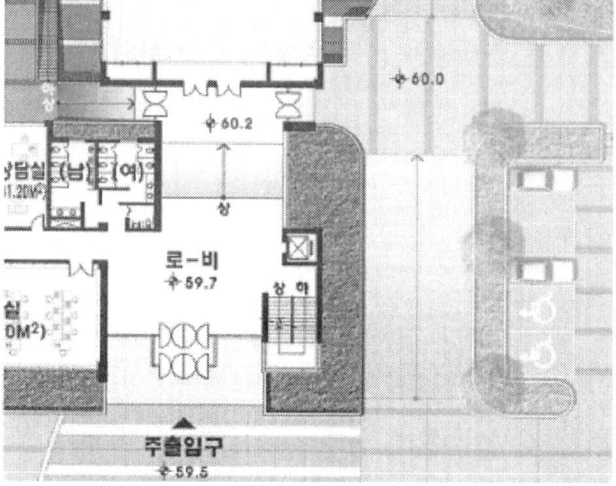

그림 6.44 장애자용 동선시스템(출전: 윤철준, 달서구 노인종합복지관, 비온후, p.66)

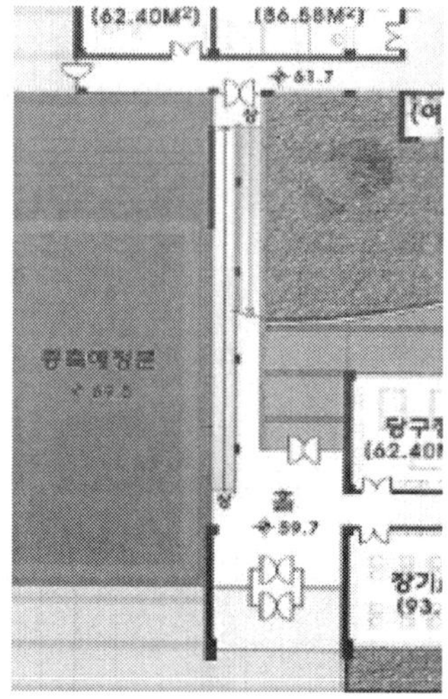

그림 6.45 장애자용 경사 경사로(출전: 그림 7.44와 동일)

그림 6.45 조감도(출전: 윤철준, 달서구 노인종합복지관 비온후, p.58)

그림 6.46 외부 전경(출전: 달서구 노인종합복지관, 비온후, p.18)

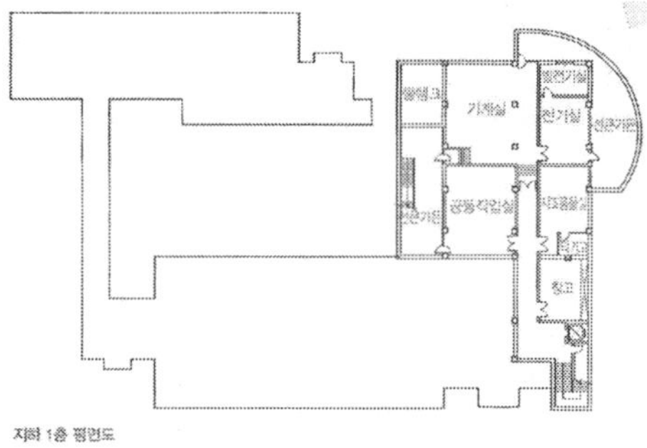

그림 6.47 지하층 평면도(출전 : 윤철준, 달서구 노인종합복지관, 비온후, p.64)

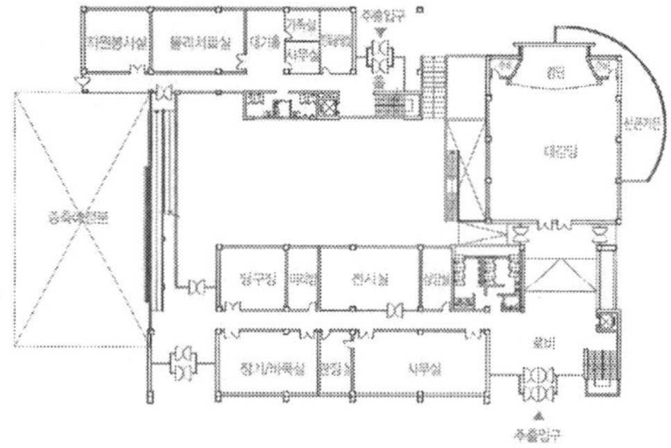

그림 6.48 1층 평면도(출전 : 그림 7.47과 동일)

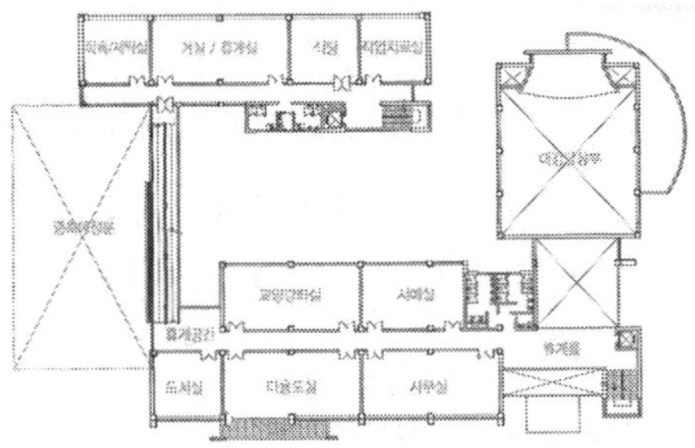

그림 7.49 2층 평면도(출전 : 윤철준, 달서구 노인종합복지관, 비온후, p.65)

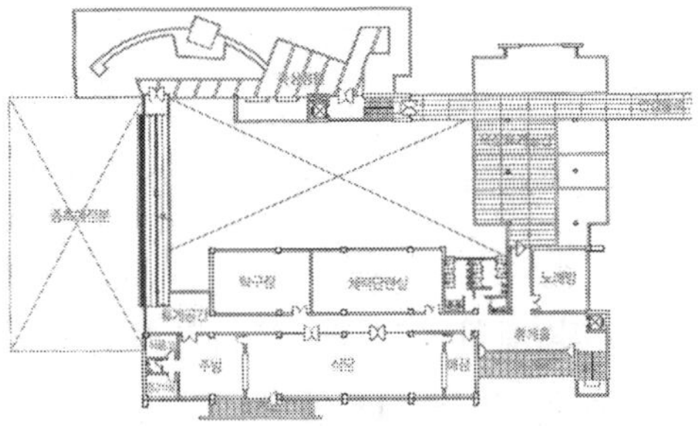

그림 7.50 3층 평면도(출전 : 그림 7.49와 동일)

참고문헌

1. 김혜정, 고령화 사회의 은퇴주거단지 디자인, 경춘사, 2000
2. 서울특별시, 장애인 편의시설 설치 매뉴얼, 2002
3. 양옥남 외 3인, 노인복지론, 공동체, 2006
4. 임철우 · 윤종숙, 실버+디자인, 대학서림, 1998
5. 이연숙외 1인, 고령친화 혁신 디자인, 연세대학교 출판부, 2009
6. 일본건축학회, 건축설계자료집성 지역 · 도시Ⅱ, 에이엔씨, 2005
7. 권순정, 노인 요양시설의 위계적 공간구성에 관한 연구, 한국실내디자인학회논문집 34호, 한국실내디자인학회, 2002
8. 권현주 외 3인, Aging-in-Place를 지원하는 디지털 홈 계획방향에 대한 연구, 한국실내디자인학회 학술발표대회논문집 제9권 1호, 한국실내디자인학회, 2007
9. 문창호, 노인전문요양시설의 건축계획기준에 대한 기초적 연구, 대한건축학회논문집 계획계 19권 2호, 대한건축학회, 2003
10. 이완건, 노인요양시설의 건축현황 및 개선방향에 관한 연구, 한국실내디자인학회논문집 제19권 3호, 2010
11. 노인장기요양보험, http://www.longtermcare.or.kr (검색일 : 2015.1.9)
12. 법제처, http://www.moleg.go.kr (검색일 : 2015.1.9)
13. 고령친화산업지원센터, http://www.esenior.or.kr (검색일 : 2015.1.10)
14. Julia Mcmorrough, materials, structures, and standards, rockport, 2006

제 7 장

실내 열환경

1. 인체의 열평형
2. 인체의 열감각
3. 열환경 지표
4. 전열과 단열
5. 습기와 결로

제7장 >>> 실내 열환경

1. 인체의 열평형

사람은 체온이 36.5℃를 유지해야 생명이 유지되기 때문에 우리의 몸 안에서는 보일러와 같이 끊임없이 열을 발생시키고 있으며, 이때 그림 7.1에 나타낸 바와 같이 보일러가 가스나 기름을 이용해서 열을 발생시키듯이 우리는 섭취한 음식물을 통해 체내에서 열을 만들어내고 있으며, 이렇게 우리 몸 안에서 열을 발생시키는 과정을 신진대사 또는 간단히 대사라 한다.

그림 7.1 인체와 보일러에서 열을 발생되는 구조

이렇게 체내에서 발생되는 열의 양은 우리가 건강을 유지하기에 적절할 수도 있으나 때로는 부족하기도 또 지나치게 많을 수도 있다. 여름철 실내에 냉방을 하지 않으면 우리는 더위를 느끼는데, 이것은 체내에서 발생되는 열이 상대적으로 많다는 뜻이고, 반대로 겨울철에 난방을 하지 않으면 우리는 추위를 느끼는데, 이것은 체내에서 발생되는 열이 상대적으로 적다는 뜻이 된다.

체내에서 발생되는 열이 상대적으로 적다면 우리는 열을 받아야 할 것이고, 반대로 상대적으로 많다면 우리는 열을 방출해야 할 것이다. 실내에서 우리의 몸과 열을 주고받는 대표적인 것이 실내공기와 바닥이다. 일반적인 건물에서는 공기의 온도를 높이거나 낮춤으로써 우리 몸과 실내공기와의 열교환을 적절히 조절한다. 반면 우리나라 주택의 대표적인 난방방식은 바닥을 데워 온도를 높이는 것이기 때문에 우리 몸과 바닥이 열교환을 하게 된다. 물론 주택에서 냉방을 할 경우 일반적으로 에어컨을 이용하기 때문에 주택에서도 냉방의 경우에는 우리 몸과 실내공기가 열교환을 하게 되는 것이다.

이와 같은 열교환 즉 우리 몸과 실내공기가 열을 주고받는 과정을 물리적으로는 대류현상이라 하며, 우리 몸과 바닥이 열을 주고받는 과정은 복사현상이라 한다. 그림 7.2와 7.3에 대류현상과 복사현상에 의해 우리 몸과 실내공간과 열교환이 이루어지는 개념도를 나타낸다. 그림 7.3에서는 복사현상이 바닥뿐 아니라 벽체에 대해서도 이루어지는 것으로 표현되어 있는데, 이 경우 그림에 나타나 있듯이 바닥을 포함해서 주위벽체라는 용어를 사용한다.

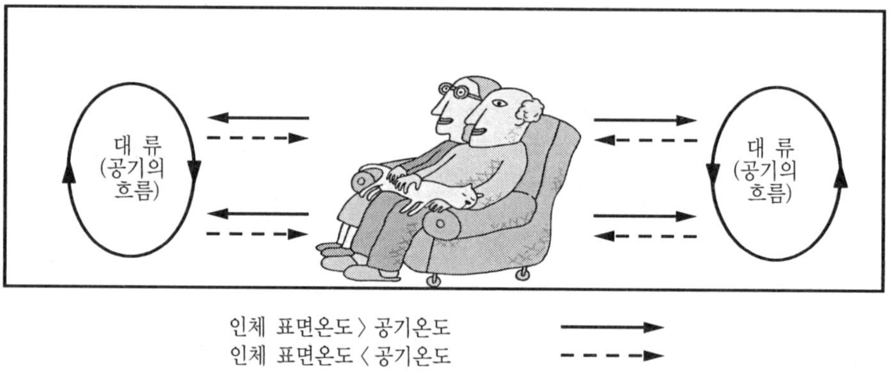

그림 7.2 대류에 의한 열교환(사람 그림 출전 : 파워포인트 클립아트)

인체 표면온도〉주위벽체(바닥)온도 ⟶
인체 표면온도〈주위벽체(바닥)온도 - - - ▸

그림 7.3 복사에 의한 열교환(사람 그림 출전 : 파워포인트 클립아트)

한편 그림 7.2와 7.3에서는 주변공간(실내공기 및 주위벽체)의 온도에 따라 우리 몸이 주변공간으로부터 열을 받기도 하고 주기도 한다. 따라서 우리 몸의 온도가 올라가는 것을 +, 내려가는 것을 −라 한다면, 주변공간의 상황에 따라 +가 되기도 하고 −가 되기도 한다는 뜻이다. 반면 그림 7.1에서와 같은 신진대사는 우리 몸에서 열을 발생시키는 것이기 때문에 항상 +가 된다. 또 많이 더울 때는 우리의 몸에서 땀이 배출되는데, 이 땀이 공기 속으로 증발하는 과정에서 우리 몸을 식혀 주게 된다. 따라서 증발은 항상 −가 된다.

이와 같은 + 요소와 − 요소가 적절히 균형을 이루게 되면 우리는 실내에서 쾌적감을 느끼게 되며, + 요소가 상대적으로 많아지면 더위를, − 요소가 상대적으로 많아지면 추위를 느끼게 된다. 이렇게 더위 또는 추위가 느껴질 때가 되면 실내에 냉방이나 난방을 통해 이 요소들이 가급적 균형을 이루도록 해서 우리의 건강을 유지할 필요가 있다. 이 요소들에 관한 인체의 열평형 개념도를 그림 7.4에 나타낸다. 그림에 나타냈듯이 인체를 기준으로 하여 +가 되는 요소는 열취득이라 하며, −가 되는 요소는 열손실이라 한다.

한편 그림 7.4에는 나타나 있지 않으나 인체의 열평형에 대한 또 하나의 요소로 전도가 있다. 전도는 예를 들어 우리 몸이 바닥과 접해 있을 때 우리 몸과 바닥 간의 열교환을 의미한다. 그런데, 그림 7.2와 7.3처럼 소파 위에 앉아 있다면 우리 몸과 바닥이 닿는 부분은 발바닥뿐이므로 이 경우 전도에 의한 열교환은 미미하기 때문에 언급하지 않았다. 물론 우리가 누워있다면 전도에 의한 열교환량도 고려할 필요가 있을 것이다.

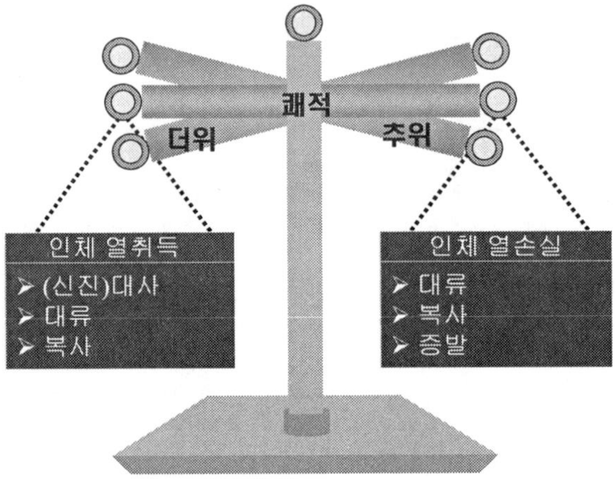

그림 7.4 인체의 열평형 개념도

2. 인체의 열감각

(1) 인체 자신의 요소

인체의 열감각에 영향을 미치는 요소로는 먼저 인체 자신의 요소로서 대사량과 착의(着衣)량이 있다.

앞에서 설명했듯이, 인체의 대사란 인체가 체온을 일정하게 유지하기 위해 체내에서 이루어지는 현상으로, 그 양은 그림 7.5와 같은 인체의 활동 내용에 따라 달라진다. 보일러에서 더 많은 열을 만들어내기 위해서는 가스나 기름이 더 필요하듯이, 우리가 격한 운동을 할 때는 대사량이 많아지며, 따라서 보일러가 필요로 하는 가스나 기름처럼 우리 몸이 필요로 하는 음식물을 더 많이 섭취해야 한다. 대사량을 나타내는 단위는 met(metabolism의 약자)이며, 의자에 앉아서 휴식을 취할 때를 기준으로 하여 그 값을 1로 정하고 있다. 우리가 아무런 활동도 하지 않는 수면 상태에서도 대사는 이루어지는데, 수면상태에서의 대사와 같이 생명 유지를 위한 최소한의 대사량을 기초대사량이라 하며, 그때의 값은 0.7met이다. 그림 7.5에서 짐작할 수 있듯이 청소를 할 때는 움직임이 많아지므로 앉아서 휴식을 취할 때에 비해 대사량이 많아지며, 따라서 인체의 열취득량이 많아지면서 더위를 느끼게 되는 것이다.

그림 7.5 인체의 활동 내용(출전 : 파워포인트 클립아트)

착의량은 의복의 종류에 따른 단열성을 나타내는 값인 clo(cloth의 약자)로 표현하므로, 겨울철 의복이 여름철 의복보다 큰 값을 나타낸다. 즉 clo값이 클수록 인체의 열이 많이 보존되므로 결과적으로 인체의 열손실량이 적어진다. 그림 7.6에 clo값이 다른 의복 종류의 예를 나타내며, 오른쪽이 왼쪽에 비해 clo값이 크다는 것을 쉽게 짐작할 수 있다.

그림 7.6 clo값이 다른 의복의 예

(2) 실내환경에 관한 요소

인체의 열감각에 영향을 미치는 요소로서, 인체 주변 즉 실내환경에 관련된 요소로는 공기의 온도와 습도, 기류, 주위벽체온도(복사온도)의 네 가지가 있다. 이 중 주위벽체온도에서의 주위벽체란 실내의 벽은 물론 천장, 바닥까지 포함한다.

여름철에 냉방을 하지 않고 겨울철에 난방을 하지 않아 실내공기의 온도가 적정값을 벗어날 정도로 높아지거나 낮아지면 더위나 추위를 느끼게 된다는 것은 우리가 잘 알고 있으며, 여름철 습도가 매우 높을 때는 몸에서 배출되는 땀이 공기 속으로 증발을 하지 못해 '푹푹 찐다'라는 표현을 할 정도로 높은 습도로 인한 고통이 크다. 반면에 겨울철에 습도가 지나치게 낮아지면 정전기 발생으로 인한 불쾌감 또한 우리가 일상적으로 체험하고 있는 내용이다.

천장에 설치한 냉난방기기로부터의 냉풍이나 온풍으로 인해 실내를 쾌적하게 유지할 수 있지만, 이 냉풍이나 온풍이 지나치게 커지면 오히려 더위나 추위를 느끼게 되며, 경우에 따라서는 불쾌감과 함께 여름철 냉방병의 원인이 되기도 하므로 적절한 기류속도를 유지해야 한다. 한편 여름철에 더위가 심하지 않을 때는 에어컨이 아닌 선풍기만으로도 쾌적감을 느낄 수 있어 기류가 우리의 열감각에 영향을 미치고 있음을 알 수 있다.

주위벽체온도에 대해서는 우리나라의 전통적 난방방식인 온돌을 대표적인 예로 들 수 있다. 즉, 바닥을 따뜻하게 함으로써 우리가 쾌적한 난방감을 느끼게 해주고 있는데, 이 예에서 알 수 있듯이 주위벽체의 온도 또한 인체의 열감각에 영향을 미치는 요소로서 이해할 수가 있다.

건물에서 열환경계획 즉 냉난방계획을 할 때는 냉난방방식에 따라서 상기 4가지 요소 중 상대적으로 비중이 크게 작용하는 것과 작게 작용하는 것이 있다. 설계자는 건물의 특성에 따라 냉난방방식이 정해지면 상기 요소들이 적절하게 그 역할을 할 수 있도록 설계를 하게 되는 것이다.

3. 열환경 지표

앞에서 인체의 열감각에 영향을 미치는 요소 중 실내환경에 관한 것으로 공기의 온도와 습도, 기류, 주위벽체온도(복사온도)에 대한 설명을 했다. 실내환경은 이러한 요소 중 어느 하나 단독으로 인해 이루어지는 것이 아니고, 이들 요소들이 복합적으로 작용해서 이루어지는 것이므로, 실내의 열환경지표로는 이 요소들을 복합적으로 반영한 것들이 다수 있으나, 본서에서는 대표적인 것으로 유효온도를 설명하기로 한다.

유효온도(Effective Temperature - ET)란 어느 온도, 습도, 풍속을 지닌 열환경과 동일한 열감각을 부여하는 상대습도 100%, 풍속 0m/s에서의 온도를 말한다. 연구결과에 의하면 그림 7.7의 (a), (b), (c)와 같은 실내환경조건에서 거주자가 느끼는 열감각은 거의 동일하다고 한다. 이와 같이 온도, 습도, 기류가 각기 다른 실내환경에서도 동일한 열감각을 느낄 수 있으므로 이 세 가지 요소가 모두 반영된 지표로서 유효온도가 규정되었다. 유효온도의 정의는 위에서 언급한 바와 같이 상대습도 100%, 풍속 0m/s이므로 그림 7.7에서 (c)의 경우가 이에 해당되며, 따라서 그림 7.7의 (a), (b), (c)는 모두 유효온도 23℃인 실내환경이라고 한다. 유효온도에는 앞서 설명한 실내환경요소 중 주위벽체온도 즉 복사온도가 고려되어 있지 않아, 이를 보완하기 위해 복사온도까지 고려한 것이 수정유효온도이며, 수정유효온도 및 다른 지표에 대해서는 설명을 생략한다.

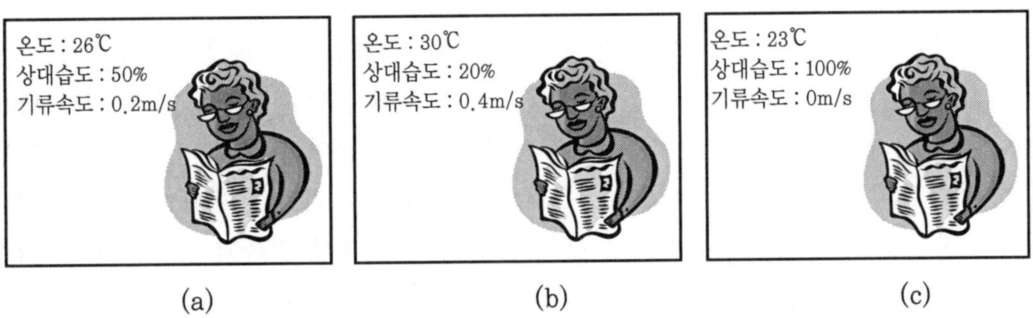

그림 7.7 유효온도의 의미(사람 그림 출전 : 파워포인트 클립아트)

4. 전열과 단열

(1) 건축물에서의 전열

물은 높은 곳에서 낮은 흐르고, 전기는 전압이 높은 곳에서 전압이 낮은 곳으로 흐르듯이, 겨울철 실내를 난방하고 있을 때나 여름철 냉방하고 있을 때와 같이 건축물의 실내와 실외 사이에 온도차가 있으면 고온부에서 저온부로 열의 이동이 있게 된다. 그림 7.2와 7.3에 대한 설명에서 인체와 실내공간 간의 열의 이동에 관한 대류현상과 복사현상을 설명했고, 그림에는 나타내지 않았지만 우리 몸이 바닥과 접해 있을 때의 현상인 전도에 관해서도 설명을 했다.

건축물에 대해서도 이와 같은 열의 이동 과정 즉 전열현상으로 전도, 대류, 복사가 있으며, 이들 각 현상은 궁극적으로는 열의 전달이라는 동일한 내용이지만 그 과정은 전혀 다른 물리적 법칙에 의해 이루어진다.

한편 건축물 내에서의 전열을 비롯하여, 일반적으로 물체와 물체 사이에 열이 이동할 때 전도, 대류, 복사현상이 각각 단독으로 이루어지는 경우는 거의 없고 둘 또는 세 현상이 동반하여 발생하며, 전열이 이루어지는 정도 즉 전열량을 산정할 때는 이들 전열과정을 전도, 전달, 복사 및 관류의 네 형식으로 구분하여 고려하는 것이 일반적이다.

1) 전도

하나의 물체 내부에 온도차가 있을 때, 그 물체 내부를 통해 고온부에서 저온부로 열이 이동하는 현상을 전도라 한다. 예를 들어, 우리가 금속성의 막대 한 쪽 끝을 손에 쥐고 다른 쪽 끝을 불에 갖다 대면 잠시 후 우리의 손도 매우 뜨거워짐을 느낄 수 있는데, 이것은 불에 닿아 있는 막대 한 쪽 끝에서부터 손으로 잡고 있는 다른 쪽 막대 끝까지 막대 내부를 통해 열이 이동되었기 때문이며, 이것이 우리가 전도를 쉽게 이해할 수 있는 현상이다. 또 그림 7.8과 같이 우리가 온돌난방을 하고 있는 방의 바닥에 앉아 있을 때, 즉 따뜻한 바닥과 우리 인체가 접촉되어 있을 때 우리가 따뜻함을 느끼는 것도 전도에 의한 열의 이동에 의한 것이다.

그림 7.8 바닥난방에서의 전도

그림 7.9는 겨울철 실내를 난방하고 있을 때, 고온부인 실내로부터 저온부인 실외로 열이 이동되고 있는 현상을 나타내고 있다. 그림에서 실내 측 벽체표면에서부터 실외 측 벽체표면까지, 즉 벽체 내부에서의 열의 이동이 전도현상에 의한 전열이 되는 것이다.

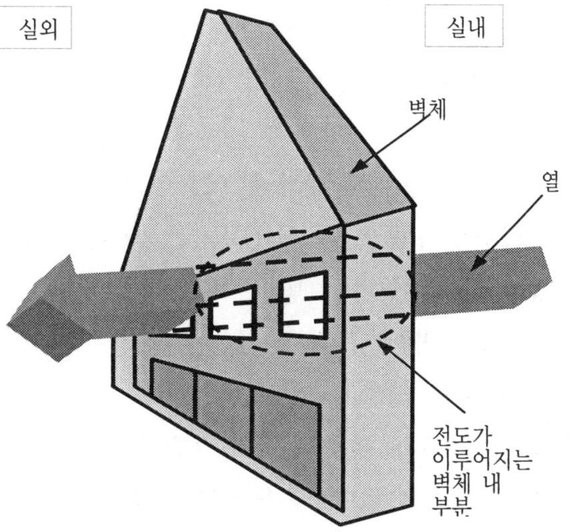

그림 7.9 전도에 의한 벽체 내에서의 열 이동

전도에 의해 열이 이동되는 정도는 물체에 따라 다르다. 우리가 같은 두께를 가진 철판과 돌판 위에서 고기를 굽기 위해 철판과 돌판을 달군다면, 철판이 돌판보다 빨리 달아오른다는 것을 상식적으로 알고 있다. 철판이 돌판보다 빨라 달궈지는 것은 철판 내에서의 열 이동이 돌판 내에서의 열 이동보다 빨리 이루어진다는 것을 의미하며, 이것을 수치로 나타낸 것이 열전도율이다. 즉 철판의 열전도율은 돌판의 열전도율보다 큰 값이 된다. 건축재료로 사용되는 물체 중에는 철이나 알루미늄과 같은 금속류의 열전도율이 크며, 반면 유리면(glass wool)이나 발포폴리우레탄 등은 그 값이 매우 작은데, 따라서 벽체를 구성하는 단열재로 이들 재료가 사용된다. 열을 잘 전달시키는 것이 중요한 불판은 열전도율이 클수록 좋지만, 건축물의 벽체나 지붕과 같은 곳의 열전도율이 크면 겨울철 실내의 따뜻한 열과 여름철 실외의 더운 열의 통과가 용이해져서 실내환경이 나빠지므로 이러한 곳에는 열전도율이 낮은 재료가 포함되어야 한다.

2) 전달

가열된 유체(액체 및 기체)가 움직이면서 열이 전달되는 것을 대류라 하며, 일상생활에서 볼 수 있는 대류현상으로는 주전자에 물을 넣고 끓이는 과정에서 나타나는 것을 들 수 있다. 주전자에 물을 넣고 데울 때, 주전자 아랫부분의 물은 윗부분의 물보다 먼저 데워지면서 열팽창으로 인해 밀도가 내려가 그 부분이 가벼워지고, 그로 인해 생성되는 부력에 의해 아랫부분의 물이 상승함과 동시에 주위의 차가운 부분의 물이 그곳으로 들어가게 되는데, 이러한 작용이 반복되면서 주전자의 물 전체가 데워지게 된다.

건축물에서는 다음과 같은 경우에 대류에 의한 열전달이 발생한다. 그림 7.10에서와 같이 겨울철 실내를 난방하게 되면 실내공기는 따뜻하지만, 외기에 면해 있는 벽체라든가 창은 차가운 외기의 영향을 받아 벽체의 실내 측 표면도 실내공기보다는 온도가 낮아진다. 따라서 벽체에 근접해 있는 실내공기는 벽체로부터 떨어져 있는 실내공기보다 그 온도가 낮게 되고, 그로 인해 밀도가 높아지면서 실내 하부로 이동하게 된다. 상부에 있던 공기가 하부로 내려가면서 비게 되는 공간은 실내 안쪽에 있던 공기가 이동하면서 메우게 된다. 온도차에 의한 이러한 대류현상이 발생되면서 실내공기로부터 벽체를 향해 열이 전달되는 것이다. 공기와 벽체와는 이와 같이 주로 대류현상에 의해 열이 전달되고 있다.

그림 7.10 대류에 의한 실내에서의 열 이동

이러한 현상은 실내 측 벽체뿐 아니고 실외 측 벽체에서도 똑같이 발생된다. 즉, 그림 7.10에 대한 설명에서와 같이, 겨울철 난방을 할 때 실내 측 벽체 표면온도는 차가운 외기의 영향을 받아 실내 공기온도보다 낮듯이, 실외 측 벽체 표면온도는 따뜻한 실내공기의 영향을 받아 외기온도보다 높기 때문에 그림 7.10과 동일한 현상이 실외 측 벽체 표면에서 발생한다. 따라서 그림 7.11과 같이 실내에서는 실내공기로부터 벽체를 향해서 열이 전달되며, 실외에서는 벽체로부터 외기를 향해 열이 전달된다.

한편, 공기와 벽체와의 전열과정은 실제로는 대류뿐 아니고 부분적으로 전도와 복사현상도 수반되는 매우 복잡한 열 이동 현상이며, 따라서 벽체와 같은 고체와 이 고체에 접하고 있는 유체(공기)와의 전열과정은 여러 현상이 복합적으로 작용하고 있기 때문에 일괄적인 의미로 열전달이라 부르고 있다. 앞서 벽체 내에서 열이 전도되는 정도를 수치로 나타낸 것을 열전도율이라 했듯이, 열이 전달되는 정도를 수치로 나타낸 것을 열전달률이라 한다.

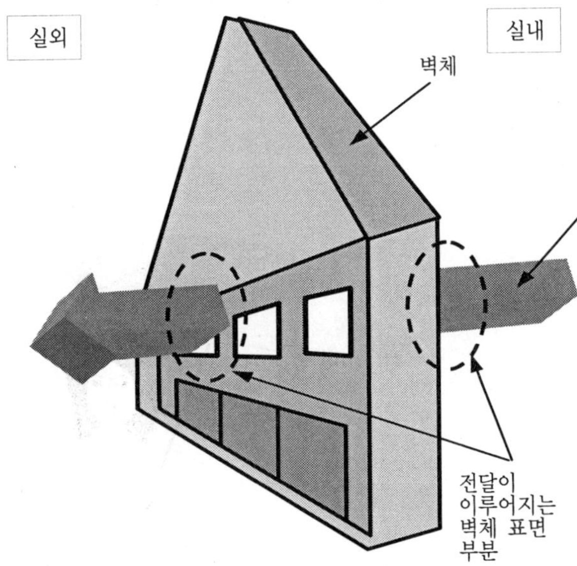

그림 7.11 전달에 의한 벽체 표면에서의 열 이동

3) 복사

복사란 어떤 물체가 전자파(電磁波)의 형태로 표면으로부터 에너지를 방출하거나 흡수하는 현상을 말하는 것으로, 이 전자파가 어떤 물체와 떨어져 있는 다른 물체의 표면에 도달한 후 다시 열로 변환되는 형식으로 복사에 의한 전열이 이루어지게 된다. 우리가 전기스토브 근처에 있을 때 뜨거움을 느끼게 되거나, 대단히 먼 거리에 있는 태양열을 우리가 느낄 수 있는 것은 이러한 복사현상에 의해서이다.

복사는 이와 같이 고체와 고체 간에 열이 전달되는 현상으로, 고체 사이의 온도차가 클수록 더 멀리까지 열이 전달된다. 앞에서 언급했듯이, 대단히 먼 거리에 있는 태양으로부터의 열을 우리가 느낄 수 있는 것은 태양 표면이 6,000℃ 정도로 우리의 피부 표면온도와는 비교할 수 없을 정도로 높은 온도이기 때문이다. 복사현상은 이와 같이 고체와 고체 간에 열이 전달되는 것이므로 두 고체 사이에 차단막이 있게 되면 열이 전달되는 정도가 약해진다. 예를 들어, 그림 7.12와 같이 실외에서 파라솔을 쓰고 걸으면 따가운 햇살을 조금은 피할 수 있는데, 이것은 파라솔이 태양과 인체 간의 차단막이 되어 태양으로부터의 전자파를 어느 정도 막아주기 때문이다.

그림 7.12 파라솔에 의한 복사열 차단

건축물에서 적용되는 복사현상으로는 우리나라의 전통적인 난방방식인 온돌난방을 들 수 있다. 즉, 고체인 바닥면을 가열하여 인체 표면온도보다 높게 함으로써 그림 7.13과 같이 바닥면으로부터 우리 피부로 열이 전달되도록 하는 것이다.

그림 7.13 바닥난방에서의 복사

4) 관류

관류란 앞에서 설명한 전도, 대류, 복사, 또는 전달과 같은 어떤 단독적인 현상을 나타내는 것이 아니고, 전도와 전달을 동시에 고려한 현상을 의미한다. 즉 그림 7.9에서 나타낸 전도와 7.11에서 나타낸 전달을 동시에 의미하는, 다시 말해 그림 7.14와 같이 벽체와 공기와의 열 이동과 벽체 내부에서의 열 이동을 동시에 고려한 것이 관류이다. 앞에서 열전도에 관한 열전도율과 열전달에 관한 열전달률을 설명했는데, 마찬가지로 열이 관류되는 정도를 수치로 나타낸 것이 열관류율이며, 관류는 전도와 전달을 동시에 고려한 것이기 때문에, 열관류율은 열전도율과 열전달률을 동시에 고려하여 정해진다.

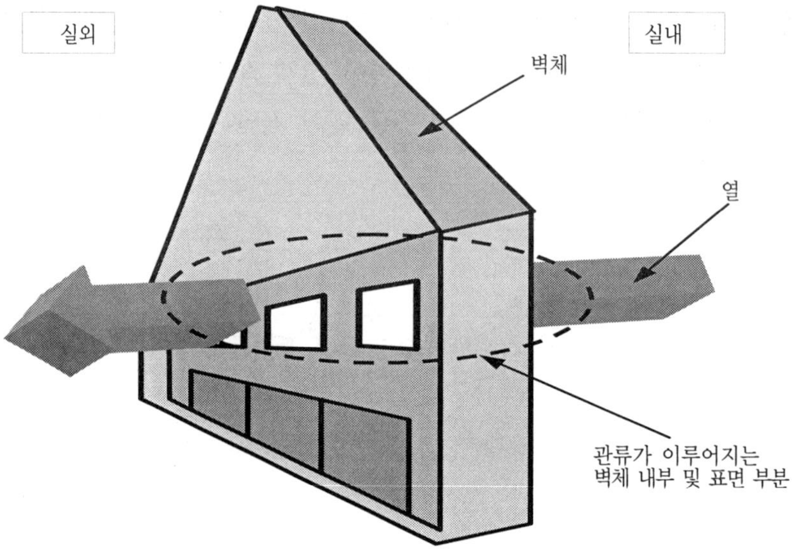

그림 7.14 관류에 의한 벽체 내부 및 표면에서의 열 이동

(2) 건축물에서의 단열

1) 단열의 의미와 필요성

앞의 그림 7.9, 7.11, 7.14에 대한 설명에서 언급했듯이, 겨울에 실내를 난방할 때는 실내가 실외보다 온도가 높기 때문에, 실내로부터 실외로 열이 빠져나가게 된다. 빠져나가는 열이 많아질수록 에너지낭비가 심해지면서 실내를 난방하기 위한 에너지비용이 커지므로, 단열을 통해 이렇게 빠져나가는 열을 가급적 줄일 필요가 있다. 여름철 실내를 냉방할 때는 반대로 실외로부터 실내로 열이 들어오게 되며, 이렇게 들어오는 열이 많을수록 냉방을 세게 해야 하므로 이 또한 에너지비용이 커지는 원인이 되며, 따라서 단열을 통해 들어오는 열을 줄일 필요가 있다. 열을 차단시킨다는 의미의 단열은, 예를 들어 겨울철 난방하고 있는 실내로부터 실외로 빠져나가는 열의 양을 0으로 만드는 것이라고 생각할 수 있으나 실제로 열의 흐름을 0으로 만들 수는 없고 가급적 열의 흐름을 작게 하는 것이라 정의할 수 있다. 즉, 단열은 열이 흐르는 물체의 저항을 크게 해서 열의 이동량을 작게 하는 것이며, 건물의 경우에는 앞서 열관류에서 설명한 열관류율을 작게 하여 열의 통과가 어렵게 하는 것을 단열이라고 생각할 수 있다.

효과적인 단열을 위해 열관류율을 작게 하기 위해서는 재료의 두께를 크게 하는 방법, 또는 열전도율이 작은 재료를 선정하는 방법 등이 있는데, 건축비의 문제 등으로 인해 재료의 두께를 두껍게 하는 것은 한계가 있어서 실제로는 열전도율이 작은 재료, 즉 단열재를 벽체 등의 속에 삽입하는 방법을 일반적으로 적용하고 있다.

앞에서 언급했듯이, 단열이 충분히 이루어지지 않은 건물에서는 겨울철 실내의 열이 실외로 쉽게 빠져나가고, 또 여름철에는 냉방을 하고 있는 실내로 실외의 더운 열이 쉽게 들어오는 등 난방과 냉방의 효율이 떨어지므로 실내의 열환경을 쾌적하게 유지하기 위해서는 상당량의 에너지가 소비되는 결과가 된다.

또 추운 겨울날 실내를 난방하고 있을 때, 벽체의 단열이 충분히 이루어지지 않은 건물에서는 차가운 외기의 영향을 받아 실내 측 벽체 표면의 온도가 낮아지는데 이로 인해 실내의 벽체 표면에 결로가 발생할 가능성이 있다. 결로에 대해서는 뒤에서 설명하기로 한다.

2) 단열재 설치위치

벽체나 지붕과 같은 구조체에 단열재를 설치할 경우, 단열재를 구조체의 실내 쪽에 설치할 것인가 실외 쪽에 설치할 것인가에 따라 내단열과 외단열로 구별하고 있다. 예를 들어 벽체나 지붕의 주 재료가 콘크리트라고 할 때, 「실외 - 콘크리트 - 단열재 - 실내」와 같은 구성으로 되어 있으면 내단열, 「실외 - 단열재 - 콘크리트 - 실내」로 되어 있으면 외단열이 된다.

내단열은 실내에서 작업이 가능하므로 상대적으로 시공성이 좋고 인건비 절감이 가능하지만, 뒤에 설명하는 열교(heat bridge)현상이 발생하기 쉬워 에너지절약 및 결로방지의 면에서 불리하다. 따라서 과거에는 내단열을 적용하는 경우가 많았으나, 최근에는 외단열을 적용하는 것이 일반적이다.

한편, 벽체의 중간위치에 단열재를 설치한 것을 중단열이라 하는데, 중단열은 내단열과 외단열 특징의 중간적 성격을 나타내게 된다. 그림 7.15에 내단열과 중단열의 설치형태 및 외단열의 시공모습을 나타낸다.

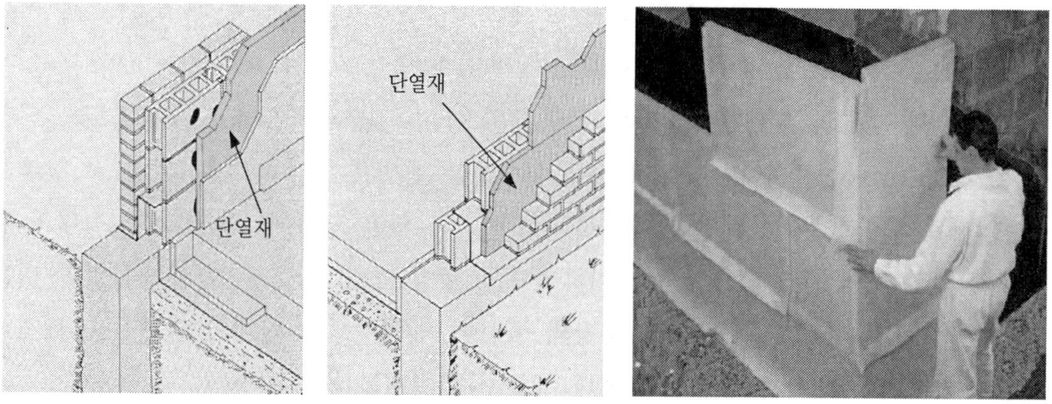

그림 7.15 내단열, 중단열의 설치형태 및 외단열 시공 모습

3) 열교

우리가 개울을 건널 때 물 위로 바로 건너거나 징검다리를 이용하여 건너는 것보다 다리를 이용하면 훨씬 쉽게 건널 수 있다. 겨울철 실내를 난방하고 있을 때 벽체를 통해 실내로부터 실외로 열이 이동하게 되는데, 사람이 다리를 이용하는 것과 마찬가지로 열이 가장 통과하기 쉬운 부분이 발생하게 되며 그곳을 열이 통과하는 다리라는 의미로 열교(熱橋, heat bridge)라 한다. 또는 열의 손실이라는 의미에서 냉교(冷橋, cold bridge)라고도 한다.

열이 통과하기 쉬운 곳은 단열재가 없는 부분이므로, 결국 단열재의 시공이 여의치 않은 부분이 열교가 되며, 대표적인 곳으로는 건물의 모서리와 같은 부분이 된다. 또 부주의한 시공으로 단열재 설치가 누락되면 그곳도 열교가 된다. 앞에서 내단열의 단점 중 하나로 열교가 발생하기 쉽다고 했는데, 이는 실내 측에 단열재를 설치할 때가 실외 측에 단열재를 설치할 때보다 시공상 단열재 누락의 가능성이 많기 때문이다. 그림 7.16에 열교가 이루어지는 부분의 예를 나타낸다.

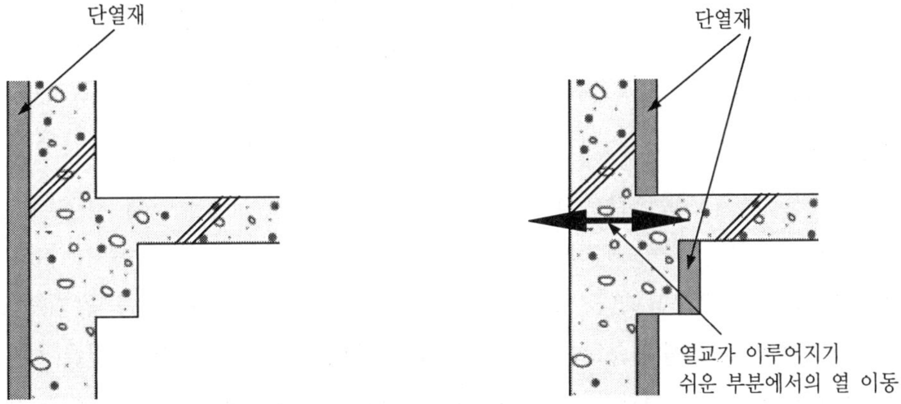

그림 7.16 열교가 이루어지는 부분의 예

5. 습기와 결로

(1) 습도

건축물에 결로가 발생하는 것은 공기 속에 포함되어 있던 수증기가 공기 밖으로 빠져나오기 때문이며, 따라서 결로는 실내공기의 습도와 밀접한 관계가 있다. 습도를 나타내는 지표는 매우 다양한데, 우리가 일상적으로 경험하는 상대습도와 함께 상대습도를 설명하기 위해 필요한 절대습도에 대해 설명하기로 한다.

1) 절대습도

절대습도는 가장 직접적인 습도의 표시방법으로, 공기 1kg 속에 수증기 즉 수분이 xkg 포함되어 있을 때의 x값을 그 공기의 절대습도라 한다. 따라서 단위는 kg/kg이며 이때 분모는 공기의 무게, 분자는 수증기의 무게를 나타낸다. 공기와 수증기를 구분하기 위해 단위를 kg/kgDA로 하기도 하며, 여기서 DA는 Dry Air의 약자로 건공기를 의미한다. 즉 건조한 공기 1kg 속에 수증기가 몇kg 포함되어 있는가를 나타내는 것이다.

우리는 공기 속에 수증기가 있는지 없는지, 있다면 얼마나 있는지를 확인할 수 없지만, 여름철 공기는 습하고 겨울철 공기는 건조하다는 것을 상식적으로 알 수 있듯이 공기 속에 들어있는 수증기량은 항상 변화한다. 비나 눈이 오면 수증기가 많아지는 것은 당연하지만, 그렇지 않더라도 계절별로 변화하는 것은 물론 하루 단위로도 달라지는 것이 일반적이다. 계절별로 크게 달라지는 것은 우리가 항상 느끼는 것이지만 같은 계절 같은 날이라 해도 지역별로 차이가 발생한다. 예를 들어 서울지역의 습도와 제천지역의 습도는 같은 날이라 해도 일반적으로 제천지역이 낮은데, 이때의 습도가 절대습도이다. 다시 말해 같은 양의 공기 속에 들어있는 수증기량은 일반적으로 제천지역이 서울지역보다 적다는 것을 의미한다. 상대습도는 그 공기의 온도와도 관계있는 것이므로 절대습도가 높다고 해서 상대습도가 높아지는 것은 아니다.

공기 속 수증기량 즉 절대습도가 변화하는 예를 실내공기를 통해 알아보자. 그림 7.17은 실내공기의 절대습도가 높아지는 예를, 그림 7.18은 반대로 실내공기의 절대습도가 낮아지는 예를 나타낸다.

그림 7.17은 요리를 하기 위해 냄비 속의 물을 가스레인지로 끓이고 있는 모습이다. 냄비 안에 있는 물의 온도가 계속 올라가면서 100℃가 되면 그 물이 증발을 하기 시작하는데, 만일 냄비 안 물이 완전히 증발될 때까지 그대로 둔다면 결국 냄비 안에 있던 물의 무게만큼 실내공기의 절대습도는 올라가게 된다.

그림 7.17 실내공기의 절대습도가 높아지는 예

그림 7.18은 여름철 맥주를 마시고 있는 모습이다. 냉장고에서 시원하게 냉장이

된 맥주를 맥주잔에 따른 후 잠시 시간이 지나면 맥주병과 맥주잔 표면에 물방울이 생기는 것을 알 수 있는데, 이 물방울은 실내공기 속에 있던 수증기가 공기 밖으로 빠져나온 것이다. 공기는 그 속에 수증기를 함유할 수 있는데, 함유할 수 있는 양은 공기의 온도가 높을수록 많아지고 온도가 낮을수록 적어진다. 여름철 실내를 26℃로 냉방하고 있다고 가정하자. 냉장고 내의 온도가 5℃라면 냉장고에서 막 꺼낸 맥주병은 5℃ 정도가 될 것이며, 따라서 맥주병 주변의 공기온도는 차가운 맥주병의 영향을 받아 26℃에서 점점 내려가 5℃ 가까이 될 것이다. 어느 공기가 함유할 수 있는 수증기량은 그 공기의 온도가 높을수록 많아지고 온도가 낮을수록 적어진다고 했으므로, 26℃에서 함유할 수 있는 수증기량보다 5℃에서 함유할 수 있는 수증기량은 적게 되며, 그 차이만큼이 공기 밖으로 빠져나오게 되며, 이것이 실내공기의 절대습도가 낮아지는 이유가 된다.

그림 7.18 실내공기의 절대습도가 낮아지는 예

2) 상대습도

앞서 절대습도에 대한 설명에서도 언급했듯이 수증기 즉 수분은 공기 속으로 들어가기도 하고 나오기도 하지만, 그 공기가 받아들일 수 있는 수증기량이 무한정한 것은 아니며, 그 공기의 온도에 따라 일정량을 함유할 수 있다. 이렇게 공기의 온도에 따라 최대로 받아들일 수 있는 수증기량이 정해져 있는데, 예를 들어 여름철 어느 시각의 공기온도가 30℃라 할 때, 그 30℃의 공기가 받아들일 수 있는 최대한의 수증기량과 현재 실제로 그 공기 속에 들어 있는 수증기량의 비율을 상대습도라 한다. 따라서 상대습도는 비율을 나타내며 그 단위는 %가 된다. 그림 7.19에 상대습도의 의미를 나타낸다.

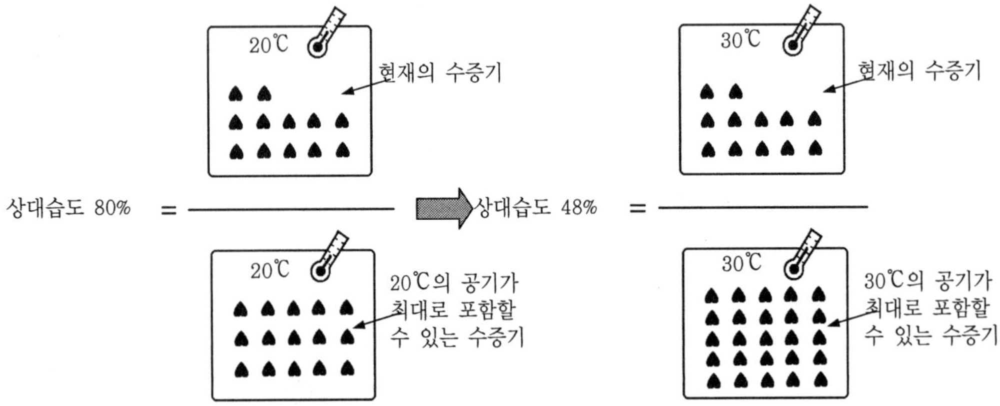

그림 7.19 상대습도의 의미

그림의 왼쪽부분과 오른쪽 부분의 현재의 수증기량은 같다. 즉 두 경우의 절대습도는 동일하다. 그러나 20℃일 때 최대로 포함할 수 있는 수증기량과 30℃일 때 최대로 포함할 수 있는 수증기량이 다르기 때문에 왼쪽 부분의 상대습도는 80%가 되며, 오른쪽 부분의 상대습도는 48%가 된다.

(2) 결로의 의미

그림 7.17과 7.18에 대한 설명에서, 수분은 공기 속으로 들어가기도 하고 공기 속에서 빠져나오기도 한다고 했는데, 습도에 대한 설명에서 언급한 바와 같이, 공기 속에 함유되어 있어 우리 눈에 보이지 않던 수증기가 물방울이 되면서 우리 눈에 보이게 되는 현상을 결로라 한다. 그림 7.20는 그림 7.18과 동일한 그림이다. 그림 7.18은 실내공기의 절대습도가 낮아지는 예를 나타냈는데, 이 과정에서 그림과 같이 맥주병이나 컵 표면에 물방울이 발생하는 것이 결로이다. 맥주병이나 컵 표면에 물

방울이 생기듯이, 건축물의 벽체나 천장에도 이와 같이 물방울이 생기는 결로가 발생할 수 있다.

그림 7.20 맥주병과 컵에 결로가 발생한 예

(3) 결로의 발생 및 방지

결로는 어느 실내의 공기온도가 그 공기의 노점온도보다 낮을 경우에 발생한다. 그림 7.18에 대한 설명에서 언급했듯이, 공기온도가 낮을수록 함유할 수 있는 수분량이 적어지므로, 공기온도가 점점 낮아져서 어느 온도에 도달하면 공기 속에 포함되어 있던 수증기의 일부가 물방울 상태로 되기 시작하는데, 이때의 온도를 노점온도라 한다. 공기 속에 포함되어 있는 수증기의 양이 많을수록 공기

밖으로 빠져나오기 쉬우므로 온도가 조금만 낮아져도 물방울이 맺힐 수 있으며, 따라서 실내공기의 절대습도가 높을수록 그 공기의 노점온도는 높아진다. 다시 말해 결로의 가능성이 커진다. 또 공기의 온도가 노점온도보다 낮을 경우에 발생하는 것이므로 그 공기가 차가운 표면 등에 접촉할 때 결로가 발생할 가능성이 커지게 된다.

결로는 발생장소에 따라 표면결로와 내부결로로 구분되며, 벽체와 같은 건물 구조체의 표면에 발생하는 것을 표면결로, 구조체 내부에 발생하는 것을 내부결로라 한다. 표면결로든 내부결로든 발생 조건은 그 위치에서의 물체(벽체 등) 온도는 낮아지고 공기의 습도는 높게 되는 것이다. 따라서 단열이 취약해서 겨울철 차가운 외기의 영향을 받아 실내 측 표면온도가 상당히 낮아지는 외벽이라든가, 근본적으로 단

열성능이 벽체보다 취약한 유리창 등에서 결로가 많이 발생한다. 또 대단히 미약한 정도의 결로는 실내 기류의 영향으로 공기 속으로 증발될 수 있으므로, 동일한 단열성능을 지니고 있는 벽체 중에서도 실내에 설치되어 있는 가구의 뒤쪽과 같이 공기의 유통이 거의 없는 곳은 상대적으로 결로가 쉽게 발생된다.

결로는 이와 같은 원인으로 발생되는 것이므로, 결로를 방지하기 위해서는 벽체나 지붕의 단열성능을 확보해서 벽체나 천장의 실내 쪽 표면온도가 낮아지지 않도록 하고, 평상시 적절한 환기를 통해 실내습도가 지나치게 높아지지 않도록 하는 등의 조치가 필요하다.

참고문헌

1. 금종수 외 2인 역, 백만인의 공기조화, 태훈출판사, 2000
2. 이철구 외 4인, 건축환경의 이해, 세진사, 2007
3. 김유숙 외 9인 역, 알기쉬운 건축환경, 기문당, 2005
4. 대한건축학회, 웰빙과 건축환경, 건축, 2005.5
5. 한국설비기술협회, 친환경 건축과 건축설비, 설비, 2004.11
6. 대한설비공학회, 실내 열환경 및 쾌적성, 설비저널, 2005.4
7. 한국설비기술협회, 태양열·태양광에너지 시스템, 설비, 2006.1
8. 대한설비공학회, 자연에너지, 설비저널, 2001.1
9. 한국설비기술협회, 지열에너지 시스템, 설비, 2006.3
10. 환경부, http://www.me.go.kr (검색일 : 2015.8.2)
11. 加藤信介 외 2인, 図説テキスト建築環境工学, 彰国社, 2002
12. 山田雅士, 建築の断熱, 井上書院, 1984
13. 山田雅士, 建築の結露, 井上書院, 1988
14. 吉田あきら 외 5인, 建築設備入門, 理工図書, 1992

제 8 장

실내 공기환경

1. 실내공기의 오염
2. 환기

제8장 실내 공기환경

1. 실내공기의 오염

우리는 실내에서 생활하면서 이따금 창문을 열어 실내공기와 외기를 교환하게 되는데, 이때 창문을 열어 환기를 하는 목적은 실내가 더워서 외부의 시원한 공기를 받아들이기 위해서이기도 하지만, 실내공기 중 이산화탄소의 농도가 지나치게 높아져서 우리가 답답함을 느끼거나 심하게는 두통을 일으키기 때문이기도 한다. 실내에 이산화탄소와 같은 유해물질이 일정량 이상 분포하게 되면 인체의 건강 및 거주환경에 좋지 않은 영향을 미치게 되며 경우에 따라서는 심각한 위험요소가 될 수도 있다.

공기의 오염으로 인해 실내 공기환경은 다음과 같은 영향을 받게 되며, 이러한 영향을 최소화하기 위해서는 실내에서 유해물질이 가급적 발생하지 않도록 하고 일단 발생한 유해물질은 신속하게 외부로 배출시킬 필요가 있다.

① 온도 및 습도의 상승
② 산소의 감소, 이산화탄소의 증가
③ 냄새 및 먼지의 증가
④ 세균의 증가
⑤ 일산화탄소 등 유해물질의 발생

(1) 오염의 원인

실내공기 오염의 원인이 되는 요소는 매우 다양하다. 인간은 호흡을 통해 생명을 영위할 수 있기 때문에 호흡과정에서 발생되는 이산화탄소는 어떤 용도의 건물에서도 공통적으로 발생하게 된다. 한편, 건물 내 연소가 이루어지는 장소에서는 연소과정 중에 여러 매연물질이 발생할 것이며, 주택과 같이 가구가 많이 있는 곳에서는 가구로부터 발생하는 오염물질의 양이 많아진다. 또 건물 안에서 이루어지는 인체의 활동으로 인해 먼지가 발생하며 그 안에서 흡연을 하게 되면 오염물질의 발생량은 더욱 많아지게 된다.

그림 8.1에 실내에서 발생하는 오염물질의 생성 예를 나타낸다. 실내의 공기환경을 설계할 때 실내공기의 질을 양호하게 유지하기 위해서는 필요환기량을 산정해서 적절한 환기가 이루어지도록 해야 하는데, 실내공기의 질을 엄격하게 확보하고자 할 때는 실내에서 발생하는 각종 오염물질의 양을 가급적 상세하게 파악할 필요가 있으나, 오염물질의 양을 상세히 파악하는 것이 현실적으로 어려움이 있기 때문에 실무적으로는 통상적으로 적용되는 재실자 1인당 필요환기량 또는 환기횟수와 같은 것을 이용하는 약산법이 널리 이용되고 있다.

그림 8.1 실내오염물질의 생성 예

(2) 오염물질

실내에서 발생하는 오염물질의 종류는 각 실내가 어떤 용도로 사용되는가에 다양하게 존재하는데, 그중 대표적인 물질로는 다음과 같은 것들이 있다.

1) 이산화탄소(탄산가스)

이산화탄소는 인체의 호흡으로부터도 발생되는 것이므로 실내에 연소기기 등 오염물질이 발생되는 원인이 없어도 거주자가 있는 곳이라면 어느 곳에서든지 발생하는 물질이다. 건강한 사람이라 해도 이산화탄소 농도가 7~10% 정도의 곳에서는 몇 분 이내에 졸도하게 되며, 0.1% 이상만 되어도 약하게나마 신체장애를 일으키기 때문에 실내의 이산화탄소 농도는 0.1% 이하가 되도록 하는 것이 바람직하다. 표 8.1에 이산화탄소 농도에 따른 인체에의 영향을 나타낸다.

표 8.1 이산화탄소 농도의 인체 영향

농도 [%]	인체에의 영향
0.1	호흡기, 순환기, 대뇌 등의 기능에 약간의 영향을 미침
4	이명(耳鳴), 현기증, 혈압 상승, 두통 등의 증세가 나타남
7~10	몸에 경련이 일어나며 호흡이 멈춤
20	중추장애가 발생하며 사망에 이르게 됨

2) 일산화탄소

일산화탄소는 일반적인 건물에서 가장 문제가 되는 유해가스로, 무색·무취(색도 없고 냄새도 없음)이면서 독성이 매우 강해 우리가 일상생활에서 흔히 말하는 가스 중독이라 하면 이것에 의한 것이 일반적이다. 실내에서 일산화탄소가 발생되는 대표적인 경우는 그림 8.2와 같이 어떤 물질이 연소할 때이다. 주택의 주방에서 가스레인지 바로 위에 환풍기가 설치되어 있는 것은 가스레인지에서 발생되는 일산화탄소가 주방이나 거실로 가기 전에 실외로 바로 배출시키기 위해서이다. 일상생활에서 우리가 경험할 수 있는 또 하나의 일산화탄소의 배출로는 자동차 배기가스가 있다. 따라서 지하주차장과 같이 자연환기가 어려운 곳에서는 일산화탄소를 일정 농도 이하로 유지되도록 강제환기를 의무적으로 해야 한다.

그림 8.3 일산화탄소의 발생 예

일산화탄소는 질식성 가스로 헤모글로빈과의 결합력이 산소에 비해 200~250배 정도로 매우 커서 혈액의 산소유지 능력을 현저히 저하시킨다. 인체에 대한 일산화탄소의 영향을 나타내는 지표 중 하나로 중독지수가 있는데, 중독지수란 일산화탄소의 농도와 일산화탄소에 노출된 시간과의 곱으로 나타내는 것이며, 따라서 같은 농도의 일산화탄소라 하더라도 노출된 시간이 길수록 그만큼 위험하게 된다. 표 8.2에 일산화탄소에 관한 중독지수와 인체에의 영향을 나타낸다. 표에서 단위가 ppm으로 되어 있는데, 이것은 Parts Per Million의 약자로 농도의 단위로 널리 사용되는 것이며, 그 의미는 '백만분의 일'을 나타낸다. 예를 들어 1,000ppm이라 하면 '1,000/1,000,000'이므로 0.1%를 의미한다. 실내의 일산화탄소 농도는 10ppm 이하로 유지하는 것이 바람직하며, 지하주차장의 경우 주차를 위해 단시간 머무는 곳이기 때문에 법적으로는 10ppm보다 높은 50ppm 이하를 유지하도록 되어 있다.

표 8.2 일산화탄소의 중독지수와 인체 영향

중독지수 [ppm × 시간]	인체에의 영향
300 이하	특별한 이상이 없음
600	몸 상태가 다소 이상함을 느낌
900	두통 및 구토 등의 증세가 나타남
1,200 이상	생명이 위험해짐

3) 미세먼지

공중에 떠돌아다니는 미세먼지가 사람의 몸 안으로 들어왔을 때의 건강장애는 먼지의 크기, 형태, 화학적 성질, 농도 등에 따라 달라진다. 예를 들어, 지름이 0.1~1.0μm인 먼지가 우리 몸 안의 폐에 가장 잘 들러붙는 것으로 여겨지고 있으며, 화학적 성분으로는 유리규산(遊離硅酸) 성분이 많이 포함되어 있는 먼지가 폐질환을 유발시킬 가능성이 큰 것으로 알려져 있다. 먼지에 대한 인체의 감각적 영향을 표 8.3에 나타낸다.

표 8.3 먼지에 대한 인체의 감각적 영향

먼지 농도 [mg/m³]	인체의 감각적 영향
0.1 이하	대부분의 사람들이 만족하는 상태
0.1~0.14	멀리 보이는 정도, 즉 시정(視程)이 감소함
0.15~0.2	많은 사람들이 「공기가 더럽다」고 느끼는 정도
0.2 이상	많은 사람들이 「공기가 매우 더럽다」고 느끼는 정도

4) 냄새

일반적인 실내에서 발생하는 냄새의 주된 원인으로는 인체로부터의 체취(體臭)와 담배연기가 있고, 주방에서는 요리과정에서 냄새가 발생하며 화장실 또한 배수관 등을 통해 들어오는 냄새가 존재한다. 인체로부터의 냄새는 땀, 지방질 분비물 및 호흡 등을 통해 발생된다. 실내에서 발생하는 냄새는 불쾌감 및 식욕감퇴를 일으키므로 간접적이기는 하나 건강상 좋지 않은 영향을 미치게 된다. 냄새는 특히 실외에서 실내로 들어올 때 강하게 느끼게 되지만 잠시 지나면 후각의 급격한 피로에 의해 느낌이 없어진다.

실내에서 발생되는 냄새 중 특히 심한 것이 화장실에서 발생하는 냄새이다. 일반적인 건물이나 공동주택의 경우 다수의 화장실 변기나 세면기들이 배수관을 통해 서로 연결되어 있으며, 배수관 내부는 오물로 인해 필연적으로 냄새가 발생한다. 이 배수관의 냄새가 각 화장실 변기나 세면기를 통해 실내로 들어오지 않도록 시공이 되어 있으나, 이 시스템에 문제가 생길 경우 실내로 냄새가 들어올 수 있다. 그림 8.3은 화장실 냄새가 실내로 들어오지 못하도록 되어 있는 시스템의 한 형태를 나타낸 것이다. 세면기 배수관이 왼쪽과 같이 되어 있다면 배수관으로부터의 냄새나 벌레가 배수관을 타고 실내로 들어올 것이다. 그러나 모든 세면기는 오른쪽과 같은 형태로 되어 있거나 이와 같은 기능을 할 수 있도록 되어 있으며, 오른쪽 그림과 같은 형태인 경우 트랩 부분에 물이 항상 남아 있기 때문에 이 물로 인해 냄새가 벌레가 실내로 들어오는 것이 차단된다. 무엇인가의 원인으로 인해 이 기능이 상실될 경우 배수관의 냄새가 실내로 들어오게 된다. 기능이 상실되는 원인에 대해서는 관련 문헌을 참고하기 바란다.

그림 8.3 트랩의 역할

냄새에 관한 불쾌감의 정도는 어느 정도 주관적 요소가 좌우하고 있어 냄새의 질적·양적 기준은 확립되어 있지 않고, 냄새의 단계적 구분으로서 표 8.4와 같은 5단계 또는 7단계로 분류하는 것이 일반적이다.

표 8.4 냄새의 단계 구분

5 단 계		7 단 계	
냄새 강도	감각의 정도	냄새 강도	감각의 정도
0	감지가 불가능	0	전혀 감지되지 않음
1	겨우 느낄 수 있는 정도	1/2	극히 미약하여 훈련된 사람만 느낌
2	확실히 느낄 수 있는 정도	1	정상인이 느낄 수 있을 정도로 불쾌하지는 않음
3	그 자리를 피하고 싶을 정도	2	유쾌하지도 불쾌하지도 않은 정도
4	더 이상 견딜 수 없을 정도	3	공기가 싫을 정도의 불쾌감
		4	상당한 불쾌감
		5	구토를 유발할 정도

5) 포름알데히드

건축물의 마감재나 단열재, 실내 가구 등에서 발생되는 물질로, 포름알데히드가 함유된 건축자재 등으로부터 수년에 걸쳐 지속적으로 방출되며 방출량은 서서히 감소된다. 포름알데히드는 인체 특히 눈, 코, 목 등에 자극을 주어 알레르기(알러지)나 감기를 유발하며 두통, 피로, 피부발진 등의 증세를 일으키기도 한다. 인체가 포름알데히드에 노출되었을 때의 자극을 표 8.5에 나타낸다.

표 8.5 포름알데히드에 대한 인체의 자극

포름알데히드 농도 [ppm]	인체에의 자극
0.05~1	민감한 사람이 느끼기 시작
0.08~1.6	눈에서 자극을 느끼기 시작
0.08~2.6	목에 염증이 발생
2~3	코 및 눈에 확연히 자극을 느낌
4~5	눈물이 남(30분 정도 견딜 수 있음)
10~21	눈물이 1시간 정도 지속될 정도
31~50	폐렴이 발생하고 생명이 위험해짐
50~100	사망에 이름

2. 환기

(1) 환기와 환기설비

우리는 주택에서 생활하면서 더위를 느끼거나 답답함을 느끼면 창을 열어 외부의 공기를 받아들여 실내를 쾌적한 상태로 만들게 되는데, 이것이 생활 속에서 우리가 가장 쉽게 접할 수 있는 환기의 예이다. 물론 이것은 기계의 힘을 전혀 빌리지 않고 자연적으로 이루어지기 때문에 자연환기라 일컬어지고 있는데, 이러한 자연환기는 때때로 공기의 교체가 원활히 이루어지지 않으므로 환풍기와 같은 기계의 힘을 빌려서 원활한 환기가 이루어지게 하는 경우가 많으며, 이렇게 환기가 원활하게 이루어지게 하는 환풍기를 비롯한 장치를 환기설비라 한다.

지금보다 주거환경에 대해 관심이 적었던 과거에는 실내공기의 질(Indoor Air Quality)에 대한 법적 규정이 별로 없었으나, 주거환경에 대한 관심이 지속적으로 커지면서 법적 규제도 지속적으로 강화되고 있는 추세이다. 현재 국내에서는'다중이용시설 등의 실내공기질 관리법'에서, 사람이 많이 모이게 되는 다중이용시설(모든 지하역사를 포함해 일정 규모 이상의 지하상가, 대합실, 여객터미널, 도서관, 박물관, 병원 등)을 대상으로 일정 농도 이하로 유지해야 하는 오염물질의 종류와 그 허용농도를 규정하고 있다. 또 '건축법'에서도 공동주택을 비롯해서 각종 다중이용시설의 환기설비에 대해 규정하고 있는데, 그 기준은 '다중이용시설 등의 실내공기질 관리법'과 달리 일정 농도 이하로 유지해야 할 오염물질의 종류 및 허용농도를 규정하지 않고 그 공간을 대상으로 한 필요환기량을 규정하고 있다. 이와 같이 환기가 법률로 규정되어 있는 곳은 그 법률의 내용을 반드시 지켜야 하며, 법률로 규정되어 있지 않은 건물에 대해서는 다음과 같은 공간을 대상으로 환기가 이루어지는 것이 일반적이다.

① 화장실 : 냄새 배출
② 주방 : 배기가스, 열, 수증기 배출
③ 주차장 : 배기가스 배출
④ 기계실·전기실 : 열 배출

환기의 주된 목적은 이와 같이 생활에 불편을 주거나 건강에 해를 끼치는 요소들을 배출하는 것이지만, 보일러실의 경우는 실내에서 발생하는 열을 배출함과 동시에 보일러 내부에서의 연소를 위해 필요한 산소를 공급하는 역할을 하기도 한다.

건물의 냉난방이 이루어지는 공간은 냉난방 과정 중에 환기도 포함되는 것이 일반적이기 때문에 별도의 환기설비를 필요로 하지 않으나, 상기 공간들은 냉난방을 하지 않는 경우가 대부분이므로 최소한의 설비로서 환기설비를 채용하는 경우가 많다.

(2) 환기방식

환기방식은 크게 두 가지로 나눌 수가 있는데, 환풍기와 같은 기계의 힘을 전혀 빌리지 않고 통풍력만으로 환기를 행하는 것을 자연환기, 환풍기와 같은 기계의 힘을 빌려서 환기를 행하는 것을 기계환기라 한다.

1) 자연환기

우리가 길을 걸을 때 바람이 부는 방향과 반대 방향으로 걷게 되면 무척 힘들게 느껴지는데, 이것은 바람이 우리 몸에 풍압(風壓)이라고 하는 압력을 부여하기 때문이다. 또 공기는 따뜻해지면 밀도가 작아져서 위로 올라가게 되고 차갑게 되면 아래로 내려오게 되는 대류현상이 일어난다.

자연환기는 건물의 벽이나 지붕에 있는 개구부(창 등)를 통해 외부의 공기를 받아들이거나 내보내는 것으로, 위에서 언급한 두 가지 현상, 즉 자연적인 바람에 의해 건물 주위에 발생되는 풍압과, 실내와 실외의 온도차로 인해 발생되는 건물 내외의 압력차가 자연환기를 생성시키는 원동력이 된다. 자연환기 중 풍압에 의해 이루어지는 환기를 풍력환기, 건물 내외의 압력차에 의해 이루어지는 환기를 중력환기라 한다.

그림 8.4에 풍력환기의 개념도를 나타낸다. 건물의 창문을 열었을 때와 같이 건물에 개구부가 있게 되면 그곳으로 바람이 들어오고, 반대방향의 개구부를 통해 바람이 나가면서 자연스럽게 환기가 이루어진다. 건물의 한쪽 방향만 창이 열려 있고 반대쪽 방향은 닫혀 있다면 안으로 들어온 바람이 밖으로 나가지 못하면서 새로운 바람이 안으로 들어오기 힘들어진다. 따라서 환기가 원활히 이루어지기 위해서는 양쪽 개구부가 모두 열려 있을 필요가 있다.

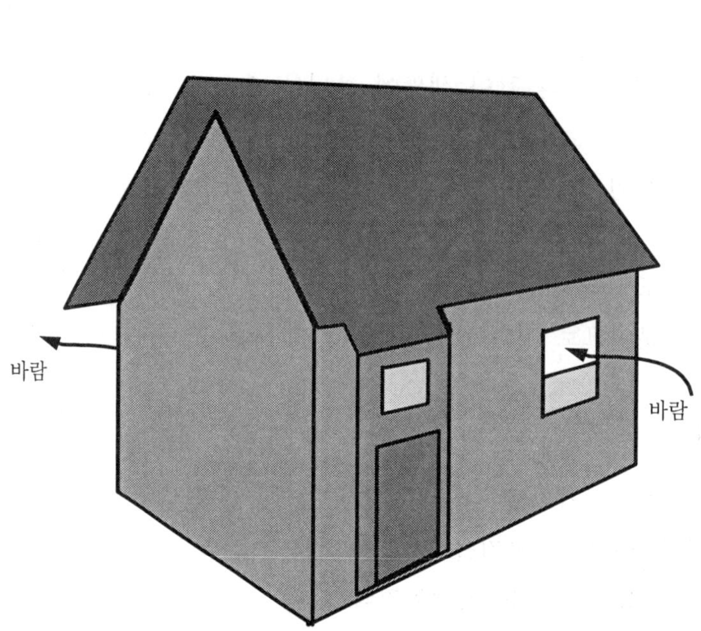

그림 8.4 풍력환기 개념도

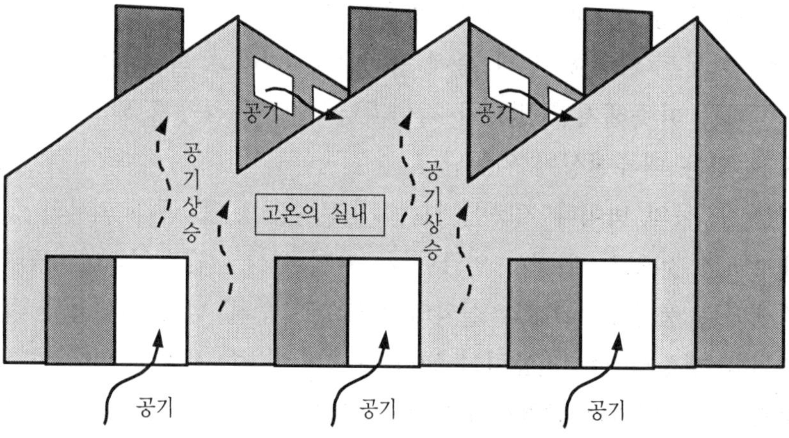

그림 8.5 중력환기 개념도

그림 8.5는 중력환기 개념도를 나타낸 것이다. 물과 같은 액체나 공기와 같은 기체는 열을 받아 온도가 높아지면 밀도가 낮아져서 위로 올라간다는 사실을 우리는 잘 알고 있는데, 중력환기는 이와 같은 물리적 현상으로 인해 자연적으로 환기가 이루어지는 것을 말한다. 그림 8.6은 제7장의 그림 7.10과 동일한 그림이다. 그림

7.10에서 설명했듯이 겨울철 실내를 난방할 때 대류현상이 발생하는 경우라든가, 또는 그림 8.5와 같은 공장 내부에 열을 발생시키는 장비가 있게 되면 실내온도가 외기온도보다 높아지므로 실내공기는 상승하면서 건물 상부는 공기가 가득 차게 되고 건물 하부는 공기가 없어지게 된다. 따라서 상부에는 공기가 넘치므로 건물 밖으로 나가려고 하는 한편 건물 하부에는 공기가 부족하므로 건물 밖에 있는 공기가 그 자리를 채우려고 들어오는 원리로 중력환기가 이루어지는 것이다.

그림 8.6 대류에 의한 실내에서의 열 이동

2) 기계환기

앞서 설명한 자연환기는 바람이라는 자연현상이 있을 경우나 실내온도가 외기온도보다 높을 경우에만 이루어지며, 더욱이 바람이 약하거나 실내와 실외의 온도차가 작을 때는 충분한 환기량이 얻어지지 않는다. 따라서 필요환기량이 큰 장소 및 환기가 반드시 이루어져야 하는 지하가, 대규모 지하주차장, 창이 없는 건물 등에는 기계환기로 환기를 해야 한다. 기계환기에 사용되는 환풍기에는 건물 안으로 공기를 넣는 송풍기(통상 급기팬이라고 함)와 건물 밖으로 공기를 빼내는 배풍기(통상 배기팬이라고 함)가 있는데, 이들 요소의 유무에 따라 제1종환기, 제2종환기, 제3종환기로 구분한다.

제1종환기는 그림 8.7과 같이 송풍기(급기팬)로 외기를 실내로 끌어들이는 한편 배풍기(배기팬)로 실내공기를 외부로 내보내는 형식이다. 두 대의 환풍기로 환기를 하기 때문에 환기량을 확실하게 확보할 수 있고, 실내의 기류분포도 양호하게 할 수 있어서 부분적으로 실내에 바람이 생기는 것을 방지할 수 있다. 송풍기와 배풍기를 별도로 조절할 수 있으므로, 실내의 공기압력을 필요에 따라 정압(+압), 부압(−압) 어느 쪽으로도 유지할 수 있다. 따라서 이 방식은 주변공간과의 공기이동 방향을 고려할 필요가 없는 대부분의 장소에 적용한다.

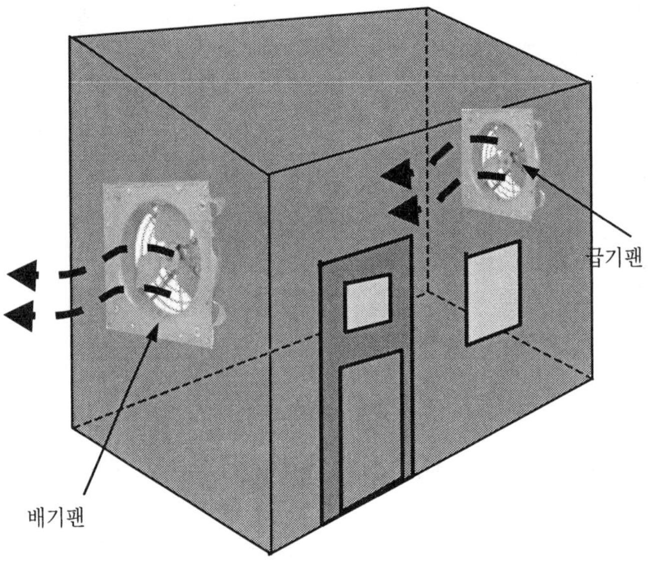

그림 8.7 제1종 기계환기

제2종환기는 그림 8.8과 같이 외기를 실내로 끌어들이는 것은 기계(송풍기)에 의해 이루어지는 반면, 실내공기는 별도로 설치한 배기구 또는 문이나 창문 등의 틈새를 통해 외부로 밀려나가도록 하는 방법이다. 실내로 들어가는 것은 강제적으로 이루어지고 실내에서 나가는 것은 자연적으로 이루어지기 때문에, 실내의 공기량이 외부의 공기량보다 많아져서 공기의 압력 즉 기압도 실내가 외부보다 커지며, 따라서 공기의 흐름방향은 항상 실내에서 외부 쪽으로 이루어진다. 예를 들어 병원의 수술실은 주변공간보다 깨끗해야 하는데, 이와 같은 환기방식을 적용하면 공기의 흐름방향은 항상 수술실에서 주변공간으로 이루어지기 때문에 주변공간의 오염된 공기가 수술실로 들어가는 것을 방지할 수 있다. 외부에서 수술실로 강제적으로 들여보내는 공기는 고성능필터를 거친 깨끗한 것이기 때문에 수술실은 항상 청결한 상태를 유지할 수 있게 된다.

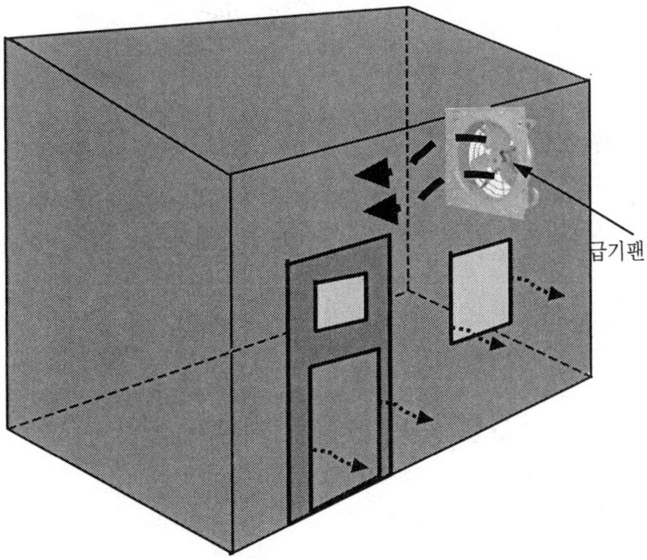

그림 8.8 제2종 기계환기

제3종환기는 그림 8.9와 같이 실내공기는 배풍기에 의해 강제적으로 외부로 나가는 한편, 외부의 공기는 제2종환기와 마찬가지로 별도로 설치한 급기구 또는 문이나 창문 등의 틈새를 통해 실내로 들어오게 되는 방식이다. 외부로 나가는 것은 강제적으로 이루어지고 실내로 들어가는 것은 자연적으로 이루어지기 때문에, 실내의 공기량이 외부의 공기량보다 적어져서 공기의 압력 즉 기압도 실내가 외부보다 작아지며, 따라서 공기의 흐름방향은 항상 외부에서 실내 쪽으로 이루어진다. 예를 들어 실내화장실을 생각해보자. 실내화장실은 냄새가 발생하기 때문에 주변공간보다 오염된 공간이 되는데, 이와 같은 환기방식을 적용하면 공기의 흐름방향은 주변공간에서

화장실 방향으로 이루어지기 때문에 화장실의 오염된 공기가 주변공간으로 들어가는 것을 방지할 수 있다. 배풍기는 주변공간이 아닌 실외에 면해서 설치하므로 화장실 공기는 항상 실외로 빠져나가게 된다.

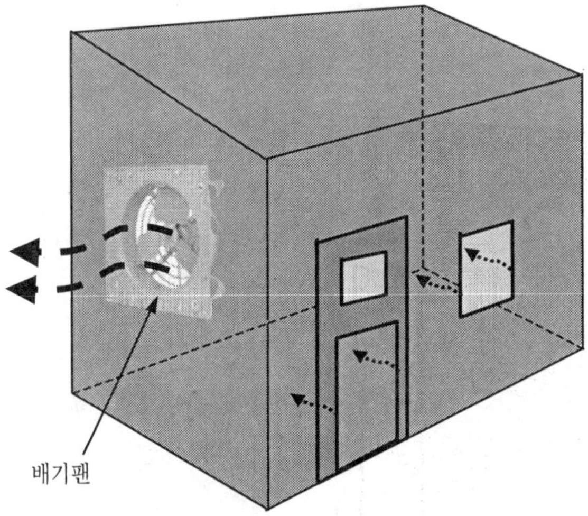

그림 8.9 제3종 기계환기

참고문헌

1. 한국설비기술협회, 실내공기질(IAQ), 설비, 2004.1
2. 한국설비기술협회, 공동주택의 환기시스템, 설비, 2006.6
3. 대한설비공학회, 공동주택의 환기설비, 설비저널, 2006.5
4. 이철구 외 4인, 건축환경의 이해, 세진사, 2007
5. 김유숙 외 9인 역, 알기쉬운 건축환경, 기문당, 2005
6. 환경부, http://www.me.go.kr (검색일 : 2015.8.5)
7. 법제처, http://www.moleg.go.kr (검색일 : 2015.8.5)
8. 加藤信介 외 2인, 図説テキスト建築環境工学, 彰国社, 2002
9. 日本建築学会, 建築環境工学用教材 環境編, 丸善, 1988
10. 吉田あきら 외 5인, 建築設備入門, 理工図書, 1992

제9장

실내 빛환경

1. 빛환경 지표
2. 조명
3. 일조 · 일사
4. 색채환경

제9장 실내 빛환경

1. 빛환경 지표

빛이란 '우리가 눈을 통해 밝기를 인식하게 해주는 복사'라고 정의할 수 있으며, 여기에서 복사란 어떤 한 점으로부터 모든 방향을 향해 열이나 빛을 방출하는 것을 말한다. 제7장에서 열복사(또는 단순히 복사라고 함)를 설명했는데, 열에서의 복사의 개념과 빛에서의 복사의 개념은 동일하다. 즉 그림 9.1과 같이 태양으로부터의 열이나 빛은 입체적으로 모든 방향으로 균등하게 확산되며, 이것이 복사이다. 열이든 빛이든 복사라는 용어는 동일하게 사용되며, 열과 빛을 구분할 필요가 있을 때는 '열복사'나 '빛의 복사'라는 용어를 사용하기도 한다.

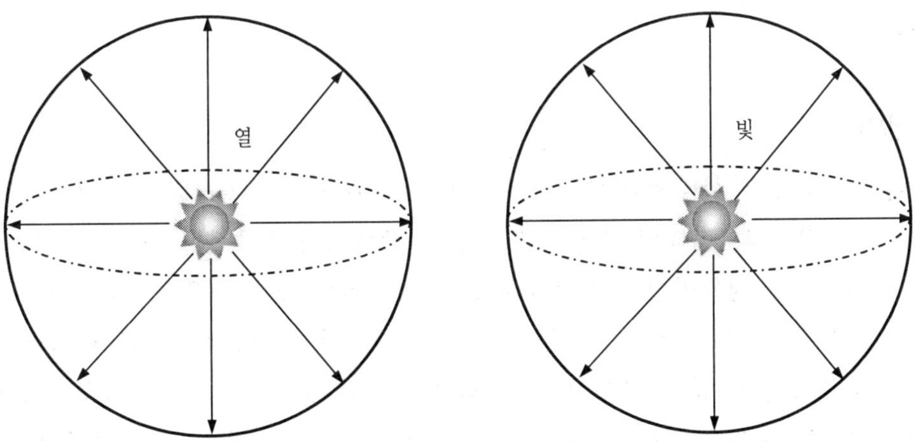

그림 9.1 태양으로부터의 복사

우리가 실내에서 어떤 작업을 하는가에 따라, 예를 들어 정밀한 작업을 하는 공간과 단순히 TV를 시청하는 공간에서 필요로 하는 빛의 밝기는 다를 것이다. 이와 같이 빛의 밝기 다시 말해 빛의 양에 대한 용어로는 다음과 같은 것들이 있다.

(1) 복사속(輻射束), 광속(光束)

빛의 원천이 되는 대표적 물체로 실외공간이라면 태양을 들 수 있고, 실내공간이라면 전등을 들 수 있는데, 이와 같이 빛의 원천이 되는 어떤 물체로부터 방출되는 전체 복사에너지를 복사속이라 하며, 그중 우리의 눈으로 확인할 수 있는 빛의 양을 광속이라 한다. 따라서 우리가 일상생활에서 빛으로 이용할 수 있는 에너지의 전체 양은 광속이다. 여기서 언급한 복사속이나 광속에서의 '속'은 '다발'이라는 의미로, 예를 들어 꽃다발과 같은 단어에서의 '다발'과 동일하다. 따라서 복사속은 복사다발, 광속은 빛다발이라 할 수 있다. 주의해야 할 것은 우리가 일상생활에서 쓰는 빛의 속도 즉 광속은 한자로는 光速으로 쓰며, 여기에서의 광속은 한자로는 光束으로, 한자가 다르듯이 그 의미도 다르다는 점이다.

같은 30W의 형광등과 백열전구를 비교하면 전기사용량은 같으나 빛의 밝기는 형광등이 더 밝은데, 이는 같은 전기를 소비하는 기구라 하더라도 형광등의 광속이 백열전구의 광속보다 크기 때문이다. 복사속의 단위는 와트(W)이며, 광속의 단위는 루멘(lm)이다.

(2) 광도

그림 9.1에 대한 설명에서 태양으로부터의 복사는 모든 입체적 방향으로 균등하게 확산된다고 했는데, 따라서 태양이나 전등과 같은 광원으로부터 어느 지점에 도달하는 빛의 양은 그 광원에서의 거리가 같은 지점이라면 모두 동일해진다. 그러나 그림 9.2와 같이 광원으로부터 발산되는 빛을 어느 한 방향으로 비추도록 한다면 비추어지는 부분은 그렇지 않은 부분에 비해 훨씬 밝아질 것이다. 즉 광원으로부터 발산되는 광속은 동일하지만, 그 광속이 어느 특정방향으로만 사용이 되기 때문에 그 특정방향의 밝기는 매우 커지는 것이다. 자동차의 헤드라이트나 손전등은 램프의 크기도 작고 소비전력도 적은데도 상당히 밝은 빛을 낼 수 있는 것은 램프로부터의 광속이

모든 방향으로 발산되지 않고 한쪽으로 모아서 발산되도록 만들어졌기 때문이다.

그림 9.2에서는 광원으로부터의 광속 전체가 면적 S부분으로만 도달되는 것을 나타내고 있다. 면적 S' 부분은 광원으로부터의 거리가 S 부분보다 멀어서 덜 밝지만 면적이 크기 때문에 S' 부분 전체에 도달하는 광도는 S 부분 전체에 도달하는 광도와 동일하다. 광도의 단위는 칸델라(cd)이다.

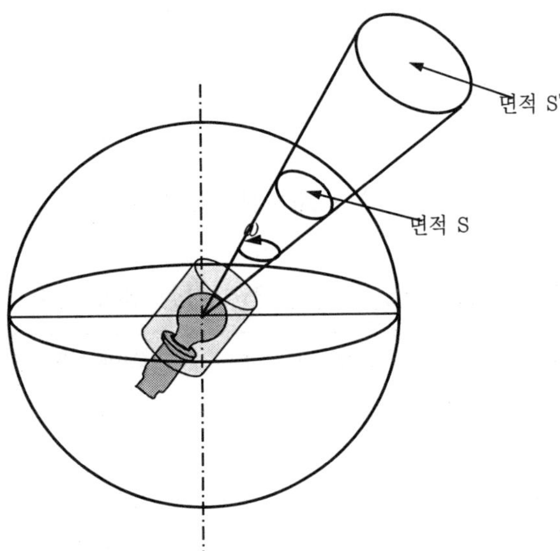

그림 9.2 광도의 의미

(3) 조도

우리가 실내에서 학습이나 작업을 할 때 책상 또는 작업대에 비추어지는 빛의 적절한 밝기가 우리의 학습능률이나 작업능률에 큰 영향을 미친다. 조도는 그림 9.3에 나타내는 바와 같이 빛을 받는 면에 들어오는 광속(光束), 즉 어떤 면에 빛이 비치고 있는 정도를 나타낸 것이다. 우리가 일상생활에서 느끼는 빛의 밝기를 가장 정확하게 표현하는 것이 조도이기 때문에 '건축법'에서 각 실 용도별 필요한 빛의 밝기를 조도로 규정하고 있다. 표 9.1에 건축법에서 규정하고 있는 실 용도별 조도를 나타낸다. 조도의 단위는 럭스(lx)이다.

그림 9.3 조도의 의미

표 9.1 실 용도에 따른 건축법상 조도기준

실 용도		바닥에서 85cm 높이에 있는 수평면의 조도 [lx]
1. 거주	독서, 식사, 조리	150
	기타	70
2. 집무	설계, 제도, 계산	700
	일반 사무	300
	기타	150
3. 작업	검사, 시험, 정밀검사, 수술	700
	일반 작업	300
	포장, 세척	150
	기타	70
4. 집회	회의	300
	집회	150
	공연, 관람	70
5. 오락	오락 일반	150
	기타	30
기타		1란 내지 5란 중 유사한 용도에 관한 기준을 적용한다.

광원의 밝기가 같을 경우 광원으로부터의 빛의 방향과 빛을 받는 면이 직각일 때가 가장 밝으며, 비스듬히 비출수록 어두워진다. 그림 9.4와 같이 빛이 들어오는 방향이 비스듬할 경우 입사각 θ의 크기에 따라 수평면의 조도가 달라지는데, θ가 작을수록 조도는 높아져서 θ가 0°일 때 조도는 최대가 되고 θ가 90°이면 수평면(작업면)과 평행인 방향으로 빛이 들어오는 것이므로 조도는 0이 되어 수평면의 밝기에 아무런 도움을 주지 못한다.

그림 9.4 입사각에 따른 조도의 차이

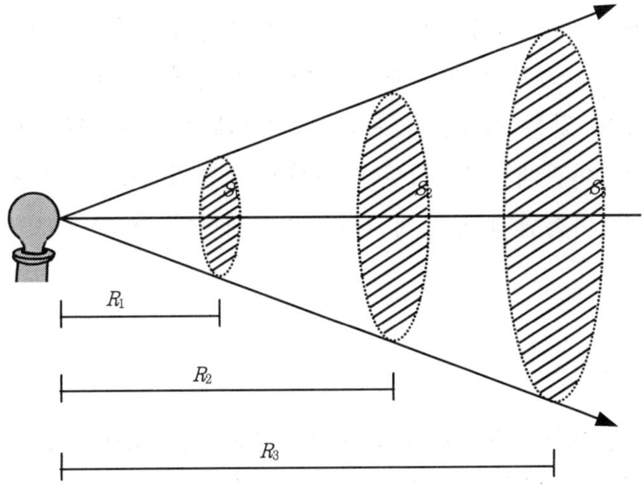

그림 9.5 조도에 관한 거리의 역제곱의 법칙

또 그림 9.5에 나타낸 바와 같이 빛은 직진하면서 점점 퍼지면서 비추는 면적이 넓어지므로, 거리가 n배가 되면 그때 비추는 면적은 n2배가 된다. 즉 그림 9.5에서 R2와 R3가 R1의 2배와 3배라면 S2와 S3는 S1의 4배와 9배가 되는 것이다. 동일한 밝기의 광원에서 나오는 빛이 n2배의 면적을 비추게 되므로 그 밝기 즉 조도는 반대로 1/n2로 감소한다. 즉 조도는 광원으로부터의 거리의 제곱에 반비례하게 되며, 이것을 거리의 역제곱의 법칙이라 한다.

2. 조명

(1) 조명의 의의

일반주택의 경우 낮 동안에는 형광등과 같은 조명기구 없이 태양이라는 자연의 빛을 이용하여 실내의 밝기를 확보할 수 있는데, 이렇게 실내를 밝게 하는 것을 주광(晝光)조명 또는 채광이라 한다. 이러한 채광은 햇빛이 없는 야간이라든가 주간이라 해도 흐리거나 할 경우에는 실내에서 충분한 밝기를 확보할 수 없어 형광등과 같은 인공의 조명기구가 필요해지며, 이렇게 조명기구를 이용하여 실내의 밝기를 확보하는 것을 인공조명 또는 간단히 조명이라 한다.

조명의 가장 기본적인 목적은 어두운 곳을 밝게 해주는 것이지만, 최근에는 조명을 실내디자인 또는 경관디자인의 목적으로 사용하기도 한다. 예를 들어 백화점 등에서 옷이나 가구 등을 보다 화려하게 보이게 한다거나, 대형마트의 식자재 코너에서 과일이나 채소와 같은 식료품을 보다 싱싱하게 보이게 하는 목적을 조명을 통해 이루기도 한다. 또 야간에 건물 외부에 설치한 조명기구로 그 건물을 비춤으로써 건물의 외관을 보다 아름답게 보이게 하는 경관개선의 효과도 조명을 통해 이룰 수 있다.

(2) 조명방식

조명방식은 조명기구의 배치에 따라 전반조명과 국부조명 등으로, 기구의 배광 즉 빛이 전달되는 방법에 따라 직접조명과 간접조명 등으로 분류한다.

1) 기구배치별 방식

① 전반조명

실내 전체를 고르게 조명하는 것으로, 대부분의 실내에서 적용하는 방식이다. 실내의 모든 공간이 가급적 동일한 밝기가 되도록 해야 하므로 형광등과 같은 조명기구의 간격을 일정하게 배치한다.

② 국부조명

실내에서 공부를 할 때의 책상과 같이 실제로 조명이 필요한 곳만 집중적으로 조명을 하는 것으로, 그림 9.6과 같이 필요한 곳에만 조명을 하므로 에너지절약이 되는 장점이 있지만, 실내의 다른 부분과의 밝기가 달라 눈이 쉽게 피로해지는 단점이 있다.

그림 9.6 국부조명

③ 병용조명

그림 9.7과 같이 실내 전체적으로는 비교적 낮은 조도로 전반조명을 실시하고, 작업을 하는 작업대나 공부를 하는 책상과 같이 부분적으로 더 밝게 하고 싶은 곳은 국부조명을 통해 밝기를 확보하는 방법이다. 필요한 곳은 더 밝게 하면서도 국부조명에서 발생하기 쉬운 눈의 피로를 완화할 수 있으므로 에너지 절약 및 시력보호 등의 면에서 바람직한 방법이라 할 수 있다.

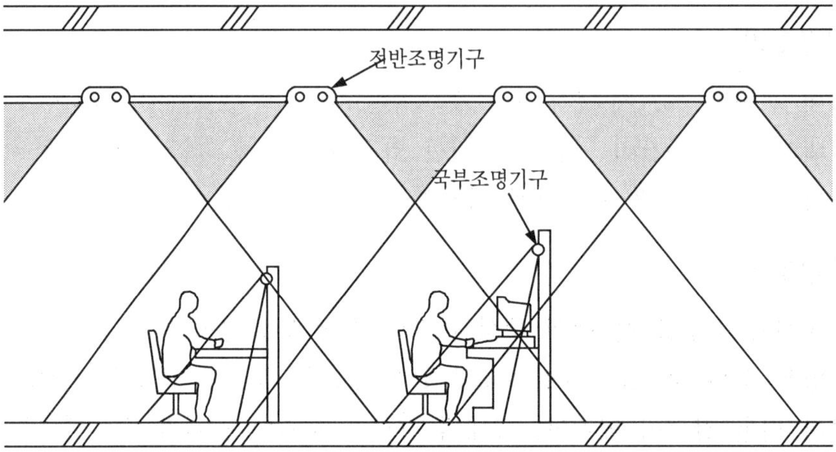

그림 9.7 병용조명

2) 기구배광별 방식

① 직접조명

그림 9.8의 왼쪽과 같이 형광등과 같은 광원으로부터의 빛을 직접 실내에 발산시키는 것으로, 대부분의 실내에서 적용하는 방식이다.

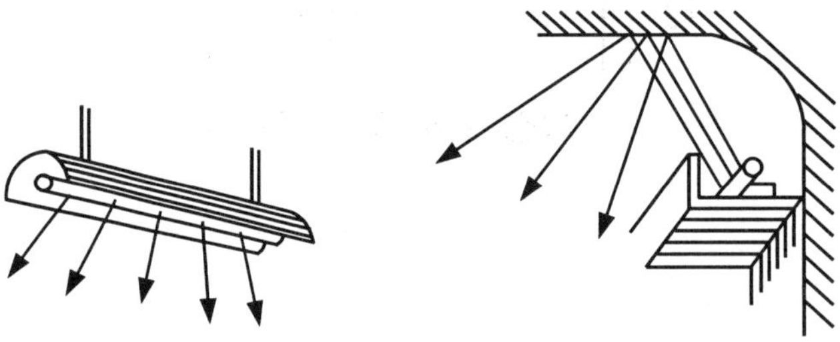

그림 9.8 직접조명과 간접조명

② 간접조명

그림 9.8의 오른쪽과 같이 광원으로부터의 빛을 천장이나 벽체에 반사시킨 후 실내 전체에 확산시키는 방법으로, 전체적으로 은은한 분위기를 연출할 수 있

어 호텔 등의 로비에 적합한 방식이다. 일단 반사된 빛으로 조명을 하기 때문에 조도의 저하는 피할 수 없으며, 따라서 직접조명 때와 같은 정도의 조도를 확보하고자 할 경우 전력소비가 많아지는 단점이 있다.

상기 직접조명과 간접조명의 중간 형태로, 상하방향으로의 빛의 양을 조절한 반직접조명, 반간접조명, 전반확산조명 등이 있다.

3) 건축화조명

앞서 언급했듯이 조명 본연의 목적은 실내를 밝게 하는 것이지만, 이와 같은 조명 본연의 기능과 함께 건축적 디자인과 조화를 이루게 하는 조명이 있으며, 이것을 건축화조명이라 한다. 그림 9.9에 다양한 건축화조명의 예를 나타낸다.

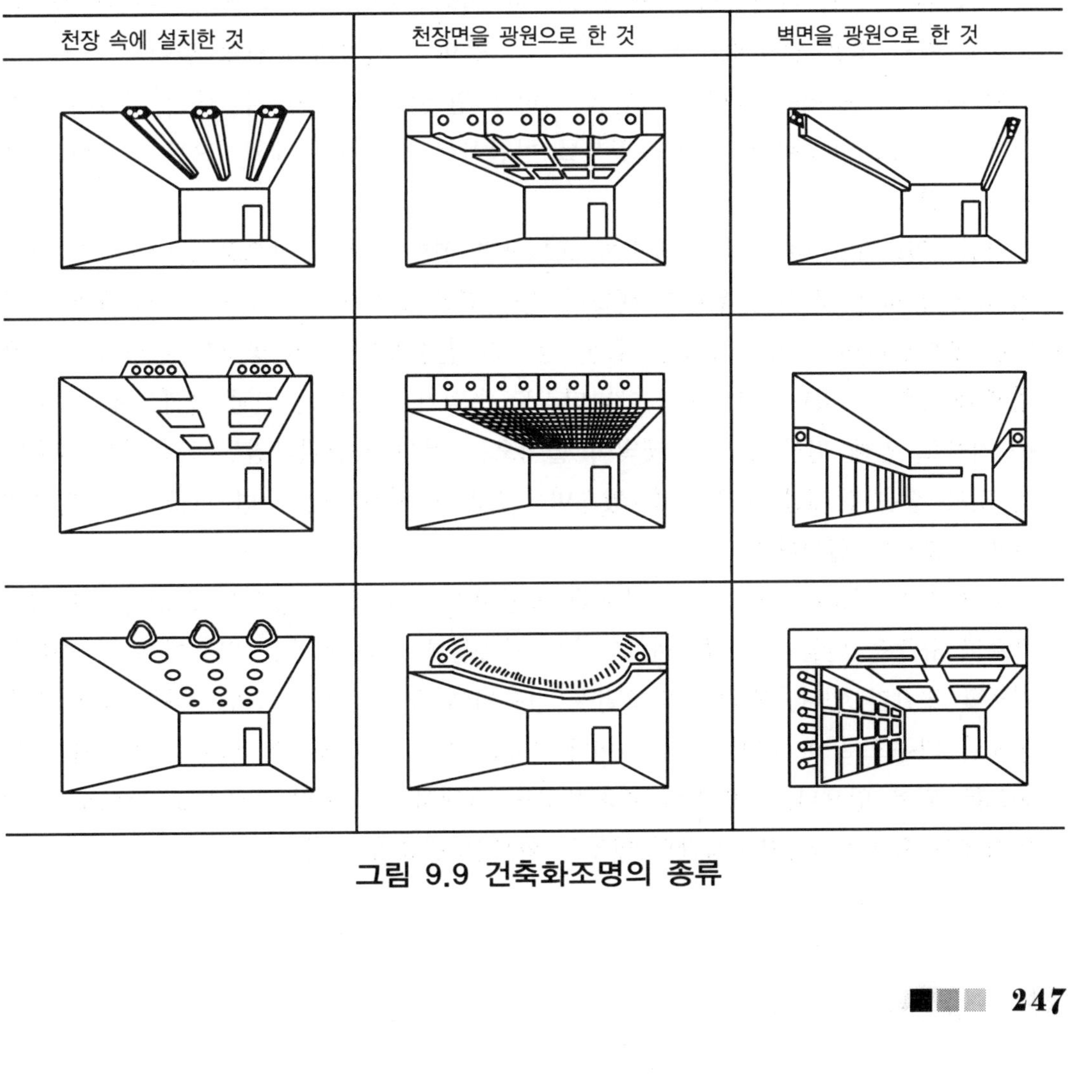

그림 9.9 건축화조명의 종류

3. 일조 · 일사

(1) 일조·일사와 실내환경

우리는 일상생활에서 햇빛의 고마움을 느끼면서 살고 있는데, 감각상 햇빛이라고 하면 밝음을 느끼게 된다. 한편 겨울에는 햇살이라는 표현을 쓰기도 하는데, 햇살이라는 언어는 감각적으로 따뜻한 느낌을 갖게 한다. 이렇게 태양으로부터의 빛은 우리에게 빛과 열을 동시에 부여하는데, 구체적으로는 빛에 관련된 것이 가시광선, 열에 관련된 것이 적외선이다. 태양으로부터의 빛은 이 두 종류와 함께 자외선이 포함되어 있으며, 자외선은 인체에 비타민 D를 생성시키는 등 우리의 건강과 관련이 있다.

태양으로부터의 빛을 구성하는 세 요소 중에서 건축물의 실내환경과 관련이 있는 것은 빛에 관련된 가시광선과 열에 관련된 적외선이며, 열효과에 관해 실내환경을 고려할 때의 빛을 일사라고 한다. 일사는 겨울에는 난방의 부담을 덜어주는 고마운 존재이지만, 여름에는 냉방의 부담을 더하게 만든다. 따라서 겨울에는 가급적 일사를 받아들이고 여름에는 가급적 일사를 차단하는 것이 건축계획적으로 중요한 고려사항이 된다.

한편, 일조라고 하는 것은 단순히 표현하면 햇빛이 건물 안으로 들어오는가 그렇지 않은가 하는 것이다. 우리가 햇빛이 건물 안으로 들어오지 못하는 지하층에서 장기간 생활한다면 신체적 건강은 물론 정신적 건강에도 나쁜 영향을 주리라는 것은 쉽게 짐작할 수 있다. 지하층이 아니더라도 우리가 거주하는 건물 가까이에 있는 높은 건물로 인해 건물 안으로 햇빛이 들어오는 것이 차단된다면 지하층에서 생활하는 것과 같은 문제를 일으킬 수 있으며, 그로 인해 이따금 주변 건물 간에 일조권 문제로 분쟁이 일어나기도 한다.

이와 같이 일조는 이웃 간에 문제를 발생시킬 수도 있는 중요한 요소이므로 법적으로도 규정을 만들어져 있으며, 따라서 건축물을 계획할 때는 일조에 관해 충분히 검토할 필요가 있다. 법적인 일조권은 건축법에 규정되어 있으며, 공동주택의 경우 동지일 기준으로 9시에서 15시 사이에 2시간 이상을 계속하여 일조의 확보가 가능하도록 되어 있으나, 바람직한 주거환경을 위해서는 동지일 기준으로 적어도 오전 10시에서 오후 2시까지 4시간의 일조를 확보할 필요가 있다.

(2) 일조(일사)조절

1) 조절의 목적

앞에서 일사는 겨울에는 바람직하지만 여름에는 가급적 차단할 필요가 있다고 했다. 또 일조는 법적으로도 규정되어 있을 정도로 중요한 요소이지만, 실내로 들어오는 일조가 너무 강하게 되면 눈부심이 발생하기도 하고 실내의 조도가 지나치게 높아져서 오히려 거주환경이 악화될 수도 있다. 이와 같이 일사와 일조는 경우에 따라 좋은 요소가 될 수도 있고 그렇지 않은 요소가 될 수도 있으므로, 바람직한 주거환경을 위해 일조(일사)조절이 고려된 건축계획이 필요하다.

2) 조절 방법

① 장치에 의한 방법

일조(일사)조절에 널리 이용되는 장치로는 루버, 블라인드 등이 있다. 그림 9.10에 이들의 종류를 나타낸다. 일반적으로 루버나 블라인드는 건축물에 설치된 장치 형태로 되어 있으나, 그림의 (a)와 같은 차양은 건축물과 일체화된 구성으로 되어 있다. 이러한 루버나 블라인드는 태양으로부터의 빛을 차단시키게 되는데, 그림 9.11과 같이 겨울철에는 태양의 고도가 낮아서 루버나 블라인드가 있어도 건물 안쪽 깊숙한 곳까지 햇빛이 들어오기 때문에 햇빛의 차단은 그다지 크지 않다.

아파트의 베란다는 베란다 본연의 역할과 함께 아래층 세대의 차양의 역할도 겸하고 있어 거주환경에 큰 도움을 주고 있으나, 베란다 확장이 일반화되고 있는 현재로서는 베란다 부분까지 거실로 활용되고 있기 때문에 차양의 효과는 없다.

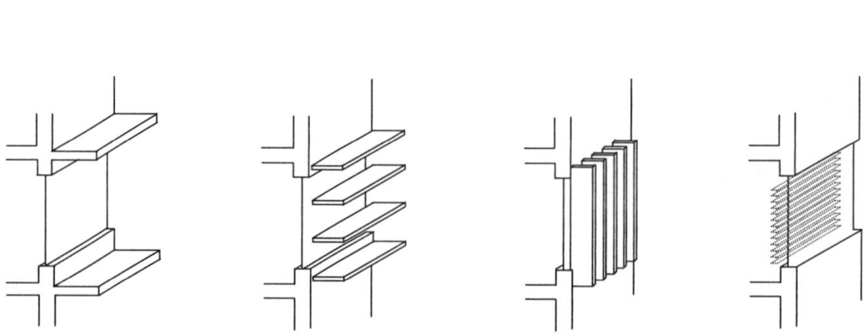

그림 9.10 일조(일사)조절 장치

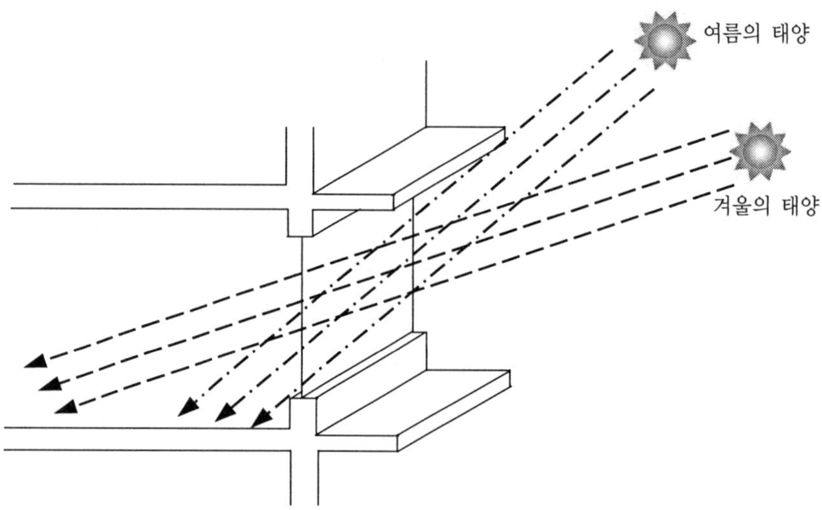

그림 9.11 계절에 따른 차양의 일조조절

② 조경계획에 의한 방법

여름철 잎이 무성한 나무는 시원한 그늘을 제공하는 것은 물론 보는 사람으로 하여금 청량감을 주는 반면, 잎이 떨어져서 나뭇가지만 보이는 겨울철 나무는 스산한 느낌마저 준다. 그러나 그림 9.12에서 알 수 있듯이, 계절에 따라 달라지는 이러한 나무의 모습은 일사조절 면에서 우리에게 매우 유리하게 작용한다. 즉 여름철 잎이 무성한 나무는 그 잎으로 인해 태양으로부터의 일사를 차단하는 반면, 나뭇잎이 다 떨어져서 나뭇가지만 남아 있는 겨울철 나무는 태양으로부터의 일사를 거의 차단하지 못하므로 건축물 내로 일사가 들어오는 것을 방해하지 않는다.

그림 9.12 나무에 의한 일사조절(건물 및 나무 그림 출전 : 파워포인트 클립아트)

수개 층 이상의 건물에서 최상층은 아래층들에 비해 여름철 매우 더워지는데, 이것은 여름철 강렬한 일사에 의해 뜨거워진 옥상으로부터 전달된 열 때문이다. 일반적으로 옥상바닥에는 단열재를 설치해서 옥상의 열이 최상층으로 전달되기 어렵도록 하고 있지만 차단에는 한계가 있을 수밖에 없다. 최상층의 이러한 열전달을 완화시키기 위한 방법 중 하나가 그림 9.13에 나타내는 옥상정원이다. 정원의 토양은 태양으로부터의 일사효과를 완화시키고 단열의 효과까지 있어 옥상으로부터 최상층으로의 열전달을 완화시킴은 물론, 옥상을 정원으로 구성함으로써 건물 거주자에게 휴식의 공간을 제공하는 일석이조의 효과를 얻을 수 있다.

그림 9.13 옥상정원(출전 : 이안랜드 홈페이지)

4. 색채환경

(1) 색의 표시

우리는 일상생활에서 매우 다양한 색을 접하게 되는데, 건축물에 관해서도 실내 벽지의 경우 색에 관한 용어로 표현할 수 없을 정도로 다양한 종류가 있다. 우리가 어떤 색을 표현하거나 전달하고자 할 때, '빨갛다', '노랗다', '파랗다', '주황색이다', '보라색이다' 등 표현할 수 있는 색에 관한 용어는 극히 제한적이므로, 다양한 색을 명확히 표현하기 위해서는 언어가 아닌 숫자를 사용하는 것이 바람직하며, 이렇게 색깔을 수량적으로 표시하는 체계를, 색을 표현하는 계통이라는 의미에서 표색계라 한다.

우리가 옷이나 가구 또는 실내 마감재료의 색을 보면서 '파랗다'든가 '노랗다'든가 하는, 물체의 색에 관한 본연의 표현 외에도 '화려하다'든가 '어둡다'든가 하는 표현을 하기도 하며, 같은 파란색 계통이라 해도 더 파랗게 느껴지는 경우 '새파랗다'라는 표현을 하기도 한다. 이와 같이 빨강, 파랑, 노랑과 같은 본연의 색의 성질을 색상, 밝기에 관한 색의 성질을 명도, 그리고 선명함에 관한 색의 성질을 채도라 하며, 이와 같은 색의 특성 즉 색상, 명도, 채도를 색의 3속성이라 한다.

명도는 색의 밝기이므로 밝은 계통의 색상이 어두운 계통의 색상보다 명도가 높은 것은 당연하지만, 같은 색상이라 해도 명도가 달라질 수 있다. 예를 들어 흰색 물감과 검은색 물감을 섞으면 회색 물감이 되는데, 이때 흰색 물감과 검은색 물감을 반반씩 섞을 때보다 흰색 물감의 비율을 더 높이면 반반씩 섞을 때보다 더 밝은 회색이 될 것이며, 따라서 같은 회색이라 해도 서로 다른 명도가 발생하게 된다.

채도는 선명함의 표시라 했는데, 예를 들어 우리가 일상생활에서 표현하는 '새빨갛다'라든가 '새파랗다'라고 하는 색은 매우 높은 채도의 색이라 할 수 있다. 파란색 물감에 다른 색의 물감을 소량 섞는다 해도 본연의 파란색은 어느 정도 유지하지만, 다른 색의 물감을 전혀 섞지 않았을 때보다는 파란색으로서의 선명함이 약간 줄어들게 되며, 따라서 채도는 낮아진다. 파란색 계통의 색 중에서 더 파란 것과 덜 파란 것이 있고, 노란색 계통의 색 중에서도 더 노란 것과 덜 노란 것이 있듯이, 이들 색에는 각기 다른 채도가 존재하기 때문에 채도가 있다는 의미에서 유채색이라 한다. 반면 검은색은 더 검은 것과 덜 검은 것이 없으며, 흰색도 더 흰 것과 덜 흰 것이 없으므로 채도의 구별이 없다는 의미에서 이 두 색과 두 색을 섞은 회색을 무채색이라 한다.

이와 같은 색의 3속성 즉 색상, 명도, 채도를 입체적으로 표현한 것을 색입체라 하며, 색입체 중 대표적인 것이 먼셀표색계에서의 먼셀색입체이다. 먼셀표색계는 미국의 화가 먼셀(Munsell)이 발표하여 먼셀표색계라는 이름이 붙었으며, 먼셀표색계 및 먼셀색입체에 관해서는 관련문헌을 참고하기 바란다.

(2) 색채효과

우리가 어떤 색을 접할 때 심리적 안정감을 느끼기도 하고 때로는 흥분이 되기도 하듯이, 모든 색은 단독으로든 복합적으로든 우리에게 심리적 느낌을 부여하게 된다. 따라서 건물이나 실의 용도에 따라 실내의 색상을 적절히 선정할 필요가 있다.

1) 온도감

우리가 어떤 색을 보면서 따뜻한 느낌을 받기도 하고 차가운 느낌을 받기도 하듯이 색의 온도감은 색상에 의한 영향이 크다. 빨간색 계통의 색은 따뜻함을 주기 때문에 따뜻한 색이란 뜻에서 난색, 파란색 계통의 색은 차가운 느낌을 주기 때문에 차가운 색이란 뜻에서 한색이라 한다. 여름철 해수욕장 해변에 설치하는 파라솔의 색이 파란색 계통인 것은 색의 온도감에 관한 이와 같은 심리적 요인에 의한 것이라 할 수 있다.

난색으로 둘러싸인 공간과 한색으로 둘러싸인 공간에서 인간이 심리적으로 느끼는 체감온도는 차이가 있기 때문에 작업실이 주로 고온인 곳인 경우 실내마감재를 한색으로 하고, 냉동실과 같은 저온의 작업실은 실내마감재를 난색으로 하는 것이 바람직하다.

2) 중량감

검은색 계통의 물체는 흰색 계통의 물체보다 무겁게 느껴지며, 같은 계통의 색이라 해도 더 밝을수록 즉 명도가 높을수록 가볍게 느껴진다. 움직이는 물체는 가볍게 보이는 것이 바람직하므로 자동차의 색깔은 밝은 색이 좋을 수 있으나, 대형승용차의 경우는 중후한 느낌을 갖기 위해 검은색 계통의 색깔을 선호하는 경향이 있다.

실내의 색채디자인을 할 때, 실내의 마감색을 다르게 하고자 한다면, 천장, 벽, 바닥 순으로 점점 진한 색을 선정하는 것이 바람직하다. 반대로 할 경우 위쪽이 무거운 느낌을, 아래쪽이 가벼운 느낌을 주게 되므로, 실내 거주자가 심리적으로 불안감을 느낄 수 있다.

3) 거리감, 크기

밝은 색의 물체는 어두운 색의 물체보다 우리 눈에 잘 띄기 때문에 더 가깝게 느껴진다. 즉 명도가 높은 색의 물체일수록 더 가깝게 느껴진다고 할 수 있다. 또 명도가 높은 색의 물체일수록 가깝게 느껴지기 때문에 그만큼 크게 보인다. 같은 사람이 흰색 계통의 옷을 입으면 검은 색 계통의 옷을 입을 때보다 커 보이는데, 이것은 밝은 색일수록 크게 보이기 때문이다.

4) 안정감

색에 인간의 심리에 영향을 미치는 큰 요소 중 하나가 흥분감과 안정감이다. 일반적으로 빨간색과 같은 난색 계통은 흥분감을, 파란색과 같은 한색 계통은 안정감을 부여한다. 색이 인간의 심리에 영향을 미치는 예로 많이 이용되는 것이 투우사의 보자기 색깔이다. 소는 색의 구별을 할 수 없기 때문에 보자기의 색에 의해서가 아니고 보자기가 흔들리는 것에 의해 흥분을 하게 되며, 보자기의 빨간 색은 소가 아닌 관중을 흥분시키기 위한 것이라 알려져 있다. 실내의 색채계획에서도 마찬가지로, 흥을 북돋울 필요가 있는 오락 계통의 실내는 난색 계통으로, 안정을 필요로 하는 병원과 같은 곳은 녹색이나 파란색으로 마감색을 적용하는 것이 바람직하다.

참고문헌

1. 한국설비기술협회, 태양열 · 태양광에너지 시스템, 설비, 2006.1
2. 공기조화냉동공학회, 생태건축, 설비저널, 2000.8
3. 대한설비공학회, 자연에너지, 설비저널, 2001.1
4. 이철구 외 4인, 건축환경의 이해, 세진사, 2007
5. 대한건축학회, 커튼월의 효율적 설계와 시공, 건축, 2003.9
6. 한국설비기술협회, 지구환경시대에 대응한 건축설비기술, 설비, 2000.1
7. 대한설비공학회, 조명설비계획의 신동향, 설비저널, 2004.11
8. 법제처, http://www.moleg.go.kr (검색일 : 2015.8.22)
9. 이안랜드, http://www.eanland.kr (검색일 : 2015.8.23)
10. 加藤信介 외 2인, 図説テキスト建築環境工学, 彰国社, 2002
11. 日本建築学会, 建築環境工学用教材 環境編, 丸善, 1988

제 10 장

실내 음환경

1. 음의 물리적 성질
2. 흡음과 차음
3. 실내음향계획

제10장 실내 음환경

1. 음의 물리적 성질

공동주택에서 어린이가 뛰어다니는 소리라든가 피아노나 TV로부터의 소리 등으로 인해 위층과 아래층 세대 간에 다툼이 일어나는 경우가 많이 발생하고 있다. 거주자 개개인이 상대방을 배려하는 마음가짐과 행동을 취해야 하겠지만, 거주자의 쾌적성이나 업무상의 능률을 위해서 건축물을 계획 및 설계할 때 소음에 대한 고려가 필요하다.

(1) 음의 주파수

우리가 잘 알고 있듯이 전기에는 직류와 교류가 있는데, 직류는 시간이 경과해도 크기와 방향이 변하지 않으나, 교류는 시간의 경과와 함께 크기와 방향이 바뀐다. 대부분의 가전제품에서 적용하는 교류는 이와 같이 시간의 경과와 함께 크기와 방향이 바뀌는데 이렇게 변화하는 양상이 1초에 몇 번 반복되는가를 나타내는 것이 주파수이다. 주파수의 단위는 헤르쯔(Hz)이며, 우리나라의 경우 1초에 60번 반복되기 때문에 전기의 주파수는 60Hz이다.

전기에 관해 이러한 주파수가 있듯이, 음에도 주파수가 있으며 그 단위 또한 동일하게 Hz를 이용한다. 음의 주파수를 이해하기 쉬운 예로 잔잔한 호수에 돌을 던질 때 발생하는 파도를 들 수 있다. 잔잔한 호수에 돌을 던지면 돌이 떨어진 곳으로부터 원 모양의 작은 파도가 생기고 그 파도는 원의 면적이 넓어지는 방향으로 진행하면서 파도의 크기가 서서히 작아지고 이윽고 소멸되고 만다. 소리에 대해서도 마찬가지 현상이 일어나는데, 연못에서의 물이 소리에 관해서는 공기에 해당된다. 즉

물에서 파도가 생기듯이 공기에도 파도와 같은 것이 생기며, 이것을 소리의 파도라는 의미로 음파라 한다. 이 음파가 1초에 몇 번 반복되는가를 나타내는 것이 음의 주파수이다. 음의 주파수가 클수록 높은 음으로, 작을수록 낮은 음으로 들리며, 너무 크거나 작으면 우리 귀에는 들리지 않는다. 우리가 인식할 수 있는 주파수의 범위는 통상 20~20,000Hz라고 일컬어지고 있다.

(2) 음에 관한 각종 지표

1) 음의 높이, 음의 세기, 음압, 음의 크기

우리는 일상생활에서 '고음이다', '저음이다', '소리가 크다', '소리가 작다' 등의 표현을 하는데, 여기서 고음과 저음을 나타내는 것이 음의 높이이며, 소리의 크기를 나타내는 것이 음의 세기이다. 이 두 요소는 물리적 측정에 의해 측정이 가능하다. 앞서 언급했듯이 음의 주파수가 클수록 높은 음으로, 작을수록 낮은 음으로 들리므로, 음의 주파수를 측정하면 음의 높이를 나타낼 수 있다. 마찬가지로 음의 세기를 측정하면 음의 크기를 나타낼 수 있다.

음의 세기와 같은 개념으로 사용되는 것이 음압이다. 앞에서 잔잔한 호수에 돌을 던질 때 생기는 파도를 설명하면서 소리에 대해서도 같은 개념으로 공기에 소리의 파도 즉 음파가 발생한다고 하였다. 호수에 던진 돌은 물에 압력을 가하면서 파도가 생기게 하듯이, 공기 속에서 발생된 소리는 공기에 압력을 가하면서 음파가 생긴다. 이때 생기는 공기의 압력을 음압이라 한다. 호수에 큰 돌을 던질 때가 작은 돌을 던질 때보다 큰 파도가 생기듯이, 큰 소리는 작은 소리보다 큰 음파를 발생시키며 결과적으로 음압이 커지므로 음의 세기와 음압은 서로 같은 의미로 생각할 수 있는 것이다. 음의 세기를 나타내는 것을 음의 세기레벨이라 하며 단위는 데시벨(dB)이다. 음압도 음의 세기와 같은 개념으로 사용되기 때문에 음압을 나타내는 것을 음압레벨이라 하며 단위도 같은 데시벨(dB)을 사용한다. 음의 세기 및 음압은 음의 에너지를 의미하기 때문에 두 지표 모두 장비를 이용해서 측정이 가능하지만, 음압의 측정이 더 용이하기 때문에 음의 세기를 알고자 할 때 음압을 측정하는 것이 일반적이다.

음의 세기 또는 음압이 클수록 큰 소리라고 했는데, 음의 세기나 음압이 크다고 해서 반드시 우리 귀에 크게 들리는 것은 아니다. 동일한 음의 세기 즉 동일한 음에너지라 해도 주파수에 따라 음의 높이가 달라지면서 우리의 감각으로는 서로 다른 음으로 느껴지기 때문이다. 이렇게 음의 세기와 음의 높이를 동시에 고려한, 다시 말해 인간의 청각이 소리를 느낄 때의 소리의 크고 작음을 음의 크기라 한다. 음의 크기를 나타내는 용어를 음의 크기레벨이라 하며 단위로는 폰(phon)과 손(sone)을 이용한다. 주파수가 클수록 우리 귀에는 큰 소리로 들리고, 음의 세기레벨이 클수록 또한 우리 귀에 큰 소리로 들리기 때문에, 만일 어떤 두 소리가 한쪽은 주파수가 크고 다른 한쪽은 음의 세기레벨이 크다면 이 두 소리는 주파수와 음의 세기레벨이 각각 다르지만 우리 귀에는 같은 크기로 들릴 수 있다.

예를 들어 그림 10.1과 같이, 주파수 500Hz, 음의 세기레벨 50dB인 소리와 주파수 1,000Hz, 음의 세기레벨 40dB인 소리가 우리 귀에는 같은 크기로 들린다면 이 두 소리의 폰(phon)값은 같게 되는 것이다. 따라서 인간의 감각을 기준으로 한다면 보다 합리적인 개념의 수치라 할 수 있다. 인간의 감각을 기준으로 한 폰값이지만 80폰의 소리가 40폰의 소리보다 2배의 크기로 들리지는 않는다. 인간의 감각으로 2배로 들린다면 그 값도 2배로 표현하고자 하는 것이 손(sone)이며, 따라서 어떤 소리가 1손인데, 그 소리의 2배의 크기로 들리는 소리를 손으로 표현하면 2손이 된다.

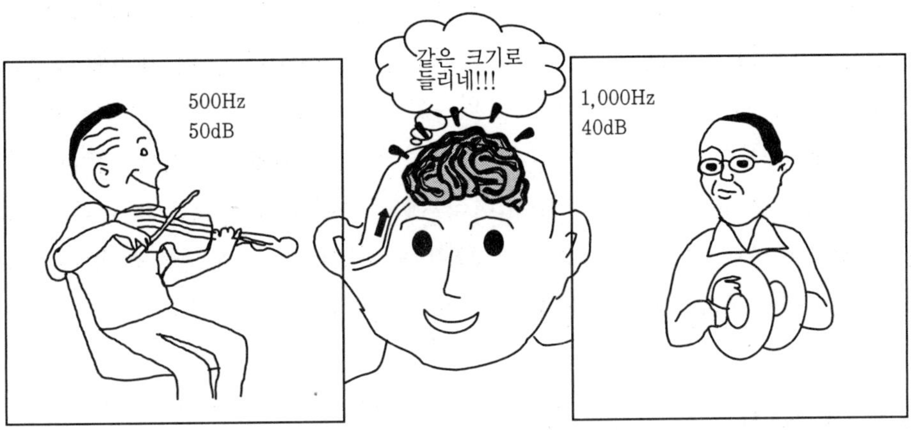

그림 10.1 인간의 감각에 의한 음의 크기

한편 이렇게 물리적으로 표현할 수 있는 음에 관한 지표 외에 물리적으로 표현할 수 없는 것으로 음색이 있다. 사람마다 목소리가 다르고 악기마다 소리가 다른 것은 음색이 다르기 때문이다.

2) 암소음

우리가 어떤 실내에서 발생하는 소음을 측정하고자 할 때, 외부의 소리가 완벽하게 차단되어 있다면 그 실내에서 발생하는 소음을 정확하게 측정할 수 있으나, 실제로 이러한 공간은 거의 없기 때문에 크든 작든 외부 소리의 영향을 받게 된다. 이렇게 그 실내의 외부에서 발생하고 있는 소음이 실내에 영향을 미쳐서 실내에서 발생하는 소음값보다 더 큰 값을 나타내는 경우가 일반적인데, 이렇게 측정 대상이 되는 소음 외의 소음을 암소음(background noise)이라 한다.

3) 허용소음

실내에 설치된 기기 등에서 발생하는 소음이 각 실 용도에 따른 거주의 쾌적성이나 업무의 능률성 면에서 적절한 범위에 있는가를 판단하는 기준으로 널리 이용되고 있는 것이 NC(Noise Criteria)값이다. 앞에서 설명했듯이, 우리가 감각적으로 느끼는 소리의 크기는 음의 세기뿐 아니라 주파수도 영향을 미치기 때문에 NC값은 그림 10.2와 같이 이 두 요소가 함께 고려되어 있다. 아울러 음의 세기와 같은 개념으로 사용되는 음압을 측정하는 것이 음의 세기를 측정하는 것보다 용이하기 때문에 그림 10.2의 NC곡선의 가로축은 음의 세기레벨이 아닌 음압레벨로 나타나 있다. 그림에서 알 수 있듯이, 같은 크기의 소리라 해도 주파수가 높을수록 높은 NC값을 나타내며, 따라서 우리가 느끼는 소음의 크기는 커진다는 것을 알 수 있다. 일반적으로 통용되는 실 용도별 허용소음의 NC값은 표 10.1과 같다.

2. 흡음과 차음

검은색 물체는 빛을 잘 흡수하고 흰색 물체는 빛을 잘 반사시키듯이, 물체에 따라서는 소리를 잘 흡수하는 것이 있고 잘 반사시키는 것이 있다. 건물이나 실의 용도에 따라서는 상대적으로 흡음이 잘 될 필요가 있는 곳이 있고 반대로 반사가 잘 될 필요가 있는 곳이 있다.

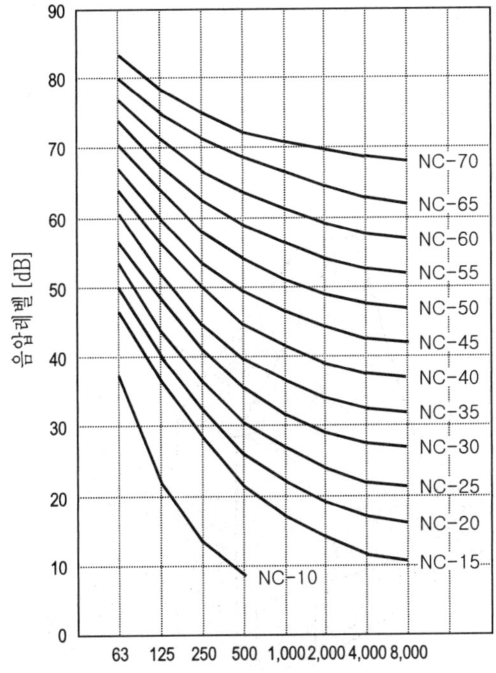

그림 10.2 NC곡선

표 10.1 일반적인 실 용도별 허용소음의 NC값

실명	NC값	실명	NC값
방송스튜디오	15～20	주택	25～35
음악홀	20	영화관	30
극장	20～25	병원	30
교실	25	도서관	30
회의실	25	중소규모 사무실	30～35
아파트·호텔	25～30	대규모 사무실	45

한편 그림 10.3에 나타내는 바와 같이 실내에서 발생된 소리가 벽체와 같은 물체

에 부딪힐 때, 입사된 소리 중 일부는 벽체 내에서 흡수가 되고, 일부는 반사가 되며 나머지는 벽체를 통과해서 다른 공간으로 가게 된다. 이때 벽체 내에서 소리가 흡수되는 것을 흡음이라 하고, 벽체를 통과해서 다른 공간으로 전달되는 것을 투과라 한다. 건물 내 어느 공간에서 발생한 소음이 다른 공간으로 전달되는 것을 막기 위해서는 음의 투과가 가급적 작게 될 필요가 있으며, 이렇게 음의 투과를 억제하는 것을 차음이라 한다.

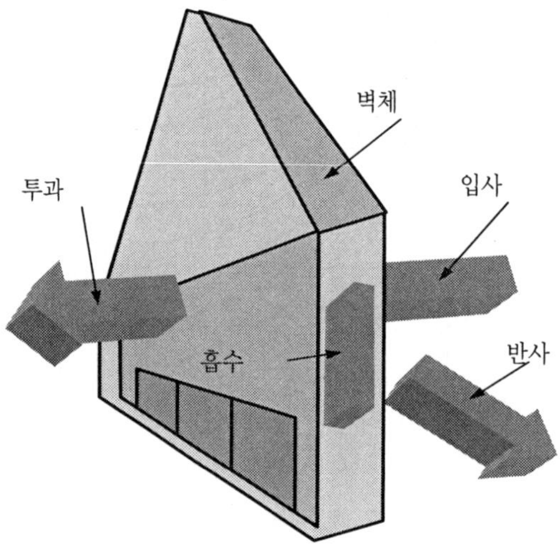

그림 10.3 음의 입사, 흡수, 반사, 투과

(1) 흡음

1) 흡음률

건축재료를 포함한 어떤 물체가 어느 정도의 흡음성능을 갖고 있는가를 나타내는 것이 흡음률이다. 그림 10.3에 나타낸 입사음 중 흡수음과 투과음을 더한 비율로 흡음률을 정의하는데, 주의해야 할 것은 흡음이라는 용어의 느낌으로 인해 음의 흡수만 해당되고 음의 투과는 해당되지 않을 것 같지만 실제로는 흡수와 투과를 합쳐 흡음이라고 한다는 점이다. 이것은 어느 실내에서 발생된 음이 그 실내로 되돌아오지 않는 것을 흡음이라 하기 때문에, 실내에서 발생되는 소리 중 그 실내로 되돌아오는 반사를 제외한 나머지 즉 음의 흡수와 투과를 모두 합쳐 흡음이라고 하는 것이다.

물체의 흡음률은 0과 1 사이의 값이 되며, 입사음이 모두 반사가 되면 흡음률은 0, 반사되는 음이 전혀 없으면 흡음률은 1이 된다. 흡음률은 물체 자체가 가지고 있는 흡음에 대한 성질 이외에도 재료의 두께라든가 발생된 음의 주파수 등 여러 요소가 관계되기 때문에 물체의 흡음률을 나타낼 때는 이러한 조건을 함께 나타낼 필요가 있다.

2) 흡음재료

건축물에 사용되는 건축재료 중 흡음재료라 하면 일반적인 건축자재와 크게 다른 것이라 생각하는 사람들이 많이 있는데, 각종 건축재료의 물리적 특성을 이용하고 시공형태를 흡음성 구조로 적절히 조정하면 대부분의 건축내장 자재를 흡음재료로 활용할 수 있다. 흡음재료는 흡음원리에 따라 다공질형, 판(막)진동형, 공명기형으로 대별되고 있으며, 각종 흡음재료의 흡음원리에 대해서는 관련문헌을 참고하기 바란다.

공장과 같이 소음이 많이 발생하는 곳을 제외한 일반적인 건물의 실내에서는 그림 10.4와 같은 천장재료를 사용하는 경우가 많은데, 이것은 합판과 같은 곳에 많은 작은 홈을 내서 천장 마감재로서의 역할과 함께 흡음재로서의 역할도 겸하게 한 것이다. 그림에서 매우 작게 표현되어 있지만 점으로 표시되어 있는 것이 작은 홈을 의미한다.

(2) 차음

1) 투과율, 투과손실

건축재료를 포함한 어떤 물체에 음이 입사할 때 입사음 중 어느 정도가 그 물체를 뚫고 다른 공간으로 전달되는가를 나타내는 것이 투과율이며, 따라서 그림 10.3에 나타낸 요소 중 입사음의 크기와 투과음의 크기의 비율로 투과율이 결정된다. 흡음률과 마찬가지로 0과 1 사이의 값이 되며, 물체의 투과특성 외에도 그 물체의 두께나 입사하는 음의 주파수에 따라 값이 달라진다.

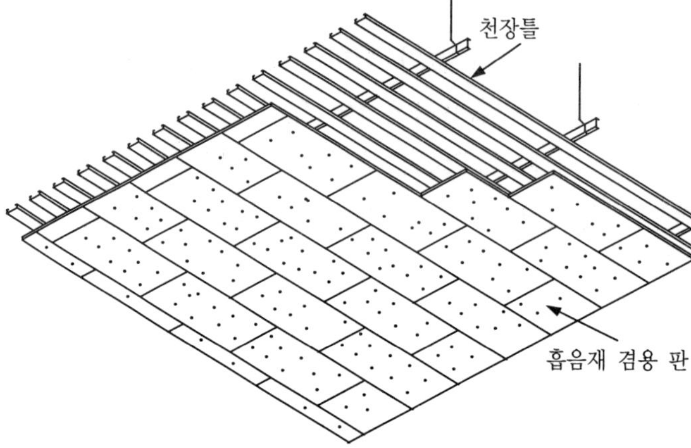

그림 10.4 흡음재 겸용 천장 마감재

투과율과 반대개념으로 사용되는 것이 투과손실이며 투과손실이 클수록 그 물체의 차음성능은 좋아진다. 일반적으로 무거운 재료는 밀도가 높아 가벼운 재료에 비해 그 내부가 꽉 차 있으므로 소리가 통과하기 힘들어 투과손실이 커진다. 또 같은 재료라 해도 두께가 두꺼울수록 소리가 지나가는 구간이 늘어나므로 마찬가지로 소리가 통과하기 힘들어 투과손실이 커진다는 것을 쉽게 짐작할 수 있다.

2) 설비소음

어느 주택의 거실과 방 사이에 있는 문을 생각해 보자. 문이 닫혀 있으면 거실의 TV 소리가 거의 들리지 않거나 들리더라도 조그맣게 들릴 것이나, 문을 조금만 열어도 그 소리는 상대적으로 매우 크게 들린다. 문이 닫혀 있을 때에 비해 조금이라도 열려 있으면 그 열린 부분으로 인해 음의 투과율이 매우 커져서, 다시 말해 음의 투과손실이 크게 저하되어 차음성능이 현저히 떨어지기 때문이다. 따라서 차음성능이 좋은 재료로 벽체를 구성하는 것도 중요하지만, 창틀이나 문틀과 같은 곳에 틈새가 없도록 세심하게 시공하는 것 또한 매우 중요하다.

건물 내에는 급수용 배관이나 냉난방용 배관 등이 반드시 설치되며, 이러한 배관들은 건물 내에서 벽체를 관통하게 되는데, 앞에서 언급한 창틀이나 문틀처럼 벽체를 관통하는 배관은 그 벽체와의 사이에 틈새가 생기기 쉽다. 또 배관을 흐르는 물은 그 자체가 움직이면서 소음을 발생시키기도 하고, 배관이 연결되어 있는 장비의 진동이나 소음이 배관을 통해 건물 구석구석까지 전달되는 경우가 있는데, 이러한 경우의 소음을 설비소음이라 한다.

장비가 가동될 때는 소음이나 진동이 반드시 수반되므로, 설비소음을 근본적으로 차단할 수는 없다. 그러나 벽체와 배관 사이에 빈틈이 생기지 않도록 틈새에 흡음재를 채운다든가, 장비가 놓이는 부분에 고무와 같이 진동을 흡수하는 재료를 깔아놓는다든가 하는 방법을 통해 소음의 전달을 어느 정도 완화할 수 있다.

3. 실내음향계획

(1) 실내음향계획의 필요성

우리가 거주하는 생활공간을 보면 천장이나 바닥 또는 벽 어느 곳도 콘크리트만으로 되어 있는 곳은 없다. 우리가 일을 하는 작업공간을 보더라도 벽이나 바닥은 콘크리트 또는 인조석과 같은 것으로 되어 있다고 해도 적어도 천장은 천장재로 마감이 되어 있다. 더욱이 생활공간이든 작업공간이든 그 안에는 각종 가구들이 있게 마련이다. 거주하거나 작업하는 공간에 이러한 마감재나 가구들이 없이 콘크리트로만 되어 있다면, 우리가 그 실내에서 이야기를 할 때 울려서 대화가 제대로 이루어지지 않는다. 반면 흔히 음에 관한 실험이 이루어지는 무향실 즉 소리의 반사가 거의 이루어지지 않는 공간에서 이야기를 하면 오히려 귀가 멍멍한 상태에서 대화를 나누는 것과 같은 느낌을 받아 이 경우 또한 대화가 제대로 이루어지지 않는다. 실내음향계획이란 각 건물 또는 각 실의 용도에 따라 적절한 울림 즉 뒤에 설명하는 적절한 잔향시간이 이루어지도록 실내를 음향적으로 구성하는 것을 말한다.

실내 음환경을 고려할 경우의 조건으로는 다음과 같은 것이 있다. 먼저, 전달하고자 하는 말의 내용이 명확하게 들려야 한다. 우리가 대강당과 같은 곳에서 수백 명이 모여 행사를 치룰 때, 참석자들이 행사에 집중하지 않고 떠들 경우 각 개인은 매우 작은 소리를 내고 있다고 생각하지만, 공간이 넓고 많은 사람이 있는 곳에서는 행사에 지장을 줄 정도로 산만해진다. 따라서 이러한 공간에서는 소리를 잘 흡수할 수 있는 실내음향계획이 중요해진다. 반면에 사람들끼리의 대화가 아닌 음악소리는 어느 정도의 울림이 지속되어야 웅장한 음악소리를 느낄 수 있다. 따라서 음악 연주를 하는 공간에서는 대강당 같은 곳과는 다른 실내음향계획이 고려되어야 한다.

앞서 언급했듯이 특별한 목적의 공간이 아니더라도, 대부분의 실내공간은 최소한의 마감재나 가구 등이 있기 때문에 실내음향계획을 크게 의식할 필요는 없다. 그러나 대강당이나 콘서트홀과 같은 곳은 그 사용목적에 맞는 적절한 잔향시간이 필요하므로 건물이나 실내의 초기계획 때부터 음향에 대한 면밀한 고려가 필요하다.

(2) 잔향시간

앞에서 대강당과 콘서트홀의 음향에 대해 설명하면서, 콘서트홀에서의 음악소리는 어느 정도의 울림이 지속되어야 웅장한 음악소리를 느낄 수 있다고 했다. 이와 같이 실내에서 소리의 발생이 중지된 후에도 소리가 실내에 남는 현상을 잔향이라 하며, 그 잔향의 정도를 나타내는 것이 잔향시간이다. 물리적으로는 실내에서 소리의 발생이 끝난 후, 그 소리의 음에너지가 원래의 백만분의 일(1/1,000,000)이 될 때까지의 시간을 잔향시간이라 한다. 실 용도별 최적 잔향시간은 그림 10.5에서 알 수 있듯이, 음악을 위한 공간이 강연을 위한 공간보다 길며, 또 같은 용도의 실내라 해도 넓은 공간과 좁은 공간에서의 소리의 반사 정도가 다르기 때문에 실내의 용적이 클수록 최적 잔향시간은 길어진다.

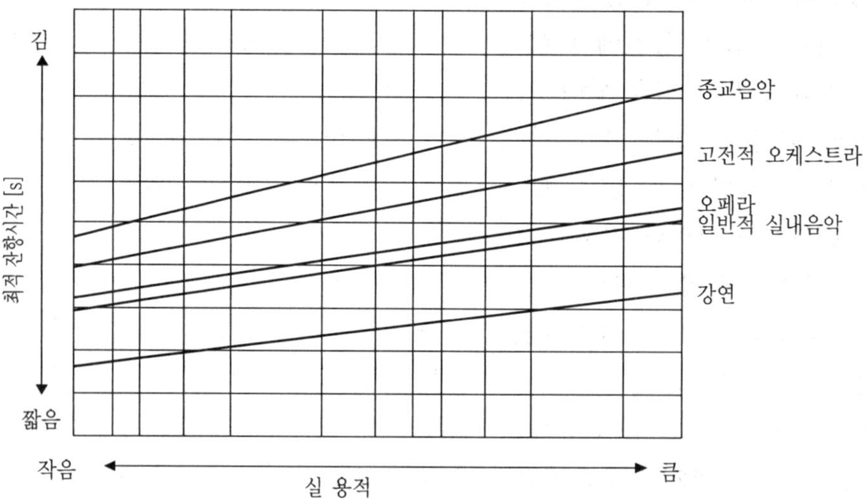

그림 10.5 실 용도 및 용적에 따른 최적 잔향시간

참고문헌

1. 건축환경음향연구회, 건축환경음향학개론, 한미 1992
2. 정일록 외 3인, 소음진동 이론과 실무, 신광문화사, 2004
3. 김유숙 외 9인 역, 알기쉬운 건축환경, 기문당, 2005
4. 이철구 외 4인, 건축환경의 이해, 세진사, 2007
5. 임만택, 건축환경계획, 보문당, 1999
6. 加藤信介 외 2인, 図説テキスト建築環境工学, 彰国社, 2002
7. 日本建築学会, 建築環境工学用教材 環境編, 丸善, 1988

제11장

지속가능 건축구조시스템

1. 고령화란
2. 고령화를 위한 건축구조시스템
3. 고령화의 건축구조시스템 효과

제11장 지속가능 건축구조시스템

1. 고령화란

(1) 고령화의 정의

고령화란 두 가지 의미로 나타낼 수 있는데 하나는 개인 고령화이고 다른 하나는 인구 고령화 또는 고령화사회현상이다.

총 인구 대비 고령인구의 비율이 증가하는 상태를 인구의 고령화 또는 고령화가 진행 중에 있는 '고령화 사회'라 한다. UN은 국가의 총 인구 중 65세 이상의 인구 비율이 7%가 넘는 사회를 '고령화 사회', 14%가 넘는 사회를 '고령사회'라고 규정하고 있으며, 개인고령화가 인류사회 발전의 업적이고 인류가 추구하여 온 장수를 실현하고 있다고 할 수 있지만, 대부분의 경우 인구 고령화 사회 현상은 그 부정적 영향이 과도하게 부각됨으로써 개인 고령화조차 인류사회의 지속적 발전을 저해하며 불안과 두려움을 초래하는 원인으로 인식되고 있다.

(2) 고령화의 원인과 문제점

일반적으로 베이비붐 세대는 국내도 마찬가지로 국가의 사회, 경제적 발전에 있어 베이비붐 세대의 역할을 제외할 수 없다. 그림 11.1에도 나타나 있듯이 베이비붐 세대의 사람들이 모두 고령인구가 되면 우리나라의 고령화 과정에 큰 영향을 미칠 것으로 예상된다. 이들 베이비붐 세대는 지금까지 국가에서 중추적인 역할을 맡고, 윗세대의 부양과 자녀세대의 교육을 책임지는 세대를 말하는데 우리나라 베이비붐 세대의 은퇴시기가 가까운 미래에 도래하고 있으며 저출산이라는 심각한 사회문제와 맞물려서 이들에 대한 노후 복지문제 또한 중요한 문제로 부각되고 있다.

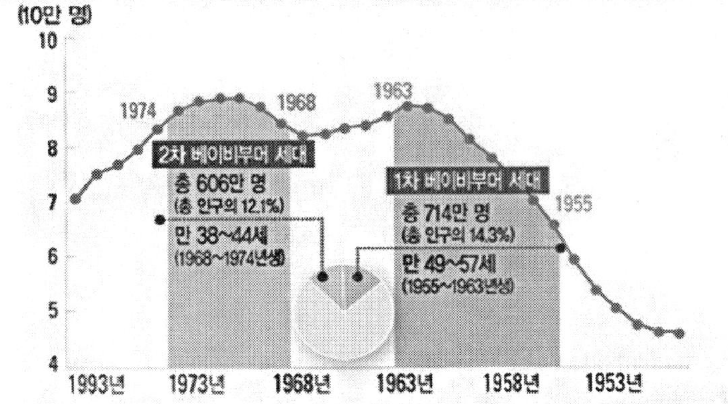

자료 : 삼성경제연구소

그림 11.1 한국 베이비부머 세대 분포도

이러한 사회적인 역할을 뛰어 넘어 규모면에서 타 세대보다 월등히 크기에 그들의 은퇴와 고령화는 단순한 인구적 문제가 아닌 복합적인 사회경제적인 문제일 수밖에 없다.

본격적으로 고령화 시대가 도래하면서 모든 분야에 영향을 미치고 있으며 주택 시장 역시 예외는 아니다. 특히 저출산과 인구감소, 빠른 속도의 고령 인구 증가 등은 주택 시장 내 수요 변화와 가격 등에 상당한 영향을 미치고 있다. 노년기가 되면서 사회적 관계가 가족이 중심이 되고, 노인의 신체적, 독립성, 안전성, 프라이버시, 사회적 관계 및 활동의 참여, 복지, 서비스의 접근 등에 영향을 미치며 노후생활을 전반적으로 만족도를 향상시킬 수 있는 주요 요인으로 작용하기 때문에 주택에 대한 욕구는 생활주기의 어느 시기에서보다 강하다.

은퇴 후 고령자 소득이 상당히 제한적인 반면, 주거비용에 해당되는 보유세 부담이 커지면서 오히려 수요의 감소 내지 주거 이동의 계기가 될 수 있다. 따라서 고령자들은 고가의 주택을 보유했을 지라도 은퇴 후 소득이 없어 보유세 부담을 회피하기 위해서라도 저렴한 주택으로 이전할 가능성이 높아지므로, 고령 계층 간에서도 소득 수준에 따른 양극화 현상이 심화될 것으로 보인다. 주거비용의 변화보다 소득 변화에 더 민감하게 반응하기에 저렴하고 수명이 긴 모듈러주택이 고령자들의 장기적 주택으로 적합하다.

(3) 고령화의 현황

고령화 사회현상의 중요한 원인으로는 개인고령화와 저출산이 꼽힌다. 개인 고령화보다는 저출산에 의해 더 심각한 결과를 낳으며, 고령화 사회의 진전으로 노동 생산성이 약화되고 노인에 대한 경제적 및 사회적 부담, 피부양 노인인구 증가 등에 따른 저축률 하락 및 투자 위축 등 부정적 측면이 확실한 근거 없이 과장되게 부각됨으로써 개인 고령화에 의한 고령화 사회 현상이 부정적으로 인식되어지고 있다.

1990년대 이후, 급속한 고령화에 대한 의식이 확산되고 2000년에 고령화 사회에 진입하게 될 것이라는 예상과 함께 노인의 다양한 문제와 욕구 등이 논의된 바 있으며, 노인욕구조사 등에서도 노인주거의 필요성이 나타나고 있음에도 불구하고 노인주거는 정책적 관심의 대상이 되지 못하였다. 노인인구의 급속한 증가로 인해 부양에 대한 부담 증가, 고령자를 위한 일자리 부족, 사회와 가족으로부터의 소외, 복지시설의 부족, 국가경제 성장 약화 등의 문제를 낳는다. 노인을 위한 주거정책이 잘 이루어지고 있지 않아 노인은 가정과 사회에서 신체적 및 독립성을 잃고 더욱 소외되는 결과를 낳고 있으며 장애노인을 보호하는 측면에서도 노인과 가족에게 많은 어려움을 안겨주고 있다.

(4) 고령화에 적합한 주택유형

현재 국내는 남녀노소 불구하고 도심 속에 밀집된 아파트가 아닌, 교외의 조립식주택에 대한 도시민들의 관심이 높아지고 있다. 현대인들은 시대적 흐름에 알맞게 개인화된 생활방식의 영향으로 소형이면서도 자신만의 개성이 있는 주택을 선호한다. 그뿐 아니라 21세기의 대출 중 절반 이상이 베이비붐 세대의 주택 관련 대출이라고 한다. 그 만큼 주택에 대한 욕구가 큼을 알 수 있다. 베이비붐 세대가 퇴직 후 소득이 적어지므로 경제성으로 보았을 때, 공업화주택의 모듈러건축이 가장 적합하다.

모듈러건축의 주택은 일본의 조립식 주택 중 하나로 공장에서 대부분 제작된 후에 현장에서 조립하는 형태로 건축계획에서 준공까지의 소요시간이 짧다는 장점과 경제적인 면에서는 표준화된 모듈유닛을 공장에서 대량생산하기 때문에 생산단가를 낮춰 비용이 저렴한 면이 있어 1석2조의 효과로 최근 많은 도시민들에게 각광을 받고 있다. 모듈러건축이 일반주택에 비해 공사기간이 짧다는 장점으로 건축주들의 관심을 끌고 있으며 또, 모듈로 제작되어 있어 평형대 조절도 가능하다. 모듈러주택의 벽은 기존 철근콘크리트 주택보다 50% 정도 더 가볍기 때문에 공사기간도 절반 이상 줄일 수가 있다. 또 모듈러건축물은 일반건축물에 비해서 마음대로 면적을 늘리거나 줄이는 것이 가능하며, 기존 건물을 해체하여 다른 곳으로 옮겨 다시 조립할 수 있다는 점 역시 장점이다. 모듈러주택의 한계수명도 일반주택보다도 많은 140년까지 유지할 수 있기 때문에 고령화를 위한 지속가능한 건축구조시스템이라 할 수 있다.

2. 고령화를 위한 건축구조시스템

(1) 모듈러건축의 특성

1) 모듈러(유닛)건축이란

고령화를 위한 모듈러건축이란, 공업화건축의 일종으로 공장에서 완성된 공간을 형성할 수 있는 박스형태의 유닛 단위의 물리적 형태를 생산하고 내부 설비시설과 여러 가지 구성요소가 미리 갖추어진 상태로 이송하여 각 유닛들이 현장에서 조립됨으로써 건축물을 이루어내는 공법을 말한다(그림 11.2). 그리고 모듈러 건축은 대량생산에 의한 공기단축 및 원가절감, 경량화에 의한 내진성 등 많은 장점이 있어 최근 다양한 건축물에 적용되어지고 있다.

모듈러 건축시스템의 구조재료로는 크게 강재와 목재가 사용되고 있다. 유럽시장을 기준으로 할 때 유럽은 강재 50%와 목재 50%를 이용한 모듈러 건축시스템이 차지하고 있으나, 국내 시장에서는 모듈 제작비용 및 가용 경간 등의 문제로 인해 강재 모듈이 대부분을 차지하고 있다.

모듈러 건축시스템의 단위 모듈을 구성하는 구조시스템은 그림 11.3과 같이 크게 2가지 형식으로 학교 교실이나 군 막사, 업무시설 등 오픈 스페이스를 요구하는 건축물에 주로 사용되어지고 있는 보-기둥 프레임식 모듈(Frame type module, open module)과 군 독신자숙소나 학교 기숙사, 주택 등 작은 모듈을 사용하면서 단위 실의 크기가 모듈 크기와 동일한 건축물에 주로 사용되어지는 내력벽식 모듈(Bearing wall type module, 4-sided module)로 구분이 가능하다. 프레임식 모듈은 일반적인 철골프레임구조와 유사하며, 내력벽식 모듈의 구조형식은 스틸하우스로 대표되는 스틸스터드인 경량철골구조와 유사하다.

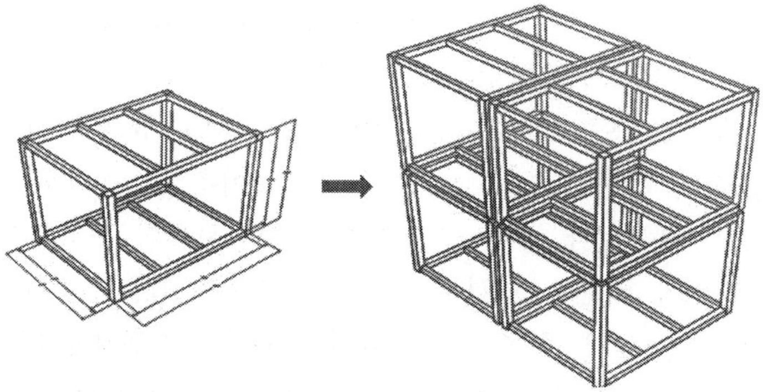

그림 11.2 건축 단위모듈

(a) 프레임식 모듈 (b) 내력벽식 모듈

그림 11.3 건축 단위모듈의 구조형식에 따른 분류

2) 모듈러 유닛의 구조 성능 및 특성

일반 철골 구조와 다르게 모듈러 건축물에 사용되는 자재들은 모듈러 공법만이 갖는 특성인 구조의 경량화와 바닥판의 유닛화 등의 특성으로 개발된 자재들이 사용되고 있다. 또, 스팬에 따른 다양한 높이와 두께의 자재들이 생산되어진다.

공장에서 제작된 모듈을 현장에서 건식 접합하는 공법의 특성상 구조적인 관점에서 모듈러 건축물은 다음과 같은 특징을 갖는다.

가. 일반적으로 모듈러 건축물의 구조물량은 기존 철골조 건축시스템에 비해 120~140%까지 소요되는 것으로 알려져 있는데, 특히 하부 모듈의 상부 보 및 상부 모듈의 하부 보는 합성효과를 고려하지 못하는 경우 기존 현장공법에 비해 많은 구조물량이 소요된다. 상하부 보 부재를 효과적으로 체결하는 경우 구조성능을 크게 증대시킬 수 있으나 향후 이축 및 재사용 과정에서 비용이 증가하는 원인이 된다. 모듈러 건축물은 단위 모듈이 구조적으로 완결성을 지닌 형태로 제작이 된다. 따라서 현장에서 모듈을 적층하여 구조물이 완성되어지는 경우 기둥 및 보 부재에 구조부재의 중첩이 발생하게 된다.

나. 모듈러 건축시스템의 바닥판은 콘크리트 타설 후 양생하는 습식바닥구조와 건자재 혹은 PC부재를 활용하는 건식바닥판으로 구분할 수 있다. 습식바닥판의 경우 가격이 저렴하고 진동, 소음 등의 거주성능이 우수한 반면 과도한 중량으로 하부 모듈의 구조부재에 큰 연직하중을 유발하게 된다. 건식바닥판의 경우 경량구조의 구현이 가능하기 때문에 수직증축 및 고층구조에 효과적으로 적용할 수 있으나 진동 및 소음, 내화 등의 거주 성능 확보가 어렵다. 건식바닥판을 사용하는 경우뿐만 아니라 습식바닥판을 사용하는 경우에도 공장에서 모듈단위로 바닥판을 타설하여 모듈이 집적된 구조물에서 바닥판의 일체거동을 확보할 수 없기 때문에 모듈러 건축시스템에서는 구조설계과정에서 고려하는 바닥판의 다이어프램 구성이 어렵다. 이는 수직 및 수평 구조부재의 요구성능을 증가시켜 구조부재의 크기를 증가시키게 된다.

다. 모듈러 건축시스템에서 모듈 간 접합은 일반적으로 볼트를 이용한 건식접합방법을 통해 이루어지는데 이와 같은 볼트접합부는 구조부재에 발생하는 휨모멘트를 전달할 수 없고 전단력만을 전달하게 된다. 연직하중만 작용하는 경우에는 이론적으로 볼트접합부에 응력이 발생하지 않고 구조 부재 간의 마찰 접합을 통해 하중을 전달할 수 있게 된다. 하지만 구조물이 바람이나 지진 등의 횡력에 노출되는 경우에는 볼트접합부를 통해 모듈 간에 발생하는 전단력을 전달해야 한다. 모듈러 건축물이 고층화, 대형화 되어 횡력의 크기가 커지는 경우에는 볼트접합부를 통해 횡력 저항성능을 구현하기 어렵게 된다.

(2) 모듈러 유닛의 종류

1) 프레임식 모듈러 유닛의 구조

그림 11.4는 프레임식 모듈러 유닛의 기본적인 구성이다. 프레임식 모듈이란 바닥보와 기둥천장보 등으로 구성되는 프레임구조를 통해 하중에 저항하는 구조로 구조부재로는 6~12mm의 열연강재가 사용된다. 프레임식 모듈의 경우 12m 이상의 장경 간 모듈 구현이 가능하고 횡력 및 중력에 대한 구조성능이 우수하다.

바닥보는 바닥판의 하중을 기둥으로 전달해 주는 장방향보와 기둥과 기둥을 연결하는 단방향보로 구성되며, 천장보도 장방향 천장보와 단방향 천장보로 구성된다. 또한 모듈의 4면의 구성이 자유로워 다양한 내부공간의 구성이 가능하다는 장점이 있는 반면, 마감을 위한 비내력벽체의 설치로 모듈 제작비용이 증가하고 모듈형태의 변형이 어렵다는 단점을 지닌다.

모듈의 스팬이 6~7m 수준인 경우에는 내부 기둥이 굳이 필요 없지만 그 이상이 되는 경우에는 내부 기둥(그림 11.4의 G)이 추가되는 것이 일반적이다.

바닥판의 경우, 내력벽식 모듈러 유닛과 같은 바닥 조이스트와 건식보드를 이용한 방식을 사용하기도 하며 또 콘크리트 바닥판(그림의 H)을 사용할 수도 있다.

그림의 J는 보-기둥 접합부를 나타내는 것이며, 프레임식 모듈의 보와 기둥의 접합은 고력볼트를 이용한 접합이나 용접 접합 등이 사용될 수 있다. 보-기둥 접합부(J)는 모듈과 모듈의 접합이 이루어지는 부위로 양중이 이루어지는 부위(상부 접합부의 경우)이다. 이러한 다양한 기능들이 동시에 만족되어져야 하기 때문에 프레임식 모듈러 시스템을 설계할 때 가장 유의해야 할 설계 요소이다.

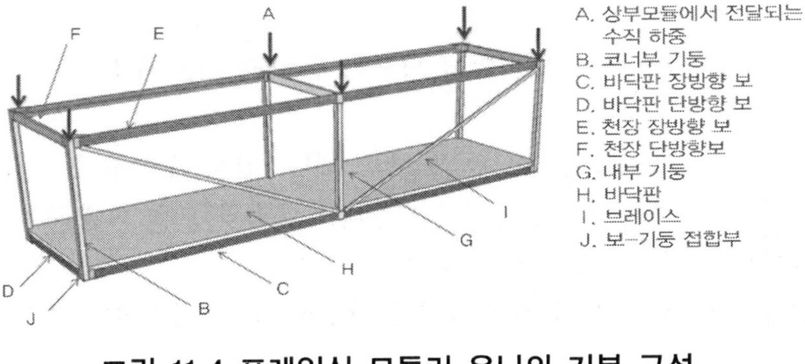

그림 11.4 프레임식 모듈러 유닛의 기본 구성

2) 내력벽식 모듈러 유닛의 구조

내력벽식 구조는 두께 1~2.5mm의 아연도박판으로 이루어지는 벽체 및 바닥패널을 통해 하중을 전달하는 모듈을 의미하며, 이 구조는 모듈과 모듈의 기둥 부위에서 상호 접합되어 전체 건축물이 연직하중뿐만 아니라 횡력에 대해서도 안전한 거동을 하고 있다. 그림 11.5는 내력벽식 모듈러 유닛의 기본적인 구성을 보여준다.

내력벽식 모듈의 경우, 상대적으로 모듈 제작비가 저렴하고 다양한 형태의 모듈 구성이 가능하다는 장점을 지니며 내력벽식 모듈러 시스템은 기숙사나 호텔 등 소규모 실을 구성하는데 효과적이다. 반면, 가용경간이 8m 이내로 짧은 편이고 횡력에 대한 저항성능을 기대하기 어렵고, 또한 출창호 등의 개구부 설치 시 별도 구조검토가 필요하고, 양중 시 구조부재의 국부적인 파괴가 발생할 염려가 있다.

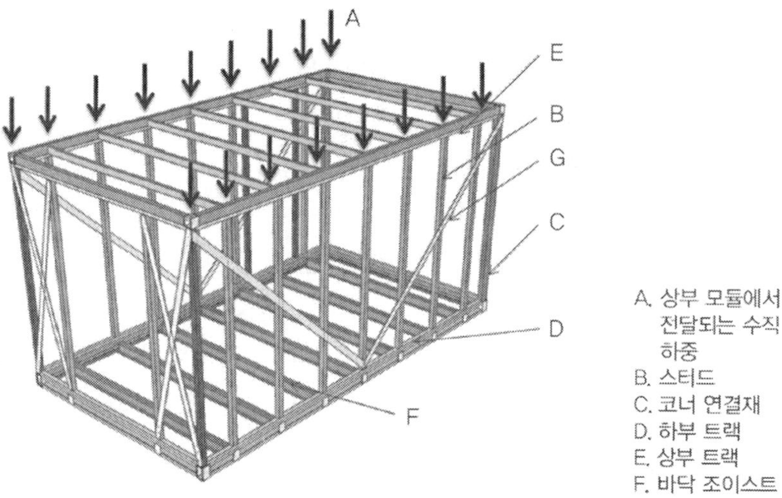

그림 11.5 내력벽식 모듈러 유닛의 기본 구성

일반적으로 내력벽 모듈은 바닥판 및 벽체 패널, 천장 패널 등을 조립하여 구성을 한다. 또 작용되는 하중으로는 내력벽 모듈의 상부층의 모듈 벽체(또는 바닥)에서부터 일정 간격으로 수직하중이 전달된다.

그림 11.5의 A처럼 모듈의 벽체 내부에 상부로부터 전달되어지는 수직 하중을 지

지할 수 있도록 일정 간격의 스터드가 설치된다. 스터드(그림의 B)는 두께 1~2mm의 얇은 박판 강재가 일반적으로 사용되며, 보다 높은 강도가 요구되는 경우에 각형 강관 스터드가 사용되어진다.

스터드의 상하부에서 스터드를 고정해 주는 역할을 하는 부재가 상부트랙(그림의 E)과 하부트랙(그림의 D)이다. 스터드가 박판의 C형강인 경우 스터드와 트랙을 스크류 볼트를 이용해 접합시키고, 스터드가 열연 각형강관일 경우에는 스터드와 트랙을 용접방식으로 접합시키는 것이 일반적이다.

직각방향으로 만나는 벽체패널과 벽체패널 사이의 코너부에는 코너 연결재(그림의 C)를 두는데, 이는 코너 연결재(C)를 직교하는 벽체패널과 연결하는 역할을 하며, 양중 시 양중하중을 모듈로 전달하는 역할을 하기 때문이다. 또한 모듈과 모듈을 접합하는 역할을 하기에, 내력벽식 모듈 설계 시, 코너 연결재가 이 기능을 충실히 할 수 있도록 상세결정을 해야 한다. 천장과 바닥 사전에 제작되는 패널로 바닥 패널의 경우 바닥 조이스트(그림의 F)나 데크 등을 이용해 콘크리트 타설하기도 한다.

3. 고령화의 건축구조시스템 효과

(1) 고령화시대의 모듈러건축의 특성

1) 모듈러건축의 장단점

모듈러 건축 시스템은 주요 건축자재의 부품화를 통한 생산효율의 향상, 내후성강과 아연도금강판을 이용한 경량철골구조시스템으로 구성되며, 모듈러 건축의 과정은 그림 11.6에서 간단하게 보여주고 있다. 이를 통해 골조의 내구성 확보, 공장생산비율의 향상을 통한 현장시공의 최소화, 공기 단축을 위한 시스템 구성, 구조적 안전성 확보 그리고 고령자가 기존 집의 자재를 재활용하여 환경적으로 폐자재를 감소시키고 경제적으로 비용절감을 시키는 등 다음과 같은 다양한 장점을 갖고 있음을 알 수 있다.

모듈러건축의 특성으로는 공기단축, 품질의 안전성, 경량화, 내진특성, 이동의 용이성, 수직 및 수평으로의 다양한 평면 조합이 가능한 구조의 친환경성, 건설공사의 안정성, 유지관리의 편리성 등이 있다.

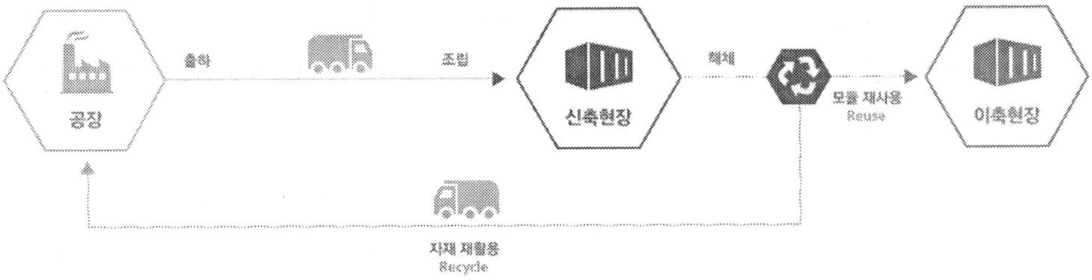

그림 11.6 모듈러건축의 개념도

2) 모듈러건축의 특성

① 공기 단축

건축 모듈은 현장에서 기존 건물의 철거 및 기초공사기간 중에 공장에서의 모듈생산이 가능하기 때문에 기존 건설 방식에 비해 평균 50～60%의 공기 단축이 가능하다. 그림 11.7은 모듈러 공법과 기존의 건설공법의 전체적인 공정을 보여준다. 그림에서 알 수 있듯이 모듈러 공법이 기존 건설공법보다 현장작업의 공정 수 및 소요 시간이 대폭 단축됨을 나타내고 있다. 그리하여 건축 모듈은 현장에서 조립을 하는 기간보다 모듈의 골조, 벽체, 구조체 설비, 소방, 통신, 실내외 마감 등 최대 80%의 자재제작이 가능한 공장에서의 많은 준비기간이 요구되어진다. 이 준비기간 동안 현장에서는 기초 및 토목공사가 이루어지게 되는데 기초공사는 일반 구조물의 기초공사와 동일하다.

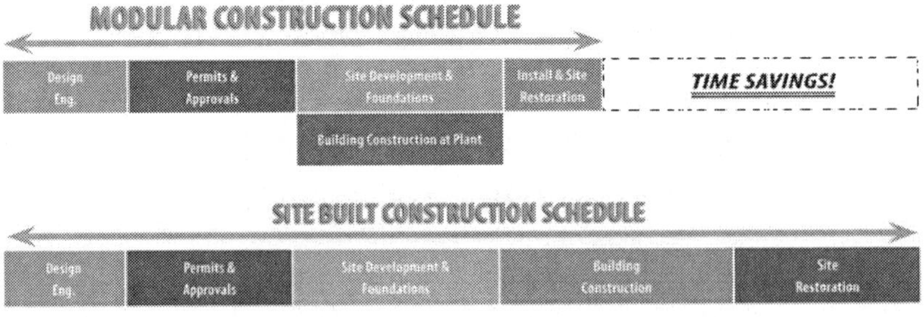

그림 11.7 모듈러 공법과 기존 건설공법의 비교

그림 11.8은 조립 지그 및 컨베이어가 갖추어진 공장에서 모듈 유닛을 제작하고 있는 과정이며, 그림 11.9는 공장에서 제작된 모듈을 현장에서 조립하는 모습이다. 공장에서 제작된 모듈이 현장으로 이송되면 단기간 내에 모듈을 적층 설치하여 건축물을 완성하게 된다. 이렇게 현장에서 조립하는 시간을 최소화시킴으로써 거주지역에서의 민원발생을 보다 감소시킬 수 있다.

또 모듈러 건축의 공사현장에서는 안전사고가 가장 발생하기 쉬운 골조공사 등이 생략되었기에 기존의 건설 공법보다 안전사고의 발생이 현저히 줄어든다.

그림 11.8 유닛모듈러의 공장제작 그림 11.9 유닛모듈러의 현장조립

② 대량생산에 의한 공사비 절감

공장에서는 조립식 유닛을 반복 생산하므로, 표준화 및 학습효과를 얻어 대량생산에 따른 규모의 경제효과로 얻을 수 있는 원가절감과 자재사용량 최적화로 낭비요소를 줄일 수 있다는 장점이 있으며, 일반적인 현장 공법에 비해 공장 생산을 하는 모듈러 건축물은 현장에서의 작업량과 공기가 최소화되므로 보다 현장기능 인력에 대한 소요가 감소하며, 동시에 공장에서의 제조 인력의 많은 소요가 발생한다.

기존 건물들이 습식 공법으로 현장 노무자의 숙련도 등에 의해서 품질이 좌우되었다면, 모듈러 건축은 기존 방식과 다르게 공장생산에 바탕을 두는 품질관리 기법과 기준의 도입을 통하여 일정한 고품질을 얻을 수 있어 품질의 안정성 또한 보장이 가능하다. 또한 건축 모듈에 사용되는 강재는 품질에 대한 신뢰도가 높은 부재로 이동 및 재사용 시에 내구성을 확보할 수 있다.

③ 3R(Reduce, Reuse, Recycle)

철골조 모듈은 수직 또는 수평으로 뛰어난 구조성능을 지니기에 다양한 평면 조합도 가능한 융통성도 있다. 또 모듈로 구성된 건물을 철거할 시 유닛단위로 분해를 하여 자재 및 유닛모듈을 재사용하여 건축 자재 처리비용을 최소화하고, 건설폐기물의 비용을 절감할 수 있어 친환경적이다. 공장에서 건식공법인 철골조 모듈을 현장에서 쉽게 조립이 가능하도록 제작했기에 모듈의 해체 및 재설치가 가능한 것이며, 도로 사정을 고려하여 설계된 모듈이기에 차량으로 이송 가능하다.

주요자재로는 경량철골이 있는데 이것을 사용하면 구조물의 경량화가 가능하며 또 조적조 건물에 비해 무게가 30% 정도에 불과하다. 모듈의 경량화는 기초에 대한 부담을 덜어주기에 초기 공사비를 감소시키고, 지진하중 또한 감소되는 내진특성 또한 갖게 된다. 표준화된 부품접합부의 디테일 등이 경량철골을 사용한 부품화된 건설 자재들을 사용하기에 파손 및 노후 발생 시 교환이 가능하여 유지보수가 편리하다.

표 11.1은 모듈러 건축물을 모듈단위로 재활용한다고 가정했을 때 구현 가능한 재활용 비율을 시뮬레이션한 결과를 보여준다. 재료비용 기준으로 최대 82.3%의 재활용 비율을 기대할 수 있다.

표 11.1 모듈 제작비용의 재활용률 [%]

공 종	소요비용 비율	재활용률	재활용 비용
철골공사	23.5	92.5	21.7
바닥, 벽체, 천장	32.8	92.9	30.5
지붕공사	6.0	12.4	0.9
창호 및 철물	10.5	83.5	8.8
UBR	10.4	91.0	9.5
완제품	7.3	91.7	6.7
전기공사	2.5	80.0	2.0
설비공사	3.5	65.0	2.3
합계			82.3

(2) 국내외 동향

1) 국내 동향

모듈러 공법과 기존 건설공법을 비교한 그림 11.10의 국내 모듈러 건축 시장 규모를 살펴보면, 2010년부터 성장한 모듈러 시장은 2011년 군 시설에 집중적으로 적용되면서 크게 성장하였고, 2012년에는 러시아와 호주에 모듈러를 수출하면서 국내의 모듈러 시장이 확대되었다. 또 소형 가구의 증가와 고령자의 증가율에 따라 도시형 생활주택 활성화 정책이 본격적으로 추진되면서 공기단축의 효과가 뛰어난 모듈러 건축시스템이 민간부문의 소형주택에 적용되는 사례가 증가하고 있다.

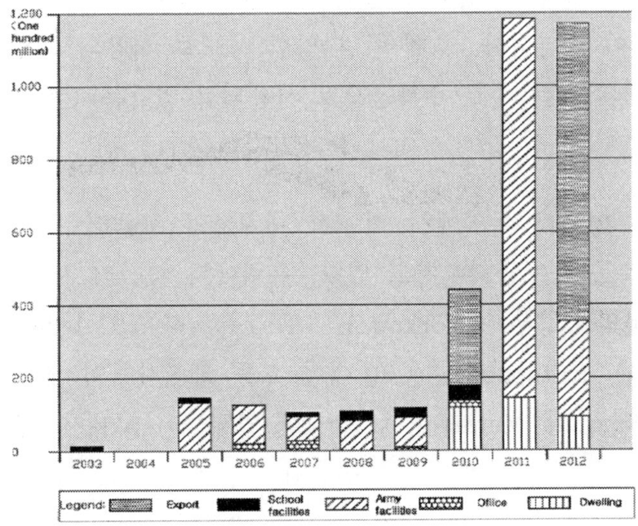

그림 11.10 모듈러 공법과 기존 건설공법의 비교

기존의 철골조나 철근콘크리트조와 같은 습식공법과는 뚜렷하게 구분되는 특징을 가지며, 한국형 모듈러 시스템의 특징은 다음과 같다.

가. 주요 건축자재의 부품화를 통한 생산효율 향상

나. 내후성강과 아연도금강판을 이용한 경량철골구조시스템 구성으로 골조의 내구성 확보

다. 공장 생산율의 향상을 통한 현장 시공의 최소화 및 습식 시공방법의 지양

라. 현장에서의 공기 최소화를 위한 시스템 구성
마. 구조적 안전성 확보
바. 설치 후 이동 및 재사용 가능한 접합방식 적용 모듈러 건축 공법을 적용하고 경량철골 구조로 제작되는 모듈러 시스템은 품질 및 내구성 등 우수한 성능 확보
사. 국내의 환경에 적합한 단열, 차음, 충격음, 결로 방지성능 확보

2) 해외 동향

국외의 모듈러 건축 시스템은 유럽과 미국, 일본 등에서 각 나라의 특성에 맞게 개발되어 사용되고 있다. 유럽의 모듈러 건축물은 학교나 군 막사, 상업시설 등 일반건축물과 주택이나 기숙사, 호텔 등 다양한 용도로 사용되고 있다는 점이 특징이며, 일본이나 미국에서는 주로 주택용으로 사용되고 있다는 점이 특징이다.

① 유럽

유럽에서는 영국과 독일에서 비교적 대규모의 모듈러 유닛 제조사들에 의해 모듈러 건축물이 보급되어지고 있다. 유럽에서 모듈러 시스템이 가장 널리 보급된 영국의 경우, Yorkon사, Terrapin사, Caledonian사, Corus사, Ayrframe사, Britspace사 등의 대형 모듈 제작사들이 있고, 독일의 Alho사, 핀란드의 Rannela Metals사 등 다양한 업체들이 고유시스템을 개발하여 사용하고 있다.

② 영국(U.K)

영국의 모듈러 공법 시장은 전후 복구 주택 등에 의한 수요로 시장의 도입기(1945~1960)를 맞았으며, 시스템의 저품질로 인한 인식 증가로 시장 침체기(1960~1990)를 맞게 되었다. 이후 다수의 중견 제작사가 경쟁체제를 구축하여 디자인의 향상과 인식 개선을 통해 수요를 증가시켜 영국 모듈러 공법 시장의 성장기(1990~2000)를 갖게 되었다. 엔지니어링 기술의 향상과 중대형 업체의 증가로 인해 시장이 확대되어 고층주거, 호텔 등 프로젝트가 대형화 되는 추세를 넘어 현재 영국에서 모듈러공법의 시장규모는 약 3조원으로 민간부분이 전

체시장의 55%를 점유한다는 점과 국방시설, Social Housing 등의 공공부문 시장이 확대되어 있다는 점이 국내 환경과 유사하다 볼 수 있다. 모듈러 건축 시장의 성장 요인은 CO2 배출량 저감, 정부의 주택정책 중 친환경 (단열성능, 재활용률 등) 건축물에 대한 지원 증가와 비주거시장(교육시설, 병원시설, 체인점 등)의 확대, 정부의 Key-worker를 위한 Social Housing (임대주택의 일종) 시장 확대, 적용 가능한 건축물의 범위(디자인 기술 향상, 고층화 기술 개발, 장스팬화 등)의 확대, 영국 내의 숙련공(조적공, 배관공) 부족 문제 해결, 영국 기후의 특성, 가격 경쟁력, 도심지 공사의 용이성, 신축 및 증축 등에 모듈러 공법을 적용하고자 하는 수요자 증가 등이 있다.

③ 독일(Germany)

독일은 모듈러 건축이 가장 잘 발달된 국가라고 할 수 있다. 독일에는 주택용으로 사용할 수 있는 모듈러 유닛을 생산하는 다수의 업체가 존재하는데, 이 가운데 가장 큰 모듈러 주택 생산업체는 ALHO이다. 이들은 1세대 주택(Generation House)이라는 시스템을 개발하였는데, 보조적인 구조부재로 4.5m 폭의 경량철골 조립부재를 활용하였으며, 이 시스템은 가족 수의 증가에 따라 유닛의 확장이 자유롭다는 특징이 있다. 또 4층 규모의 오피스 빌딩과 은행, 학교, 호텔 등에 또 다른 모듈러 시스템이 적용되어졌다.

모듈러 유닛은 동일한 폭 2.5m와 길이 5.0~7.5m이며 각각의 유닛은 파사드에 롤블라인드와 냉각기유닛을 설치하여 공장에서 제작된다. 또, 경사지붕과 발코니도 모듈러 유닛으로 생산이 가능하다. 일부 유닛은 대형 오피스공간을 형성하기 위해 측면에 개방된 형태이지만 기본적인 구조는 하나의 보와 중공강관(SHS)기둥으로 구성되며, 경사지붕과 철제 피난계단은 독립된 구조체에 의해 지지된다.

④ 미국(U.S.A)

미국의 모듈러 건축 시스템은 여러 용도로 폭넓게 적용되고 있으며 주로 보급형 주택과 호텔 분야에서 두드러지게 적용되어 있으며 특히 단층 주택용 모듈러 유닛이 거의 차지하고 있다. 미국의 경우는 모듈러 유닛의 운송시간이 하루를 넘기면 경제성이 떨어진다고 판단하여 지역마다 소규모의 공장들이 만들어졌다. 따라서 대부분의 모듈러 홈 제조업체들이 각 지역시장의 요구에 대응하도록 성장하여 대부분 영세하다는 점이 특징이고, 주타겟의 시장 또한 저소득층을 위한 주택이다.

⑤ 일본(Japan)

일본의 모듈러 주택산업은 미국과 다른 배경으로 발전하였고 그 역사도 매우 짧다. 1955년에 심각한 주택난을 해결하기 위하여 일본 정부에서는 주택공단(Japan Housing Corporation, JHC)을 만들었으며, 초기의 주택공간은 중량콘크리트 패널을 이용한 철근콘크리트조 아파트의 개발에 초점이 맞추어졌고, 일본의 모듈러 건축은 전체 주택시장의 5~7%를 차지했으며, 단독주택 시장이 대규모로 형성되어, 주문에 의해 공장에서 제작하는 모듈 제작사들이 자동차 제작사 규모의 설비와 기술력을 갖추고 다양한 모듈들을 생산했다. 이러한 일본의 모듈러 시스템은 주로 고급형 주택을 주요 시장으로 하고, 비교적 소규모의 모듈러 유닛을 이용하면서 대규모 시설과 자동화된 설비를 이용한다는 특징이 있다. 미국이나 유럽에 비해 기본적인 기술은 전통적인 철골조 건축에 기반을 두고 있어 보다 가장 높은 수준의 자동화 생산 시스템을 갖추고 있다고 볼 수 있다. 세키스이하임이나 토요타홈즈와 같은 대형 모듈러 빌딩 제작사들은 완벽한 CAD/CAM 시스템을 갖추고, 수만 가지의 부품들을 이용한 다양한 조합으로 모듈러 건축시스템을 생산하고 있다.

참고문헌

1. 최성재, 고령화사회, 서울대학교출판문화원, 2012
2. 김지현 외 1명, 주거시설로서 모듈러 건축 활용화 방안, 한국주거학회, pp. 19-21, 2013.6
3. 황명진 외 1명, 우리나라 고령화 현상과 베이비붐 세대의 인구추계, 한국인구학회, pp.113-115, 2011.8
4. 최남희 외 3명, 우리나라 군지역의 고령화 위기와 동태성의 인과순환적 구조분석, 한국시스템다이내믹스학회, pp.76-79, 2014.4
5. 이창재 외 1명, 유닛모듈러 주택의 BIM라이브러리 개발 연구-소규모 도시형 생활주택을 중심으로, 한국주거학회, pp.12-13, 2012.12
6. 김갑득, 경량 철골 모듈러 유닛 구조 공법-친환경 신기술, 건설저널, p.63, 2004.11
7. 조봉호 외 2명, 모듈러 건축 시스템의 기술개발 동향 및 적용 사례, 한국강구조학회, pp.113-118, 2007.3
8. 임상진, 모듈러 건축시스템의 설계, 한국그린빌딩협의회, pp.14-15, 2011.9
9. 이상섭 외 3명, 유닛 모듈러 기둥-보 조인트의 구조 성능에 대한 실험적 평가, 한국강구조학회, p.255, 2013.6
10. 홍성걸, 중고층형 모듈러 구조설계 방안, 대한건축학회, pp.15-17, 2014.5
11. 정성림 외 2명, 해체·조립식 모듈러 철골조 기둥-보 접합부의 거동에 관한 실험적 연구, p.89, 2008.2
12. 하태휴, 모듈러 건축시스템의 구조성능, pp.26-30, 2011.9
13. 포스코 A&C, http://www.poscoanc.com (검색일 : 2015.1.19)

제12장

긴급임시주거 공간개발

1. 긴급임시주거 공간개발의 의의
2. 재난재해 대응시설에 대한 고찰
3. 전개형 구조시스템의 분류 및 특성
4. Scissors형 구조시스템에 의한 공간개발
5. 전개구조시스템을 이용한 돔형 쉘터구조물의 개발
6. 향후 발전방향

제12장 >>> 긴급임시주거 공간개발

1. 긴급임시주거 공간개발의 의의

최근, 전 세계적으로 환경 변화에 따른 자연재해가 빈번히 발생하고 있으며, 이에 따른 막대한 경제적 손실과 이재민이 발생하고 있다. 이는 18세기 산업혁명 이후 급속한 경제활동으로 인해 이산화탄소, 메탄, 이산화질소 등 온실가스 발생량이 증가함에 따라 지구 온난화 현상의 가속화에 의한 결과이다. 그림 12.1은 WMO(세계기상기구)에서 발표한 1900년부터 2000년까지 총 100년간의 재해 발생빈도 수이다. 전 지구의 연도별 자연 재해 발생빈도가 1900년대 보다 2000년대에 약 500배 이상 급격하게 증가하고 있음을 알 수 있다. 이와 같이 빈번히 발생하고 있는 재난재해에 대비하기 위하여 이재민을 수용하여 안전하게 대피할 수 있는 재난재해 대응시설의 건설은 사회적으로 매우 중요하며, 특히 고령자와 같은 재난재해 취약계층의 증가에 따른 대책이 무엇보다 시급하다 할 수 있다. 2014년 소방방재청의 조사에 따르면, 한국 국내의 고령화에 의한 고령화 인구 및 장애인 등 재난취약계층이 증가하고 있으며, 2018년에는 65세 이상의 고령화 인구가 전체 인구의 14% 이상을, 2025년에는 20% 이상을 차지할 것으로 전망하고 있다. 따라서 국가의 안전복지차원에서 취약계층에 대한 보호의 필요성이 증대되고 있으며, 베이비붐 세대의 은퇴가 본격화되고 있는 등 고령화 사회의 가시화로 그에 따른 대책 마련이 시급하다.

재난재해 발생 시, 현재까지는 기존의 학교나 체육시설을 이용하였으나 수용인원의 제한성, 위생문제 등 많은 문제를 안고 있기 때문에, 구조적 안정성을 지니며 많은 이재민들을 안전하게 수용할 수 있는 임시 구조물의 건설이 요구된다. 또한, 사람들을 안전한 장소로 피난시킬 수 있는 피난처는 단기간에 건설해야 하기 때문에 이동 및 전개가 가능한 초대공간을 건축할 수 있는 최첨단의 건설기술이 요구된다. 이와 같은 이동 및 전개 가능한 구조시스템을 전개형 구조물이라 정의한다(그림 12.2 참조).

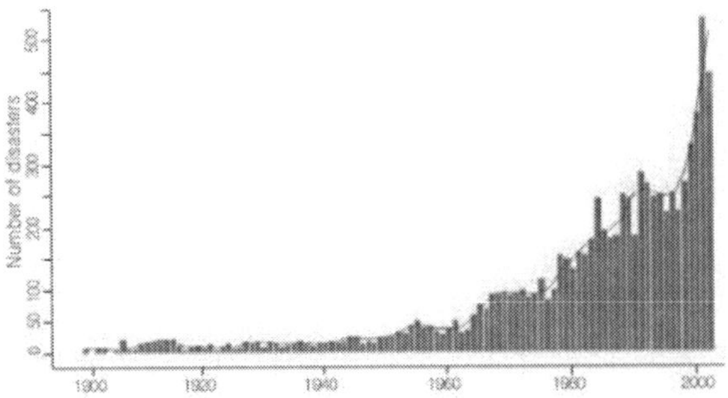

그림 12.1 전 세계 연도별 자연재해 발생빈도 (WMO 제공)

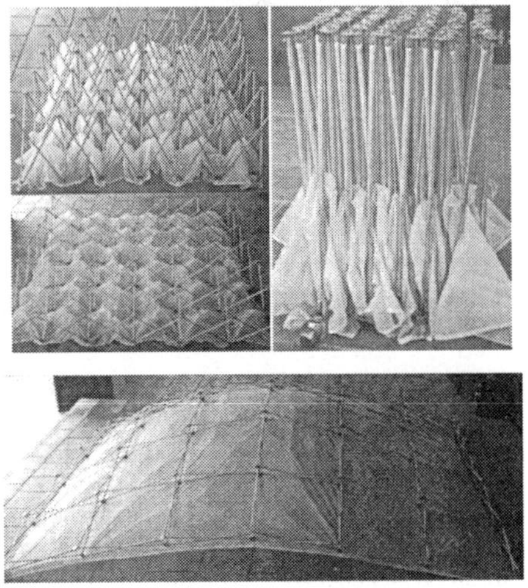

그림 12.2 전개구조물의 개념

이동전개가능형 구조물은 평상시에는 부재요소들이 접혀져 있거나 연결되어 있지 않아 매우 적은 부피의 형태로 보존되다가, 유사시 각 요소들을 연결시키고 전개시키면 하나의 대형 공간을 창출해 낼 수 있는 새로운 구조시스템이다.

따라서 본장에서는 재난재해 발생시, 고령화 인구와 같은 재난재해 취약계층을 신속히 안전한 장소로 피난시키기 위하여 전개구조시스템을 이용한 긴급임시주거의 공간개발에 대하여 기술한다.

2. 재난재해 대응시설에 대한 고찰

(1) 국외의 재난재해 실태

대륙별 재난재해 발생건수 및 과거 주요재난에 의한 사망자수와 재해의 규모를 각각 그림 12.3과 표 12.1에 나타낸다. 그 결과, 최근 재난재해 발생은 다른 지역에 비해 아시아지역에서 빈번히 발생함을 알 수 있으며, 재해로 피해를 입은 인구는 상당히 많은 편이다. 대부분의 자연재해 중 지진이나 쓰나미로 인한 피해가 자주 발생하며 홍수 또한 흔한 자연재해 중 하나이다. 가장 최근의 사건은 2011년 일본에서 발생된 지진이다. 통계에 따르면 확인된 사망자만 13,000명을 넘었으며, 대략 14,600명이 실종되었다. 440,000명 이상의 인구가 지진, 쓰나미, 방사선 경고로 거처를 떠나야 했고 거의 600,000명이 대피했다. 2010 아이티 지진의 경우 피해 지역 내 피해자는 백만 명으로 추정되며 피난민은 대략 700,000명, 이 지역을 떠난 인구는 약 600,000명으로 보고되고 있다.

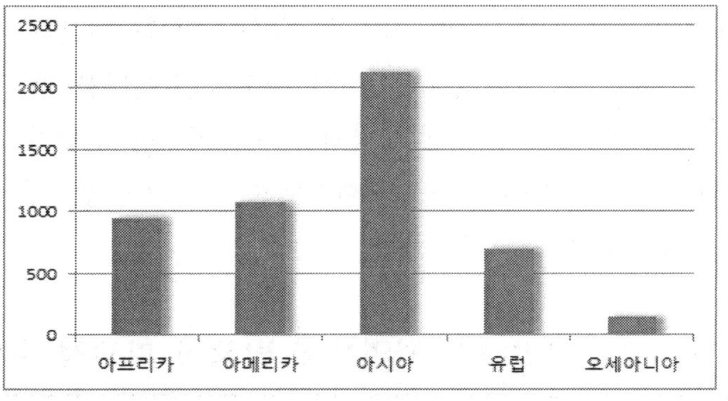

그림 12.3 대륙별 재해발생 건수(1992년~2001년)

표 12.1 1900년대 이후 발생한 과거 주요 재난

순위	사망자 수(추정치)	사 건	위 치	날 짜
1	1,000,000~2,500,000	1931 중국 홍수	중국	1931.7, 1931.11
2	242,419	1976 탕산 지진	중국	1976.7.28
3	500,000	1970 볼라 사이클론	방글라데시	1970.11.13
4	316,000	2010 아이티 지진	아이티 프로트프랭스	2010.1.12
5	230,210~310,000	2004 인도양 쓰나미	인도네시아 수마트라, 스리랑카, 몰디브	2004.12.26
6	234,117	1920 하이위안 지진	중국	1920.12.16
7	142,000	1923 관동대지진	일본	1923.9
8	138,000+	2008 사이클론 나르기스	미얀마	2008.5
9	138,000	1991 방글라데시 사이클론	방글라데시	1991.4
10	120,000	1948 아슈하바트 지진	트루크메니스탄	1948/10

(2) 국내의 재난재해 실태

세계적 기상변화는 한국 국내에도 영향을 미치고 있으며, 매년 태풍을 위시한 각종 자연재해로 인한 인명피해 및 재산피해도 해마다 증가하는 추세이다.

국내의 경우에는 외국의 지진이나 쓰나미 같은 대규모의 자연재해보다는 약 80% 이상이 풍수해로 인한 피해이다. 그리고 매년 태풍을 위시한 각종 자연재해와 인적재난이 발생한다. 그중 표 12.2는 우리나라 자연재해 발생과 피해액 순위를 나타낸 것으로, 2002년과 2003년에는 '루사(RUSA)와 매미'라는 전례 없었던 태풍으로 사상초유의 피해를 입었고 고성, 양양 지역에 산불이 발생하여 많은 재산피해와 문화유산인 낙산사의 일부도 소실되었다. 이러한 재해가 일어났을 때 가장 긴급한 선결사항은 대규모 재해민들에게 필요한 식량과 임시주거지를 공급하는 것이다. 순식간에 안정된 주거공간을 잃어버린 재해 이재민에게는 심리적 안정을 취할 수 있는 최소한의 거주공간이 절대적으로 필요하다.

표 12.2 우리나라 자연재해 발생과 피해액 순위

피해 순위	종목 / 연도	사망, 실종(인)	이재민 (인)	침수면적 (ha)	건물 (천원)	합계 (천원)
1	2002	350	71,204	61,579	115,790,805	6,115,292,608
2	1987	1,022	272,277	300,453	21,328,206	1,643,213,410
3	1998	384	30,308	91,629	39,325,026	1,611,776,277
4	1999	89	26,656	76,128	42,177,489	1,268,346,375
5	2001	82	4,165	20,012	10,813,131	1,256,167,568
6	1990	257	203,314	124,276	13,194,357	929,653,197
7	1989	307	92,593	121,060	8,816,277	820,074,261
8	1995	158	30,408	79,254	6,074,321	736,410,889
9	2000	39	3,665	53,092	11,595,612	657,779,168
10	1996				17,767,834	573,380,803

매년 재해 발생 시 임시주거대책으로 컨테이너하우스를 공급하고 있지만 이재민들이 일정기간 동안 거주해야 할 임시 주거공간은 영구 주거공간과는 다른 조건들이 필요하다. 그러나 국가적 재난대비의 복구차원에서 메뉴얼화된 시스 템이 없고 계획성 없는 대응으로 임시주거를 이용하는 피해주민들의 불만이 큰 것으로 나타났다. 공급되는 임시주거는 주거용으로 적합하지 않고, 최저주거기준에도 못 미치는 실정이다. 국가는 임시주거대책을 위해 많은 예산을 투입하고 있지만 재해민들은 여전히 열악한 환경에서 살고 있다.

(3) 국내 · 외 임시주거의 사례

1) 국내 임시주거 사례

우리나라의 재해 복구용 임시주거의 주종을 이루는 것은 크게 이재민 임시수용시설과 가구별로 지급했던 '컨테이너하우스'라 말할 수 있다. 그러나 학교, 마을회관, 교회 등은 재해초기의 응급복구 기간에 제공된 긴급구호의 성격이 강하여 임시주거라고 말할 수 없어 본 국내 사례조사에서는 제외하였다.

국내 임시주거 사례를 정리하면 다음과 같다. 고성 산불(1996년)이후 동해안 산불(2000년), 태풍 '루사'(2002년), 태풍 '매미' (2003년), 강원도 산불(2005년) 등 자연재해 때 모두 컨테이너하우스를 공급하였다. 초기의 컨테이너는 철판으로 만들어졌으며 점차 개선되어 드라이비트 마감으로 단열 및 미관이 향상되었다. 내부에는 주거할 수 있는 부대시설이 미흡하여 수도, 가스, 전기시설 및 각종 편의시설 설치공사와 생활용품 제공이 컨테이너 공급과 동시에 이루어졌다. 2007년 이후 이재민을 위한 임시주거공간에 대한 관심과 개선의 노력은 계속되고 있다. 이전의 임시 주거공간에 비해 내부에 화장실 설치, 수납공간 확보, 주방과 주거공간의 구분, 온수난방과 단열, 난연재 사용으로 인한 화재 대비, 조립-해체의 용이성 등 많은 요소가 개선되었으며 외관 또한 기능성과 사용편리성이 향상되었다. 하지만 여전히 국내 임시주거는 컨테이너만을 사용하고 있으며 다른 형태의 임시주거는 없는 실정이다.

2) 국외 임시주거 사례

자연재해의 발생은 인명과 재산의 피해로 이어지며 필연적으로 거처를 잃은 이재민이 발생하게 된다. 재해의 피해 규모에 따라 작은 마을 단위에서 국가적인 단위까지 이재민을 위한 임시 주거촌이 형성된다.

그림 12.4 강원도 옥계면 임시주거

그림 12.5 양양산불 피해지역 임시주거

① 일본

1991년 운젠 후겐다카의 분화재해, 1993년 7월의 홋카이도 남서앞바다의 지진 그리고 1995년 1월 17일에 발생한 한신 아와지 대지진 등 일본은 대규모 주택 피해를 가져오는 자연재해가 계속해서 발생하고 있다. 그림 12.6은 일본의 임시주거 사례를 나타낸 것이다. 일본의 경우 임시주거용 주택을 '응급가설주택'이라 하는데 응급가설주택은 재해구조법에 따라 건설되고 후생성이 관할한다. 일본 임시주거 사례를 정리하면 다음과 같다.

가. 응급 가설주택의 공급사정은 전후 시대상황에 따라 변화하고 있으며, 시대상황을 반영하고 있다. 1960년대에 커다란 전환점을 맞이해 응급 가설주택 공급에 소극적인 생각은 없어지고 희망자 전원에게 응급 가설주택을 공급하고 나아가 사용기간은 2년을 초과하고 있다.

나. 응급 가설주택의 구조는 1960년대를 경계로 목조에서 경량철골의 조립식 구조로 크게 바뀌었다. 또한 원 타입의 평면형식만이 아니라 가족 수에 따른 타입별 공급이 이루어진 것이 1970년대 후반부터이다. 그러나 1970년대 후반부터 현재까지 응급 가설주택의 물리적 성능은 시대상황의 변화에도 불구하고 개량되지 않고 있다.

다. 고령자와 장애자와 같은 재해 약자에 대해서는 다른 개념의 접근이 필요하다.

(a) 종이 임시주택

(b) 집합 임시 주거단지

(c) 천막 응급가설주택

(d) 프리패브 응급가설주택

그림 12.6 일본의 임시주거 사례

② 미국

미국은 전 세계적으로 자연재해가 가장 빈번한 나라 중에 하나이다. 우리나라와 같은 풍수해뿐만 아니라 토네이도와 지진, 산불 등 다양한 종류의 자연재해가 발생하고 있다. 미국의 경우 'FEMA(미연방 재난관리국)'에서 미국 내에서 일어나는 모든 종류의 재난과 재해를 종합적으로 담당하고 있다. 미국 내에서 일어나는 많은 양의 재해로 인한 임시주거 사례를 간략하게 살펴보면 다음과 같다.

(a) 펜사콜라 EGS 전경(2004)

(b) Rocky Mount, 1999

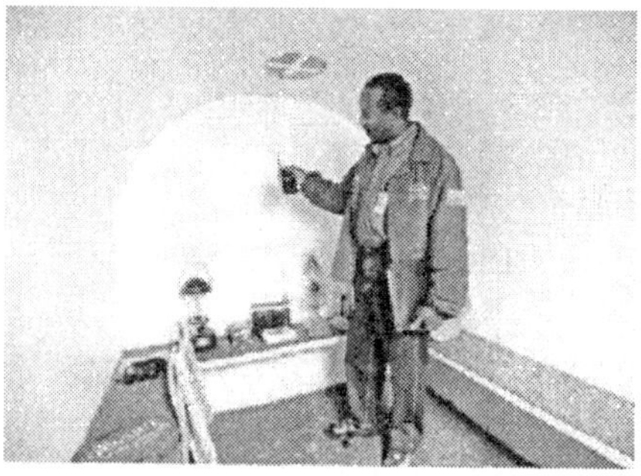

(c) 토네이도용 쉘터, 2003

(d) Guam의 임시주거

그림 12.7 미국의 임시주거 사례

3) 국내 · 외 임시주거 비교

국내 · 외의 임시주거 사례를 비교하면 다음과 같은 차이점을 발견 할 수 있다.

첫째, 임시주거의 구조나 재료적 측면에서 보면 해외사례에서는 목조, 천막, 종이

튜브, 이동식 트레일러, 경량철골 프리패브, 컨테이너 등 다양한 재료나 구조로 폭넓게 가설되지만 국내의 경우 컨테이너로 일관되게 공급되었다. 그 이유 중의 하나는 임시주거도 주거로서 가지는 문화적, 사회적 산물이므로 지역성, 기후성, 문화성, 경제성 등 다양한 변수 요인들로 국가마다 시대마다 독특한 임시주거 양식을 띤다는 점이다.

둘째, 임시주거의 유형별 분류로 보면 해외에는 집합적 임시주거가 많고, 국내에는 단위(unit)별 개별적 임시주거가 많다는 점이다. 그 이유는 해외에서 발생되는 재해의 규모가 국내와 비교할 때 큰 대규모인 경우가 많았기 때문이다.

셋째, 해외의 임시주거의 존치기간은 국내에 비해 장기간이며 일부에서는 영구화 경향을 보이며, 실제로 일본의 경우 임시주택이 영구주택화 되었다. 그에 반해 국내의 임시주거용 컨테이너는 최대 2년을 넘지 않고, 회수되거나 피해 주민에게 매각된다.

넷째, 개별유닛 임시주거유형을 보면 일본의 사례는 최소한의 공간구획이 이루어져 침식분리가 되었지만 국내 컨테이너집의 공간은 원룸형식을 띄고 있다. 상기와 같이 국내·외 임시주거를 비교해 보면 네 가지의 차이점을 보이고 있지만 국내·외 임시주거가 가지고 있는 동일한 문제로 지적되는 것은 공간의 면적문제로 1인당 점유면적이 주거 최저기준에도 못 미치는 실정이며, 공간이 이재민의 가족 구성에 비해 부족하다는 것이다.

(4) 임시주거의 디자인 및 문제점

1) 임시주거의 디자인

과거에 임시주거로 사용되었던 단순한 컨테이너, 천막, 목조가 아닌 임시주거 및 대피소로 제공되기 위해 개발된 다양한 아이디어를 가진 사례들은 간단한 텐트부터 어느 정도 조립된 주택방안까지 다양하다. 자연재해 발생 시 지원단체에서 보급하는 피난처 및 대피소 디자인들에 대해 조사하고 특징을 알아본다.

① 텐트

텐트는 아마도 많은 이재민들에게 제공될 수 있는 가장 유용한 형태의 피난처일 것이다. 부피가 크지 않기 때문에 피해 지역에 쉽게 운송될 수 있고 빠르고 쉽게 세울 수 있다. 하지만 비교적 평평한 지대에 설치해야 하고 강한 바람이 불 때에는 세우기가 어렵다. 텐트를 세우기 위해서는 크기에 따라 보통 30분에서 몇 시간 정도가 소요되며 일반적으로 6~8명 정도의 사람이 필요하다.

가. IICRC/IFRC/UNHCR 타입의 텐트

그림 12.8에 나오는 예시들은 가장 흔하게 사용되는 긴급 텐트들이다. 이 텐트들은 단기 사용에 적절하지만 복구계획에 따라 몇 달 또는 일 년 이상 장기적으로 머물기도 한다. 추운 날씨에 텐트 사용자들은 고성능의 단열 의복이나 침구 같은 추가적인 보온시설이 제공되지 않는 한 보온에 대해 불편함을 느낀다.

그림 12.8 일반적인 UNHCR 텐트와 IFRC 텐트

나. 쉘터 박스(Shelter Box) - 영국

쉘터 박스는 전 세계적으로 가장 활발하게 피해 지역에 긴급 피난처를 제공해 주는 용품 중 하나이다(그림 12.9). 이 박스는 텐트(그림 12.10)부터 기본적인 조리기구까지 재해 이후 가장 긴급하게 필요한 물품들을 담고 있다.

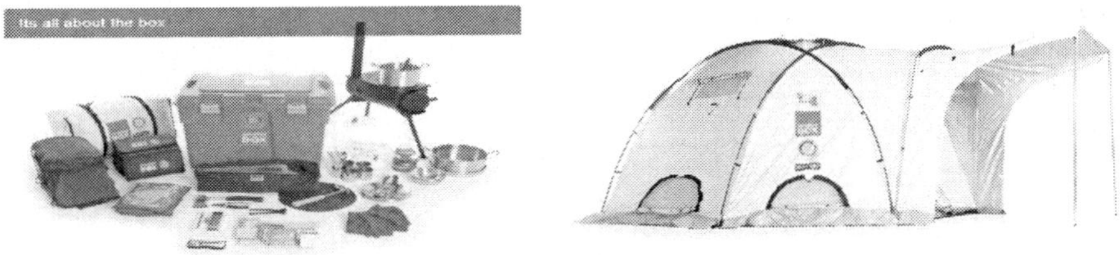

(a) 쉘터박스와 내용물 (b) 쉘터박스 텐트

그림 12.9 쉘터박스(Shelter Box)

그림 12.10 쉘터박스 텐트

② 인플레이터블(Inflatables)

텍토닉스(Tectoniks)의 공기주입식 구조물(그림 12.11)의 장점은 적은 부피로 압축할 수 있어 이동하기 편리하고 필요할 때에는 많은 인력이 없어도 비교적 짧은 시간 안에 공기를 주입할 수 있다는 점이다. 하지만 공기주입식 구조물은 강건함을 유지하기 위해서 지속적인 감시와 공기주입이 필요하다.

텍토닉스의 공기 주입식 구조물은 자동안전장치 감시시스템을 활용하여 작은 전기 송풍기로도 이러한 작업이 가능하며 구조물의 형태를 유지하기 위해 필요한 에너지와 내부 압력도 매우 낮다.

공기 주입식 구조물의 단점은 단열성능이 불충분하여 필요한 난방에너지를 더 상승시키고 적재용량이 제한된다. 또한, 구조물의 붕괴를 초래할 수 있는 물질적 피해에 취약하고 적절한 창문 및 개구부 설치에 문제점을 가지고 있다.

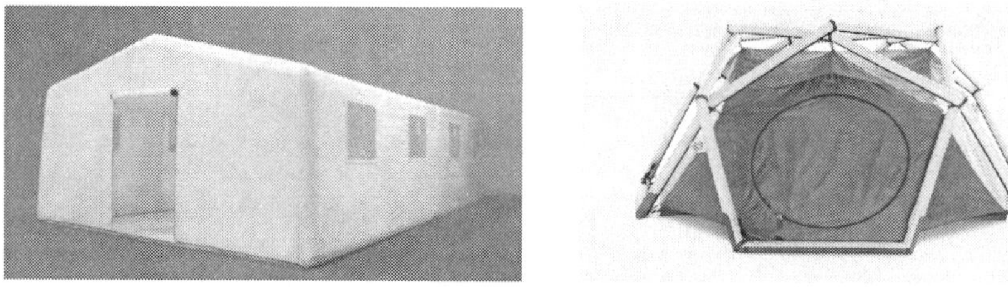

그림 12.11 텍토닉스(Tectoniks)의 공기주입식 텐트

③ 젠돔(Zendomes)-독일

젠돔은 특별히 개발, 설계된 부품으로 인해 내구성이 좋고 운반이 용이하고 내구력이 좋아 어느 공간에서든지 쉽게 활용 가능하다. 또한, 모든 기후에서 방수가 되며 페라리가 개발한 내화성의 PVC 코팅된 폴리에스테르로 만들어졌다. 돔의 크기는 30m2부터 300m2까지 다양하다(그림 12.12). 다른 중요한 점은 완벽하게 해체 가능하여 재활용도 가능하다는 점이다. 돔은 서로 조합이 가능해 공동의 공간을 창출할 수도 있다. 회의실, 방문 센터, 바, 비즈니스호텔 등을 포함한 다양한 종류의 공간으로 사용되고 있다(그림 12.13).

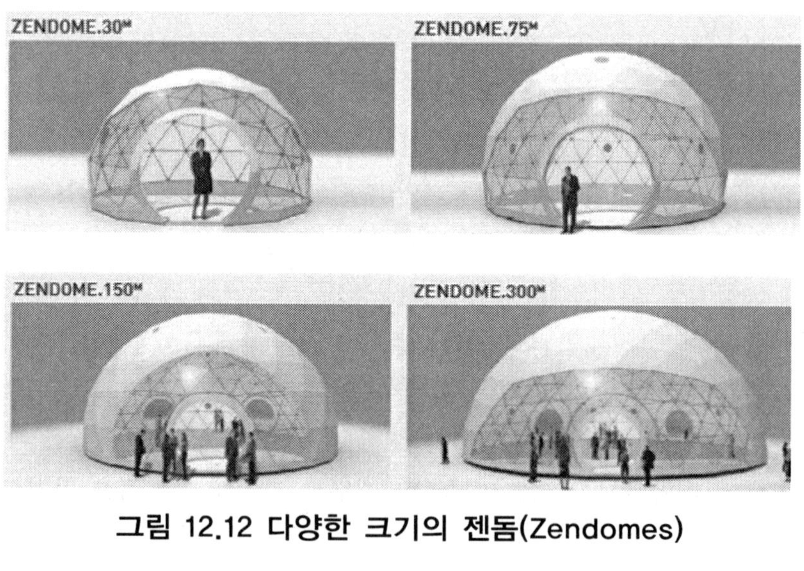

그림 12.12 다양한 크기의 젠돔(Zendomes)

그림 12.13 생활공간을 위한 젠돔(Zendomes)

④ 선적 컨테이너

폐기된 선적 컨테이너의 건축적 사용은 지난 10여년 간 매우 인기가 있었다. 선적 컨테이너를 대피 구조물로 사용하는 것은 많은 장점을 가지고 있다. 컨테이너는 구조적으로 튼튼하고 환경적 충격으로부터 충분히 보호해 준다(그림 12.14, 그림 12.15).

그림 12.14 컨테이너 하우스(프랑스)

간단한 형태를 가지고 있으며 더 필요한 건축적 공간을 형성하기 위해 서로 연결시킬 수 있다. 이런 건축과정은 비교적 짧고 폐기된 컨테이너를 사용하면 경제적이다. 하지만 위치에 따라 이동이 쉽지 않아 이미 사용한 컨테이너를 재사용하는 것보다 새로운 컨테이너 골조세트를 제작하는 것이 더 이득일 때도 있다.

그림 12.15 재해 구조 거주 구조물로 사용된 컨테이너 세트(일본)

2) 임시주거의 문제점

임시주거란 본래 살고 있던 주거시설이 재해·재난의 피해를 입어 더 이상 그곳에서 삶을 영위하기 어려울 경우, 복구가 완료될 때까지만 머무르는 집을 말한다. 임시주거를 자의적으로 건설하여 사용하는 것이 아니라, 주위환경의 불가항력적 변화로 인한 결과로서 빠른 시일 내에 많이 공급되어야 하는 특성을 가진다. 재해나 재난에 따른 임시주거의 계획은 크게 표 12.3과 같이 3단계로 나눌 수 있다.

표 12.3 재해 · 재난에 따른 임시주거 계획의 3단계

단 계	1단계	2단계	3단계
대 책	응급대피	임시주거시설 마련	항구적 주택시설
내 용	- 학교, 마을회관 - 동사무소 등 관공서 •인근 커뮤니티시설 •피해보고와 복구 시작	•컨테이너 지급 •인프라 구축(수도, 전기, 냉난방 시설) •안전, 생활용품 보급	•주택 신축지역 결정 •특별위로금 등 건축 자금 지원

1단계에서는 학교나 마을회관, 체육관 같은 지역 시설을 활용하는 것이다. 이러한 건물은 일시적인 기간 동안만 이용되는 경향이 있으며 피해자들이 몰려있기 때문에 필요한 것을 제공하기가 훨씬 수월하고 수도와 공중위생시설과 같은 서비스가 사용 가능하다. 하지만 건물의 본래 용도가 주거기능이 아니므로 개인공간의 상실과 갑작스런 많은 이용자들의 혼란 등 단점을 가지고 있다. 2단계는 컨테이너 지급 및 인프라를 구축하여 임시주거시설을 마련한다. 이러한 임시적인 군락은 많은 사람들이 중앙집중식으로 효율적인 관리가 가능하다는 장점이 있다. 3단계에서는 주택신축지역을 결정하여 항구적인 주택을 계획하는 것이 일반적이며, 실질적으로 우리나라에서 재해재난 시 주거공간의 개념은 아직까지는 수용시설에 불과하다. 그러나 임시주거라 하더라도 설계에서 시공까지 기간과 자금을 필요로 하고 설령 긴급 피난처가 신속하게 시공되어 사용되더라도 피해자들은 실용적인 대안이 생기는 즉시 피난처를 떠나 버려 이런 고가의 구조물이 많이 낭비되고 있다.

1단계 응급대피시설에서 약 15~20일 정도 대피기간을 가진 후 2단계인 임시 주거공간을 제공 받는데 많은 피해자들이 응급대피시설에서 지내는 시간을 3일 이내 입주하기를 희망하고 있지만, 제도적인 문제를 제외하더라도 임시 주거공간 제작에 소요되는 시간이나 유실되거나 피해를 입은 도로, 교량 등의 복구 시간이 필요한 환경적 요인으로 인해 임시주거공간의 신속한 공급이 이루어지지 못하고 있는 것이 현실이다. 이러한 물리적, 환경적 장애를 극복하여 신속하고 원활한 임시 주거공간의 공급이 이루어져야 할 것이며 그에 따른 임시 주거공간 제작의 효율성, 운송방법

의 변화 등 다각적인 방법을 모색해 나가야 할 것이다.

가장 흥미로운 해결책은 잔해 위에 바로 2단계 임시주거 시설을 짓는 것이다. 이 방법은 1단계에서 약 15일 정도 머물러 있을 필요도 없을 뿐 아니라 그에 대한 자금이 필요가 없고 이재민들이 자신의 집 근처를 떠나지 않아도 된다.

극심한 조건에서 지속력과 적응력을 가지고 효율적으로 활용 가능한 피난처로 이동 및 전개가 가능한 특수 구조시스템을 개발하여 재난이 발생하였을 때 세워질 자리만 있다면 바로 임시주거 시설을 설치할 수 있다. 이동 및 전개가 가능한 특수 구조시스템을 전개형 구조물이라 하는데, 이 구조물은 접었다 폈다 할 수 있는 구조로 가벼운 부품을 사용하여 운동에 소비되는 에너지를 최소화하여 이동이 쉽고 설치 및 해체가 간단하여 초보자도 쉽게 설치할 수 있을 뿐 아니라 보관이 쉽고 재사용/재활용이 가능하여 생산과정의 구현에너지를 최소화한다. 전개형 구조물은 임시주거 뿐만 아니라 가까운 장래에 도래할 우주구조물 건설에 직접 사용될 수 있는 최첨단 기술이므로 향후 우주구조물 연구 개발에 적극 활용 가능하다.

3. 전개형 구조시스템의 분류 및 특성

(1) 전개형 구조시스템의 분류

건축구조물 중에서 전개구조물을 분류하기 위해서는 이에 대한 정의가 필요하다. 그러나 기존 연구사례를 조사한 결과, 전개구조물이라는 말에 대해서는 명확한 정의에 해당하는 것을 확인할 수 없었다. 따라서 본 연구에서는 전개형구조물을 정의하기 위하여 고려해야만 하는 특징들을 기준으로 표 12.4와 같이 전개구조시스템들을 Scissors형, Foldable형, Inflatable형, Tensegrity형, Retractable형 등 5가지로 크게 분류하였다.

특징 1) 작게 접어 수납이 가능하며, 운반 및 이동이 용이하다.

특징 2) 적은 인력으로 현장에서의 전개작업이 가능하며, 단시간에 설치가 가능하다.

표 12.4 Deployable Structures의 분류

종 류	예 제
Scissors형	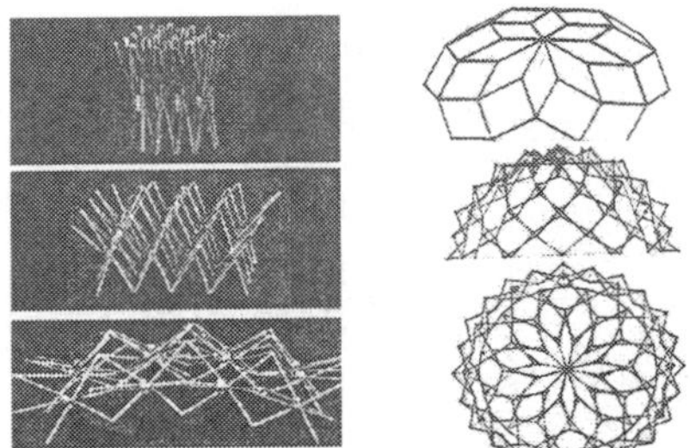 Grids of tetra-scissors 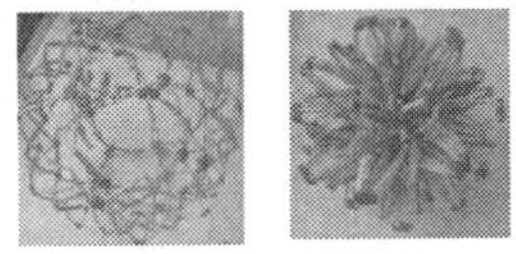 Hoberman's mini sphere 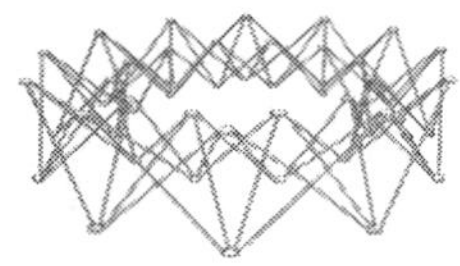 Deployable ring structure
Foldable형	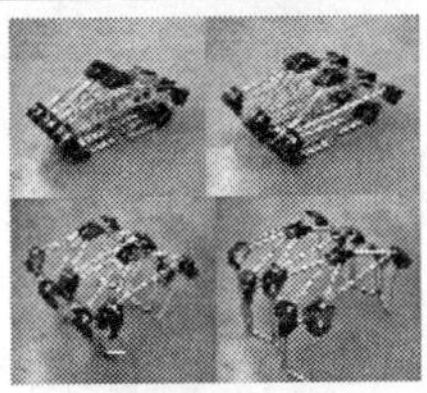 3D structure 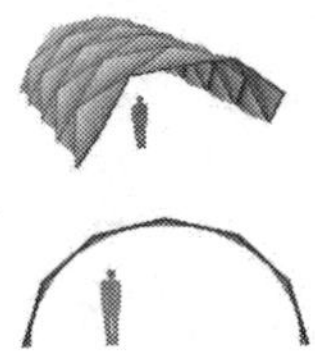 Mobile Shelter 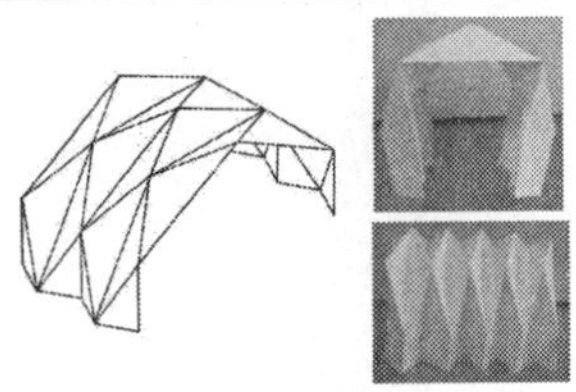 Folded flat
Inflatable형	 21m Aricraft hangar  Fuji group pavilion
Tensegrity형	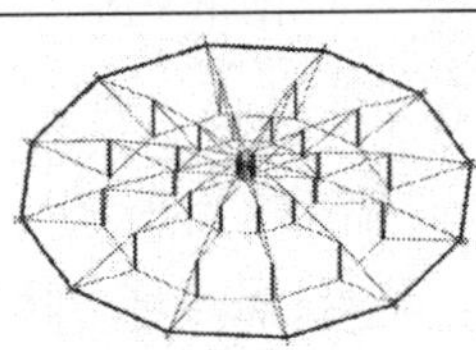 서울 체조경기장  Street light Easy landing, Baltimore
Retractable형	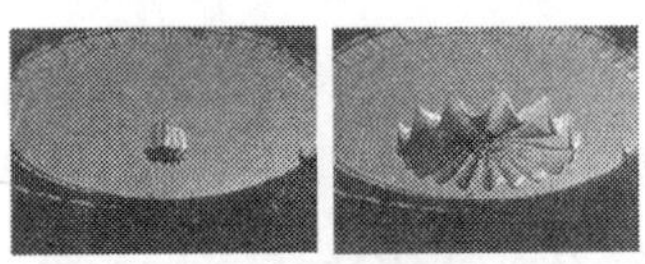 Zaragoza, Spain  Komatsu Dome, Japan  Space deployable  Qi zhong tennis stadium, China

(2) 전개형 구조시스템의 특징

1) Scissors형 구조

시저스 전개형 구조는 2개 혹은 3개 이상의 막대기 모양의 부재를 교차하는 점에서 피봇 형태로 연결하여, 막대기 모양의 부재의 끝부분은 다른 부재의 끝부분과 힌지 형태로 연결한 구조를 말한다. 이러한 구성에서 몇 개의 부재를 짜 맞춤으로서 접혀진 상태에서는 묶음형태가 되고, 전개된 상태에서는 평면이나 곡면을 형성하여 하나의 공간을 만들 수 있다(그림 12.16).

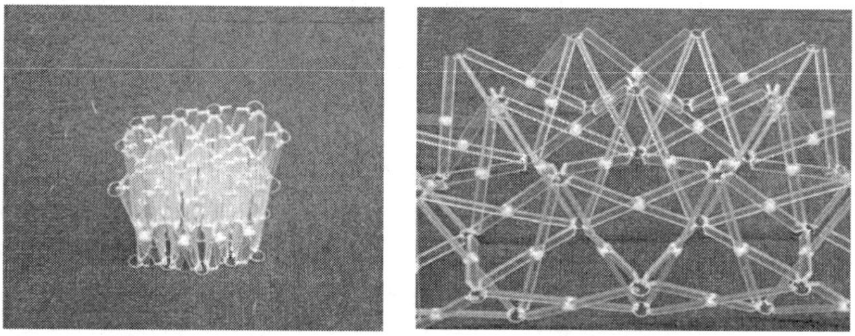

그림 12.16 Scissors형 구조의 수납과 전개상태

시저스 전개형 구조의 선구자로 불리는 Emilio Pérez Piñero는 팬토그래프(Pantographic)의 원리를 이용해 1965년에 3개 혹은 4개로 1쌍의 시저스 부재를 이용하여 구면형의 시저스 모델(그림 12.17)을 제안하였다. 그러나 Piñero에 의해 제안된 모델은 전개한 상태에서 그 형상을 고정하기 위해서 케이블이나 막 등이 추가적으로 필요했으며, 이 문제를 해결하기 위해서, 1쌍의 시저스 부재를 이용한 전개식 돔에서는, 전개 후에 부가적인 고정수단을 필요로 하지 않는 시스템이 제안되었다.

먼저, T.R.Zeigler는 지오데식 그리드 형상으로 시저스 부재를 배치한 반구 형태의 전개식 돔을 제안하였다. 이 모델은 자기지지(Self-Supporting)라는 구상에 의해 설계되었으며 전개 후에 부가적인 고정수단을 필요로 하지 않는다. 그러나 전개 조건식(A+B=C+D)을 만족하지 않는 부분도 존재하기 때문에, 그 시저스 부재는 생략하거나, 신축하는 부재나 슬라이드하는 피봇이 갖추어진 시저스 부재를 적용해야만 한다.

그림 12.17 전개형 돔

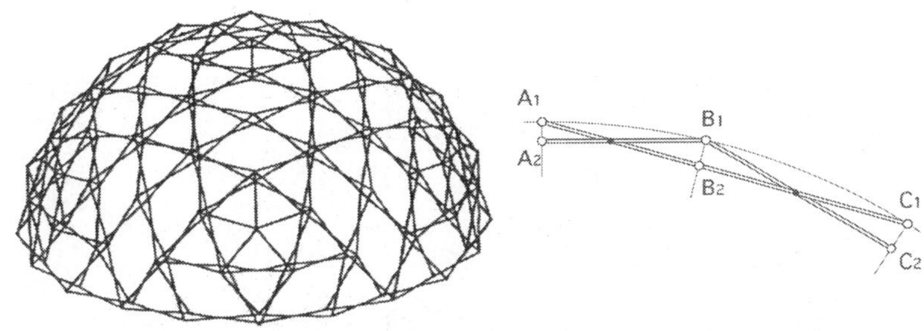

그림 12.18 Zeigler의 접히는 자가지지(Self-supporting)구조

다음으로 F.Escrig는 지오데식 그리드 형상이 아닌 액시스메트릭 그리드 형상으로 시저스 부재를 배치한 반구 돔(그림 12.19)을 제안했다. T.R.Zeigler에 의한 제안은 위쪽의 절점이 구면상에 위치하는 데에 반해, F.Escrig에 의한 제안은 시저스 부재의 피벗이 구면상에 위치한다. 그러나 F.Escrig가 제안한 돔은 전개 조건식이 완전히 성립하지 않기 때문에 접히는 것이 불가능한 문제점을 가지고 있다.

마지막으로 C.Gantes는 전개수납 과정에서 기하학적 관계에 의해 시저스 부재가 탄성 좌굴을 경과하는 뜀좌굴(Snap-through)현상에 의해, 전개 후 자동적으로 안정되는 반구 돔을 제안했다. 그리고 기하학적 조건을 안정화시켜, 보다 일반적인 설계를 가능케 했다. 그러나 전개수납 과정에 있어서 시저스 부재에 응력이 발생하기 때문에, 반드시 실제의 구조물에 적합하다고 말할 수는 없다(그림 12.20).

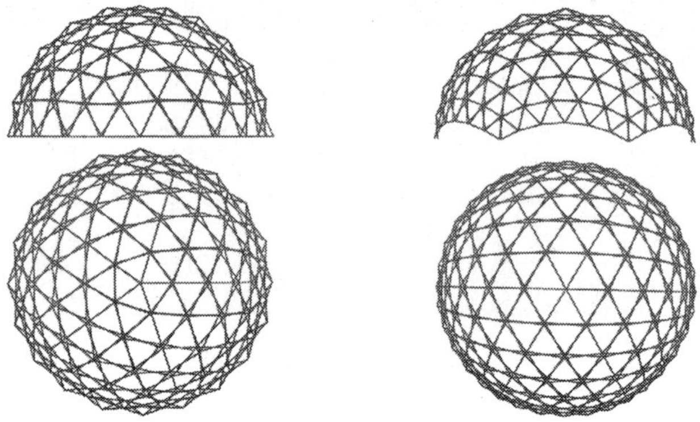

그림 12.19 Escrig의 전개형 돔

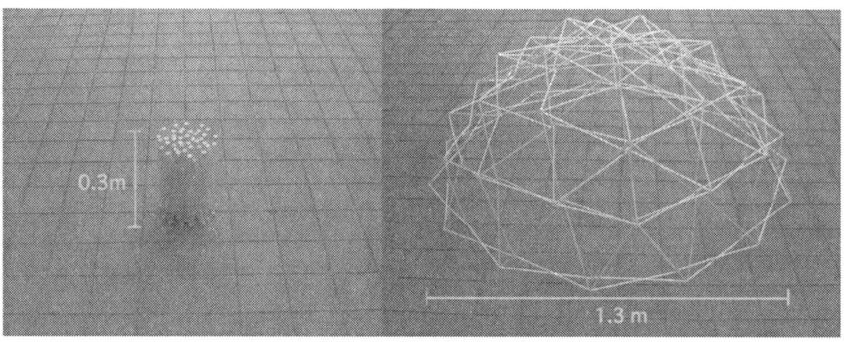

그림 12.20 Gantes가 제안한 시저스 전개형 돔

2) Foldable형 구조

Foldable System은 접을 수 있는 시스템으로 시저스(Scissor) System과 비슷한 개념이다. 2개 혹은 3개 이상의 막대기 모양의 부재로 공간을 형성하는 것에서는 시저스와 비슷하지만 조인트의 위치에 따라 Scissor와 Foldable로 구분할 수 있다. Scissor는 조인트가 막대 부재를 교차시켜 교차하는 점에 피벗 형태로 연결하지만 Foldable은 막대 부재의 끝부분에 다른 부재의 끝부분을 힌지 형태로 연결한 구조이다. 시저스는 전개 수납을 가능하게 하기 위해 A+B=C+D라는 조건을 만족해야 하는데 Foldable은 이러한 조건이 성립하지 않아도 된다.

① Contex-T

Contex-T 모델은 프레임을 전개해 공간을 형성한 뒤 막재를 씌운 형태로 대표적인 모델이다. 이 모델은 종이접기(Origami)모델에서 개념을 얻었다. 프레임의 절점에 케이블 너트를 부착하여 막재를 연결한다. 모델의 전개평면도와 실제 제작 모델을 그림 12.21과 12.22에 나타낸다.

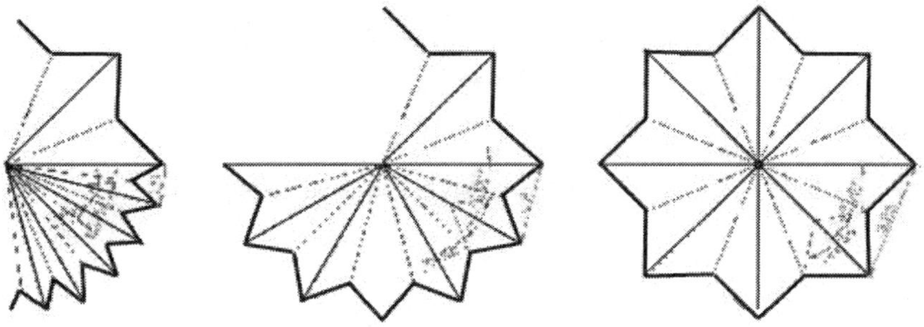

그림 12.21 Contex-T 전개 평면도

그림 12.22 Contex-T 전개과정

② 군사용

전개형 구조물은 일반적으로 미국 등 군사대국들에 의해 군사적 목적으로 사용하는 예가 많은데 그림 12.23은 Foldable System을 이용하여 군사용 천막을 나타낸 예이다.

그림 12.23 쉘터로 사용된 폴딩

3) Inflatable형 구조

Inflatable System은 내부에 공기나 가스 등의 기체를 도입하여 부풀리는 시스템으로 공기의 압력에 의해 강도를 얻을 수 있는 구조를 일컫는다. 공기막 구조라 불렸지만 최근에 재료 공학의 비약적인 진보로 형태가 다양해져 공기막 구조의 개념을 훨씬 뛰어넘게 되었다. 공기막 구조는 2중막 사이에 높은 압력의 공기를 봉입하여 지붕을 구성하는 형식과 바닥과 막 사이의 공기압을 외부보다 조금 높게 하여 그 압력 차로 막을 받치는 형식이 있다. 이 시스템은 강재의 사용이 적어 경량화가 가능해 운반 및 보관이 쉽고 빠른 시공을 할 수 있는 장점이 있다. 하지만 구조물에 공기를 인플레이트(또는 디플레이트)하는 과정에서 에너지를 필요로 하는 단점이 있고 내압과 기밀성이 특히 중요해 출입구, 창문을 고려해야 한다.

① 동경 돔

동경 돔(Tokyo dome)은 실내야구장으로 수용인원은 5만명이다. 겉모습이 달걀과 비슷하여 빅 에그(Big egg)라고도 한다(그림 12.24). 일본에서는 하나밖에 없는 에어돔(Air Dome)방식 구장으로 내부기압을 외부보다 0.3% 높여 기압차로 지붕을 유지한다. 경기장의 크기는 좌우 길이 각각 100m, 중앙길이 122m이다.

그림 12.24 동경 돔의 인플레이트(Inflate) 과정

② 텍토닉스(Tectoniks)의 공기주입 구조물

텍토닉스(Tectoniks)의 공기주입 구조물은 적은 부피로 압축할 수 있어 이동이 편리하고 필요할 때는 많은 인력이 없어도 비교적 짧은 시간 안에 공기를 주입할 수 있다. 하지만 공기주입식 구조물은 강건함을 유지하기 위해서 지속적인 감시와 공기주입이 필요하다. 텍토닉스는 자동안전장치 감시시스템을 활용하여 작은 전기송풍기로도 이러한 작업이 가능하며 구조물의 형태를 유지하기 위해 필요한 에너지와 내부 압력도 매우 낮다.

그림 12.25 21m 항공기 격납고

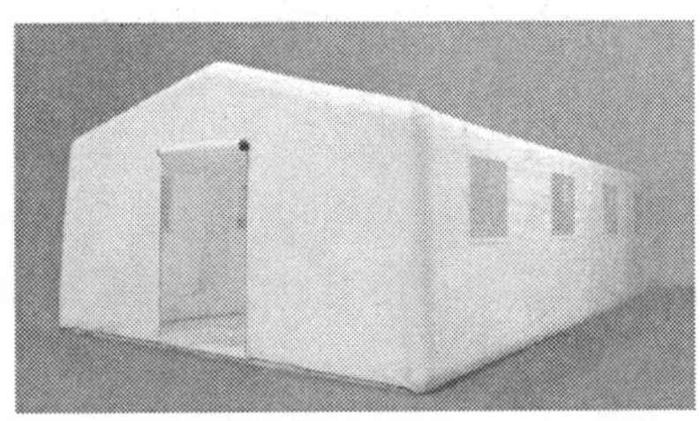

그림 12.26 텍토닉스의 긴급피난처

4) Tensegrity형 구조

텐세그러티(Tensile+Integrity)구조물은 일반적으로 그림 12.27과 같이 불연속적인 압축재와 연속적인 인장재로 구성되는 장력 안정 시스템이다. 이러한 텐세그러티 구조물은 형태의 안정성 유지를 위해 프리스트레스를 도입하여 상호 평형상태로 있어야 하는데, 이를 자기평형이라고 한다. 이때 텐세그러티 구조물의 부재에 도입되는 프리스트레스의 크기는 형상탐색(Form-Finding)에 의해 서로 다른 구조부재들 중에 특정한 비율을 맞추어 프리스트레스를 전달하여 구조물에 요구되는 형태를 얻을 수 있게 적절하게 결정되어져야 한다.

① 텐세그러티 단위모듈

텐세그러티 시스템이 적용된 단위모듈은 그림 12.27에서 보여주는 것과 같이 프리스트레스가 적용된 자기평형 상태로 형상이 유지되며 경량이면서 충분한 강성을 가질 수 있다.

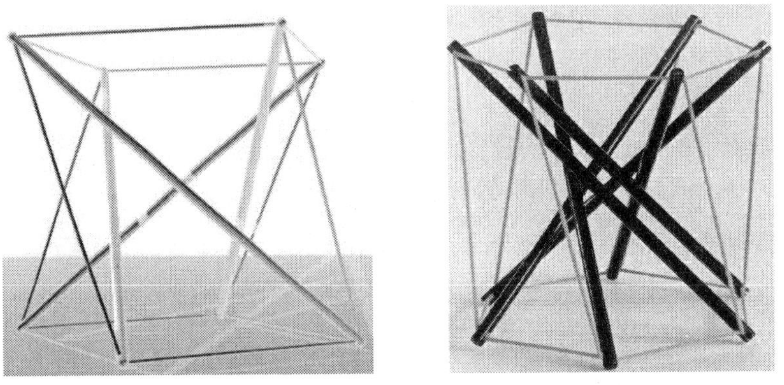

그림 12.27 텐세그러티 구조시스템의 기본적인 단위모듈

② 케이블 돔(Cable Dome)

David Geiger는 텐세그러티 시스템을 이용하여 케이블 돔인 가이거 돔(Geiger Dome)을 고안하였고, 세계 최초로 1988년 그림 12.28의 서울올림픽 체조경기장에 적용하였다. 현재까지 텐세그러티 시스템의 실제 적용실적이 미미한 것은 이 시스템 자체에 대한 인식부족과 기존의 강성 및 연성구조와 차별되는 특성, 형태구성 등에 건축가나 엔지니어가 익숙하지 않은 면에서 그 이유를 찾을 수 있다. 일례로 서울올림픽 체조경기장 이후 국내 기술진에 의해 이 시스템이 구조물에 적용되거나 응용된 사례는 찾을 수 없다.

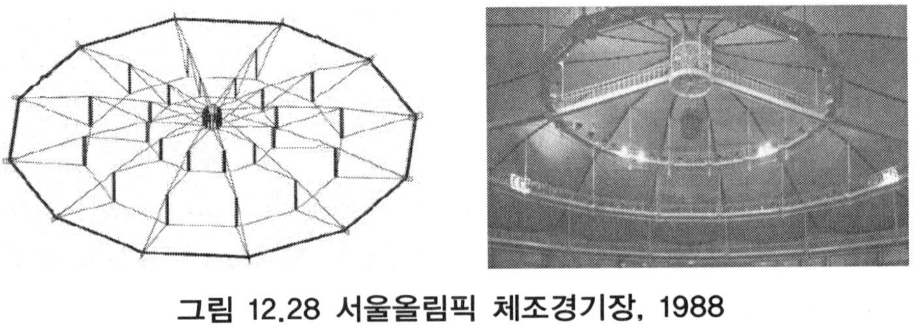

그림 12.28 서울올림픽 체조경기장, 1988

5) Retractable형 구조

Retractable형 구조물은 패널이나 막이 레일을 따라 개폐되어 대공간을 형성하는 시스템으로 환경에 대응하는 인기 있는 방법이다. Retractable형 구조물은 구동형식 및 움직임의 종류에 따라 분류할 수 있으며, 구동형식에는 한쪽면의 구조체가 고정된 구조이면서 전개되는 방법과 두 쪽 면 모두 이동할 수 있는 구조, 고정된 구조로 크게 3가지로 나눌 수 있으며 움직임의 방식이 평행, 중심, 순환, 외주로 나누어진다.

① 후쿠오카 돔(Fukuoka Dome)

일본 후쿠오카현 후쿠오카시에 있는 야구경기장으로 1993년 개장하였다(그림 12.29). 일본의 최초의 개폐식 돔구장으로 토론토 블루 제이스의 로저스센터(Rogers Center)와 같은 방식이다. 지붕은 부채꼴 철골구조 패널 3개로 구성되었으며 2개가 회전이 가능하고 지붕의 전체 무게는 12,000ton, 면적은 34,000m2이다. 지붕 개폐 시간은 약 20분 정도이며 지진과 강풍이 발생하면 자동으로 개폐를 정지한다.

그림 12.29 후쿠오카 돔(Fukuoka Dome)

② 로저스 센터(Rogers Centre)

캐나다의 토론토에 위치한 다목적 돔 경기장이다. 세계 최초의 개폐식 돔구장으로서 1989년 개장하였고 원래 명칭은 스카이 돔(Sky Dome)이었으나 2005년 로저스 커뮤니케이션(Rogers Communications)이 인수한 뒤 지금의 명칭으로 바꾸었다(그림 12.30). 5~7만명 수용할 수 있고 개폐시스템으로 특허를 받은 지붕은 3개의 이동 패널과 1개의 고정 패널로 이루어졌으며 한번 여는데

20분이 걸린다. 이 패널들이 전부 열리면 필드와 좌석까지 햇살이 들어 야외 경기장으로 변모한다.

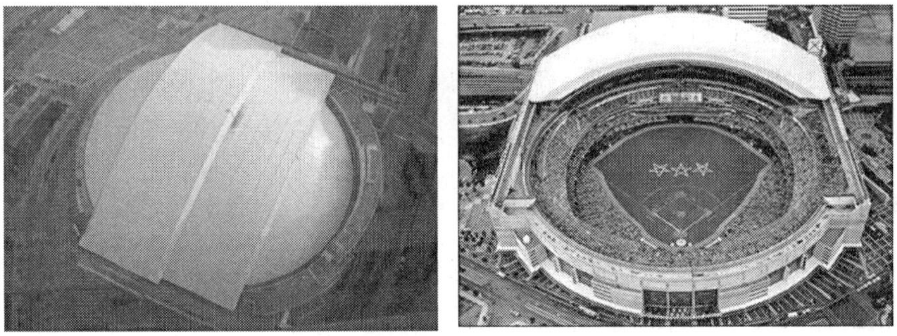

그림 12.30 로저스 센터(Rogers Centre)

4. Scissors형 구조시스템에 의한 공간개발

전개형 구조물은 설치, 이동 및 보관이 용이하고, 재사용이 가능하며, 다양한 상황에 대해 대처할 수 있는 유연성을 가진 구조물이다. 이와 같은 장점을 활용하여 긴급대응형 재난대피시설물을 개발한다. 본 절에서는 구조물을 전개하기 위한 기본적인 요소에 대해 살펴본다. 총 8가지 구조시스템을 선정하고 기하학적 구속조건을 고려하여 각각의 특성을 알아본다.

(1) 단위 가위부재

전개형 구조물의 기본요소는 그림 12.31과 같은 가위모양의 부재이다. 가위부재는 두 개의 직선부재를 Pivot으로 연결하고, 연결된 Pivot에 의해서만 회전을 한다. 그리고 가위부재를 또 다른 가위부재와 연결하기 위해서 부재의 양 끝단을 Joint로 연결한다.

그림 12.31의 가위부재는 구조물을 전개하기 위한 기본모델이다. 전개형 구조물은 접혀진 상태와 전개된 상태에서 응력이 '0'이 되어야 하며, 가위부재의 기본 조건식(식 12.1)을 만족해야 한다.

$$A + C = B + D \qquad (12.1)$$

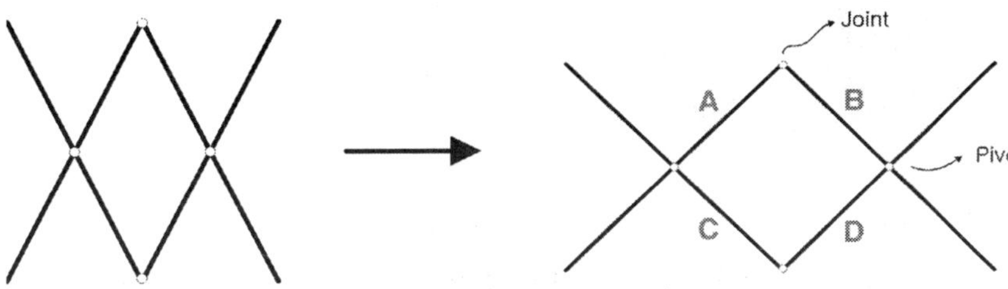

그림 12.31 가위부재 기본모델

Pivot의 위치에 따라 가위부재의 구속조건을 그림 12.32와 같이 (a), (b), (c)로 나눌 수 있다. 이러한 가위부재들이 서로 연결되어 하나의 단위모델을 구성하고, 단위모델들의 Pivot과 Joint간의 길이비를 유기적으로 조합하여 전개형 구조물을 형성한다. 그림 12.32의 3가지 형태 모두 접혀진 상태와 전개된 상태에서 응력이 '0'이 되어야 하기 때문에 기본조건식(식 12.1)을 만족해야 한다.

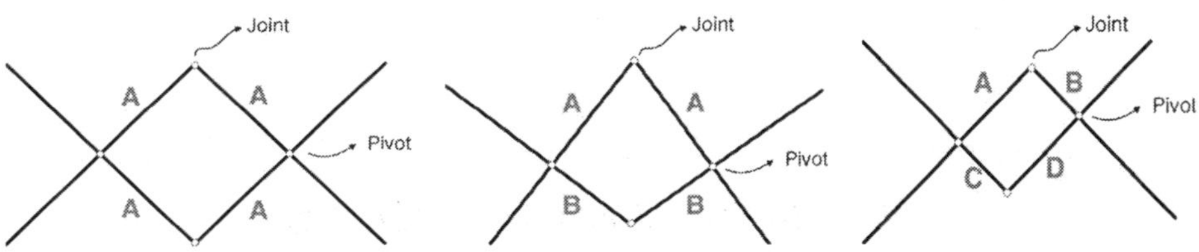

(a) 평면형상 가위부재 (b) 곡면형상 가위부재 (c) 기하학적 가위부재

그림 12.32 가위부재 구속조건

(2) Grid 분할에 따른 공간개발

1) Flat Type

Flat Type은 평면 형상으로 가위 부재를 이용한 가장 기본적인 모델이며, 가로축, 세로축에 존재하는 부재의 길이가 균일하고, Pivot의 위치가 같기 때문에 제작 및 모델링이 간편하다. Flat Type은 Joint와 Pivot 사이의 부재 길이가 같으며, 제작된 Flat Type의 전개과정은 그림 12.33과 같다.

(a) Step 1 (b) Step 2 (c) Step 3

그림 12.33 Flat Type 전개과정

2) Cylindrical Type

Cylindrical Type은 가로방향의 Pivot 절점은 평면상에 위치하고, 세로방향은 곡면상에 배치하여 공간을 구성하는 모델이며, Cylindrical 모델의 전개과정은 그림 12.34와 같다. Cylindrical Type은 Joint와 Pivot점에서의 응력이 '0'에 가깝기 때문에 적은 힘으로도 전개가 용이하지만 움직임을 제어해 주는 장치가 필요하다.

(a) Step 1 (b) Step 2 (c) Step 3

그림 12.34 Cylindrical Type 전개과정

3) 2-Way Circular Boundary Type

2-Way Circular Boundary Type은 Joint와 Pivot 사이의 부재의 길이비를 이용하여 곡면을 형성하는 모델이며, 2-Way Circular Boundary Type의 제작 모델 및 전개과정은 그림 12.35와 같다.

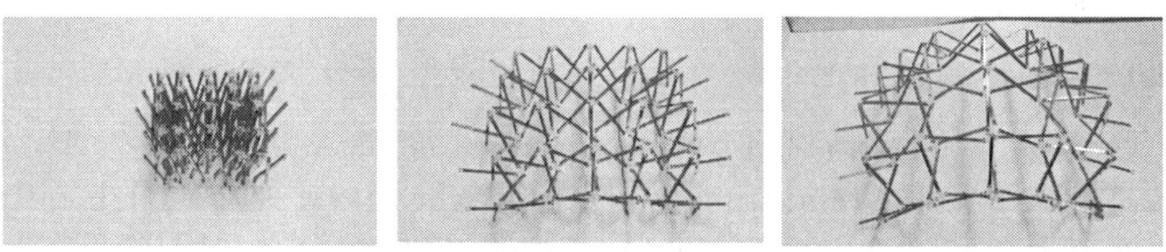

(a) Step 1 (b) Step 2 (c) Step 3

그림 12.35 2-Way Circular Boundary Type 전개과정

4) 2-Way Rectangular Boundary Type

2-Way Rectangular Boundary Type은 Joint와 Pivot 사이의 부재 길이의 차를 이용하여 곡면을 형성하는 방식이며, 그림 12.36은 모형으로 제작된 2-Way Rectangular Boundary Type의 전개과정을 보여준다. 전개과정에서 Joint와 Pivot 부분에 응력이 생기면서 전개에 한계가 있음을 알 수 있다. 그리고 바닥에 접촉하는 부분이 4개의 모서리 점밖에 없어서 구조물이 불안정하다.

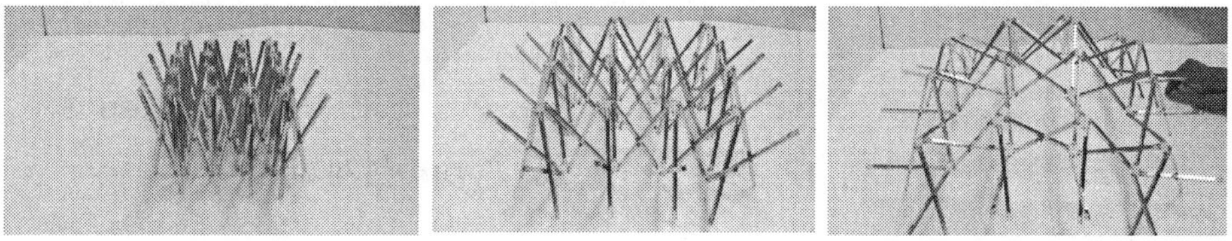

(a) Step 1 (b) Step 2 (c) Step 3

그림 12.36 2-Way Rectangular Boundary Type 전개과정

5) Meridian Type

Meridian Type은 Joint와 Pivot 사이의 부재 길이의 차를 이용하여 곡면을 형성하는 방식이며, 그림 12.37은 모형으로 제작된 Meridian Type의 전개과정이다. Meridian Type은 공간형성이 용이한 장점을 가지고 있으나, 라이즈-스팬비가 너무 작아 하중을 지지하기 힘들다.

(a) Step 1 (b) Step 2 (c) Step 3

그림 12.37 Meridian Type 전개과정

6) Geodesic Type

Geodesic Type은 다른 모델과 달리 부재의 길이에 대한 조건과 단위모듈을 조합하여 공간을 형성한다. 즉, 5각형과 6각형의 기본 모듈을 유기적으로 조합하여

Geodesic Type의 공간을 형성한다. 그림 12.38은 모형으로 제작된 Geodesic Type의 전개과정을 보여준다. 전개과정에서 Joint와 부재 간의 응력이 발생하게 되며, 이를 해결하기 위해 Joint와 부재에 대한 디테일한 설계가 필요하다.

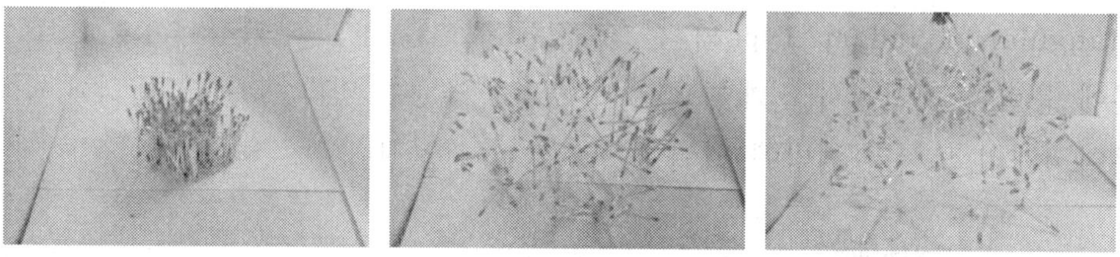

(a) Step 1 (b) Step 2 (c) Step 3

그림 12.38 Geodesic Type 전개과정

7) Radial Type

Radial Type은 Joint와 Pivot 사이의 부재 길이의 차를 이용하여 곡면 형상을 만들며, 각각의 부재 길이가 다르기 때문에 전개되는 과정에서 응력이 발생된다. Radial Type은 다른 Type과 달리 전개되는 과정에서 구조체가 수직운동으로 인한 회전운동을 하기 때문에 이 회전운동을 제어해 주는 구조체가 필요하다. 그림 12.39는 모형으로 제작된 Radial Type의 전개과정이다. 전개과정에서 Joint와 Pivot 부분에 응력이 생기면서 전개에 한계가 생기고, 수직운동으로 인한 회전운동을 하는 것을 볼 수 있다.

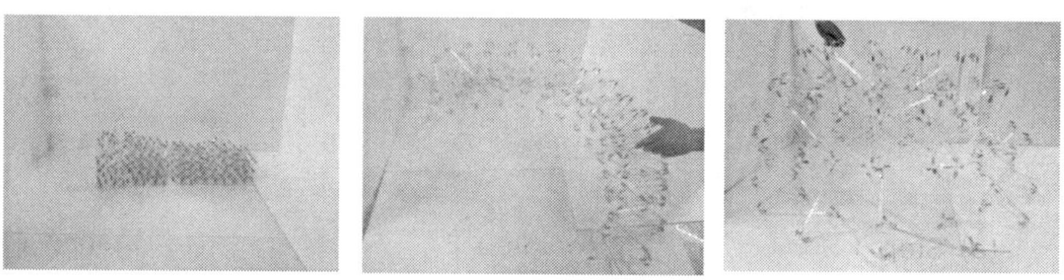

(a) Step 1 (b) Step 2 (c) Step 3

그림 12.39 Radial Type 전개과정

8) Escrig Type

Escrig Type은 Joint와 Pivot 사이의 부재 길이의 차를 이용하여 곡면을 형성한다. Escrig Type은 Radial Type을 반으로 나누고 90도 회전을 해서 바닥면을 이어 붙인 형태이다. 형태변화에 따라 Radial Type과는 똑같은 이론으로 부재를 형성하지만 다른 움직임을 보인다. 이 모델의 가장 큰 장점은 개구부를 따로 고려하지 않아도 된다는 점이다. 그림 12.40에서는 모형으로 제작된 Escrig Type의 전개과정을 보여준다. 이 Type은 다른 구조물과 달리 개구부를 따로 고려하지 않아도 되는 장점이 있으며 제작이 간편하다.

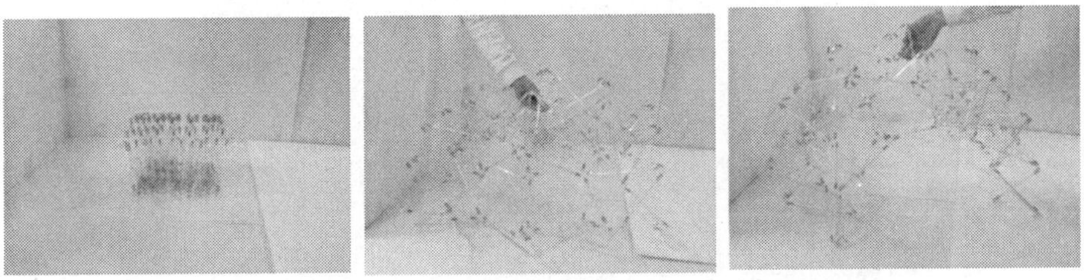

(a) Step 1 (b) Step 2 (c) Step 3

그림 12.40 Escrig Type 전개과정

5. 전개구조시스템을 이용한 돔형 쉘터구조물의 개발

(1) 쉘터구조물의 개요

전개형 쉘터구조물을 개발하기 위하여, 먼저 Geodesic grid와 Cylindrical grid를 이용하여 쉘터구조물의 형태를 설정하였다. 내부 공간은 모델의 직경 사이즈와 비례하기 때문에 공간의 확장을 위해서는 모델의 규모를 크게 할 필요가 있으나, 모델의 규모가 커질수록 이동, 제작 및 설치 등 사용성에 대한 문제가 발생할 수 있다. 이와 같은 문제를 보완하기 위하여, 내부공간의 확장이 가능하도록 가변성을 고려하여 쉘터구조물을 설정하였으며, 개발모델의 개요를 그림 12.41에 나타낸다. 구조물의 제작 규모는 폭 6m, 길이 약 8.5m 그리고 높이 약 3m의 규모로 제작하였다.

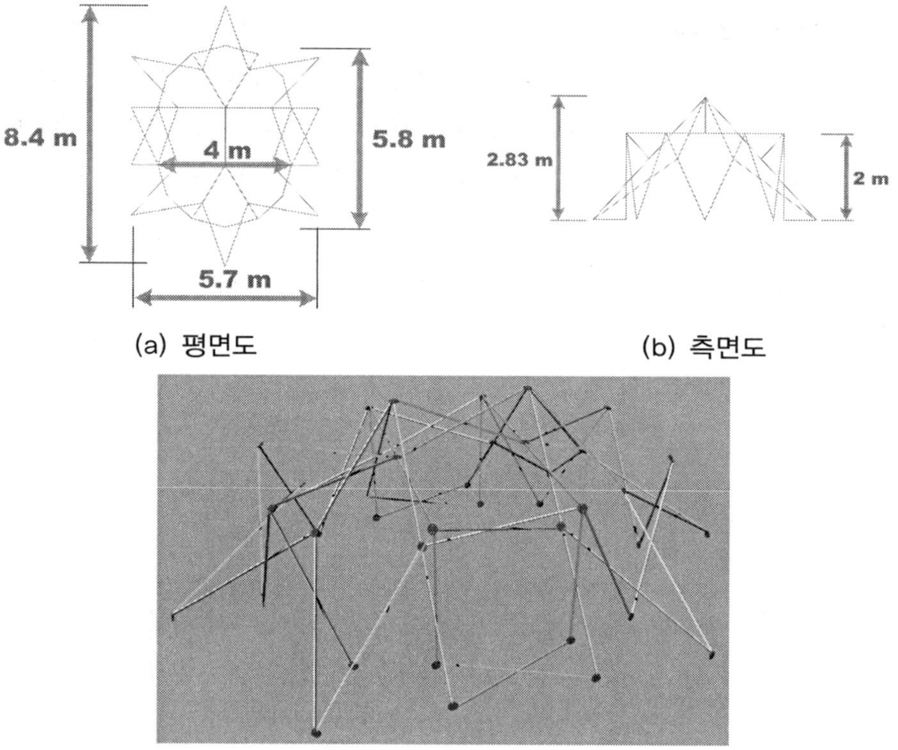

(a) 평면도 (b) 측면도

(c) 조감도

그림 12.41 Cylindrical Model의 개요

(2) 쉘터구조물의 제작 및 설치

1) 디테일 설계 및 제작

① 부재 설계 및 제작

구조물의 이동, Unfolding 그리고 Folding시의 자중으로 인한 구조물의 컨트롤과 전개과정에서의 Snapping 현상 등의 문제점을 해결하기 위하여 전개조건이 비교적 용이한 4각형 평면 Grid를 가지는 Cylindrical Model을 설정하였으며, Cylindrical Model의 부재 설계 시 고려해야 할 사항들을 기술하면 다음과 같다.

가. 구조물의 이동성 : 제작 부재의 단면 사이즈 감소에 의한 경량화

나. 부재 선정 : □ - 30mm × 20mm × 1.5mm (일반구조용 각형각관)

다. Unfolding 및 Folding시의 Snapping 문제 : 4각형 평면 Grid 설정

라. Unfolding 및 Folding시의 각도 변화 : 각도 변화를 고려한 부재단의 설계

위의 사항들을 고려하여 Test model의 가위부재 제작 상세도를 그림 12.42에 나타내고, 실제 가공된 제작 부재를 그림 12.43에 나타낸다.

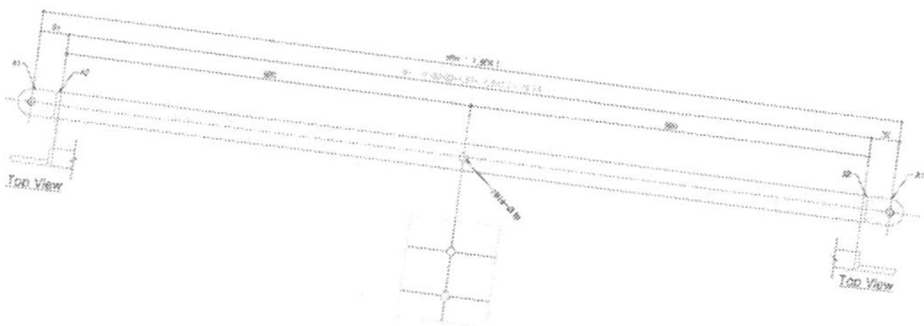

그림 12.42 부재 제작 상세도

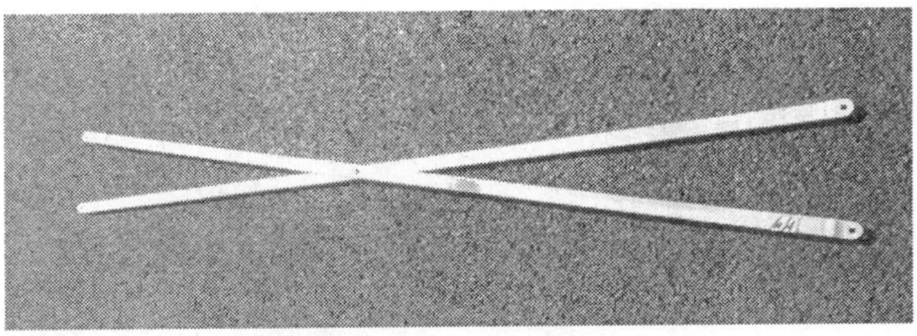

그림 12.43 제작 부재

② 조인트 설계 및 제작

Cylindrical Model의 조인트 설계 시, 고려해야 할 사항들을 기술하면 다음과 같다.

가. 부재 회전 자유도 : 부재 회전을 원활하게 하기 위한 디테일 설계

나. 경제성 문제 : 사이즈를 최소화하며 강도를 최대한 유지할 수 있는 재료 사용

다. 기능성 문제 : 스킨, 개구부, 창호 그리고 바닥판 등과의 마감처리를 위한 디테일 고려

위의 사항들을 고려한 상·하부 조인트 및 지점부 조인트의 제작 상세도를 그림 12.44에, 제작된 조인트를 그림 12.45에 나타낸다.

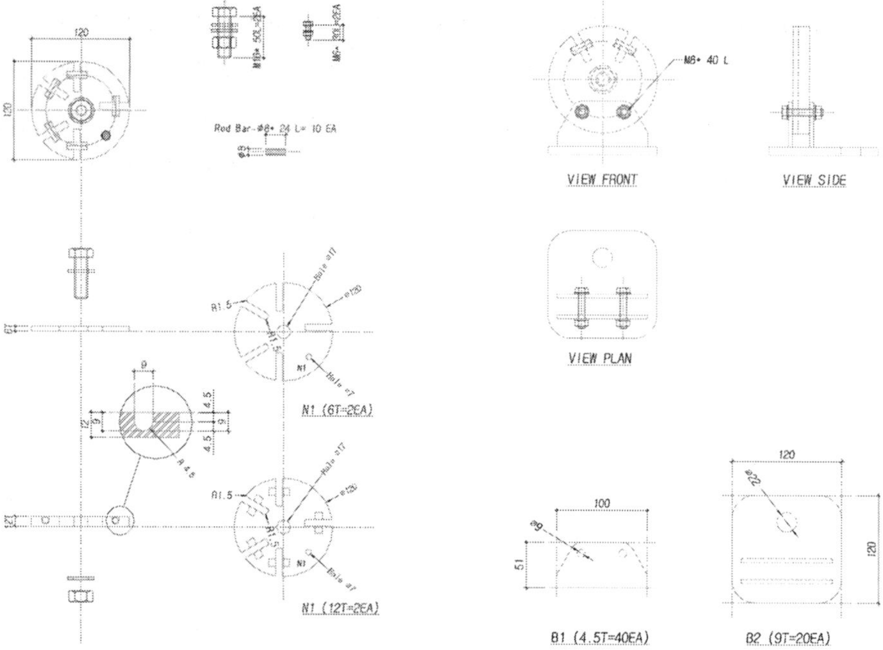

(a) 상하부 조인트　　　　(b) 지점부 조인트

그림 12.44 조인트 제작 상세도

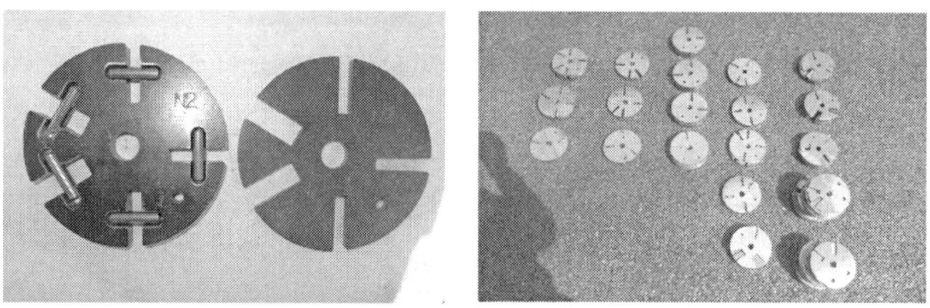

그림 12.45 제작 조인트

2) 쉘터구조물의 조립

쉘터구조물의 단계별 조립과정을 그림 12.46~12.48에 각각 나타낸다.

① 단위부재 배치 및 조립

그림 12.46 단위부재 배치 및 조립

② 가위부재 유닛의 단계별 조립

그림 12.47 가위부재 유닛의 단계별 조립

③ 전체 조립

그림 12.48 전체 조립 및 거동 확인

3) 쉘터구조물의 Unfolding 기법

개발된 쉘터구조물을 대상으로 현장 설치시의 Unfolding 기법에 대하여 기술한다. 구조물의 Unfolding 작업은 인력에 의한 방법으로 수행하였으며, 전개 과정을 그림 12.49에 각각 나타낸다. 실험 시에는 안전을 위하여 8명의 인원으로 전개작업을 수행하였으나, 구조물의 중량 및 전개상황을 고려하면 5명의 최소인원으로도 전개작업이 가능함을 알 수 있었다.

그림 12.49 Cylindrical Model의 Unfolding 과정

4) 쉘터구조물의 현장설치 가이드라인

본 절에서는 지진, 쓰나미 그리고 태풍 등과 같은 자연재해 발생 시, 단시간에 긴급임시주거 공간을 확보하기 위한 목적으로 설계·제작된 각 부재들을 현장에서 효율적으로 설치할 수 있도록 하기 위하여 단계별 설치과정을 중심으로 현장설치 가이드라인을 작성하였으며, 설치상황을 그림 12.50에 나타낸다.

(a) 각 부재들의 현장 반입

(b) 바닥판 시스템의 현장 반입

(c) 바닥판 설치

(d) 방수시트 마감 처리

(e) 쉘터구조물 이동

(f) 구조물 전개

(g) 개구부 및 창호 설치

(h) 스킨 설치

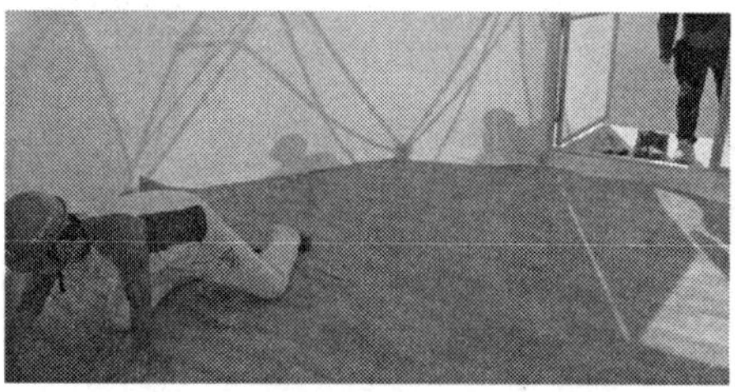

(i) 바닥 마감 설치

(j) 쉘터구조물 설치 완료(약 30분 소요)

그림 12.50 재난재해 대응 Mock-up Test

6. 향후 발전방향

본 장에서는 재난재해 발생 시, 고령화 인구에 대한 긴급 임시주거 공간의 준비를 위하여 전개형 구조시스템을 이용한 다양한 공간 형성 방안을 제안하였으며, Mock-up Test를 통하여 Scissors형 전개구조시스템을 이용한 실제 쉘터구조물에의 적용가능성에 대하여 기술하였다.

그러나 긴급 임시주거 공간에 대하여 전개구조시스템을 효과적으로 이용하기 위해서는 다양한 기술 개발이 요구되며, 구조시스템의 성능 향상 및 공간활용 방안에 대하여 향후 지속적인 개발이 필요하다. 이와 같은 구조시스템의 향후 발전방향을 고려하여 추가적인 아이디어를 제시하면, 다음과 같다.

(1) 구조물의 공간확장 방안

돔 형태의 구조물은 다른 형태의 구조물보다 구조적인 면에서 효율적이기는 하지만, 공간 활용면에서는 그 가치를 많이 감소시킬 수 있다. 따라서 구조물의 단위 유닛을 확장하여 사용가능 공간의 확장 방법에 대하여 제안한다. Cylindrical model의 경우, 중앙의 4각형 단위유닛을 이용하여 쉽게 내부공간의 확장이 가능하며, 조인트 등과 같은 디테일의 추가 설계 없이 사용 가능하다. 중앙의 4각형 단위유닛의 확장에 따라 2-Bay model과 3-Bay model로 확장할 수 있으며, 구조물의 이미지를 그림 12.51에 나타낸다.

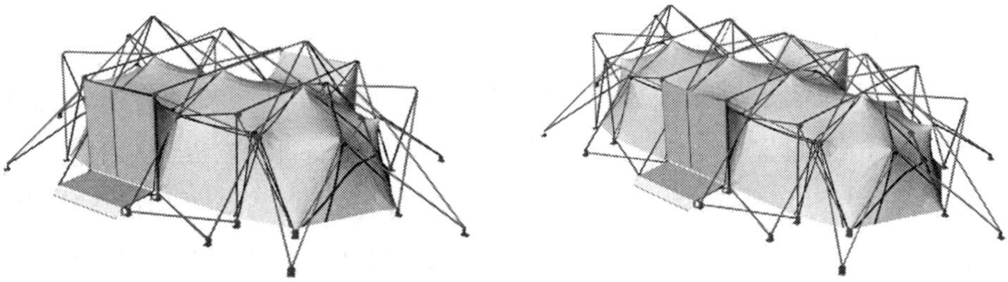

(a) 2-Bay Model (b) 3-Bay Model

그림 12.51 구조물의 공간 확장 방안

(2) 구조물의 자동전개 기술

전개형 구조시스템의 경우, 전개 시 적은 인원으로 구조물의 설치가 가능하다는 장점을 가지고 있으나, 구조물의 규모가 커질수록 인력에 의한 전개는 효과적이라 할 수 없다. 이와 같은 경우, 전개 시 인력을 필요로 하지 않는 자동전개 기술을 생각할 수 있으며, 제안 모델에 대해 전기실린더를 이용한 자동전개 과정을 그림 12.52에 나타낸다.

그림 12.52 전기실린더를 이용한 자동전개 과정

본서에서는 재난재해 발생 시, 고령화 인구를 위한 중소규모의 전개가능형 쉘터구조물의 제작 및 개발에 대하여 기술하였으나, 실제로는 전개구조시스템을 이용하여 대규모의 초대공간 구조물의 설계 시공 기술을 획기적으로 변화시킬 수 있는 최첨단 건설기술 개발이 주된 내용이다.

전개구조시스템에 대한 첨단기술 확보는 향후 대공간구조물의 관련 기술을 획기적으로 변화시킴으로써 건설기술의 선진화를 이룰 수 있으며, 나아가 우리나라의 첨단건설기술을 국제적으로 인정받아 고부가가치의 건설기술 수출의 교두보를 확보할 수 있다.

더 나아가 다가오는 우주시대를 대비하여 우주구조물의 건설기술에도 응용가능하다. 이제 '우주 건설'은 더 이상 외면할 수 없는 현실을 맞고 있다. 가령, 무중력 상태를 이용해 비중이 서로 다른 물질들을 완전 합금할 수 있고, 열대류가 없는 점을 이용해 세포의 완전한 분리가 가능해 진다. 지구상에서는 불가능했던 것들이 우주공간에서 가능하게 되면, 그야말로 세상은 다시 한번 산업혁명을 능가하는 대변혁을 맞을 것이 예상된다. 이때 우주공간에서의 플랜트 건설, 주거용 구조물 건설 등의 수요가 폭발적으로 증가할 것이고, 이는 건설 분야가 주도하여야 하며, 지구상에서의 방식과는 다른 방법으로 설계 시공될 것이다. 따라서 우주공간에서의 건설기술 개발을 통해 우리 건설기술도 최첨단 과학기술로 거듭나고, 국가 장래의 경쟁력을 제고시켜 고잉여가치 창출을 하여야 한다. 트랜지스터 시대에서는 우리 산업이 뒤늦게 출발했었지만 반도체 시대에서 우리나라가 선두를 차지한 것과 같이, 로켓 개발에서는 우리나라가 뒤졌지만 우주구조물 개발에서는 우리가 선두 그룹에 속해야 할 것이다. 지금까지의 우주구조물은 로켓을 이용하여 지구에서 우주로 운반하고 있으므로 경량 소형 구조물이 주를 이루었다. 그러나 본격적인 우주개발 시대가 되면 구조물은 대형화되고, 이는 건축물로서 건축분야에서 다루어져야 한다. 본서에서 기술한 전개형 구조시스템을 이용하여 우주구조물 건설기술의 기초를 다지고, 향후 우리나라를 100년간 먹여 살릴 수 있는 우주공간 건축물의 건설기술의 초석을 만들 수 있으리라 생각한다.

참고문헌

1. 이한나 외 1인, 재해난민을 위한 임시 주거 방법론, 대한건축학회 학술발표 논문집, pp.10-145, 2004
2. 이한나, 재해민을 위한 임시주거 방법론, 국민대학교 석사학위논문, p.19, 2005
3. 김기영, 재난·재해 구호주택의 건축적 대응방안에 관한 연구, 인하대학교 박사학위논문, 2005.8
4. 박동민, 재해 이재민의 임시주거공간에 대한 연구, 서울시립대학교 석사학위논문, 2008.2
5. 정미연, 게르(Ger)의 패브릭 이동주거적 특성을 적용한 임시구호주택에 관한 연구, 홍익대학교 석사학위논문, 2009.6
6. 김성수, 재해 재난을 대비한 임시주거 단지의 기반구축에 관한 연구, 연세대학교 석사학위논문, 2009.6
7. 마재희, 재해지역의 반영구주거계획, 홍익대학교 석사학위논문, 2011.6
8. 김승덕, 긴급대응형 재난대피시설물 개발, 건설교통기술촉진연구사업 최종보고서, 국토교통과학기술진흥원, 2014
9. Pinero, E. P., Areticular movable theatre, The Architects, Journal, Vol. 134, p.299, 1961
10. Pinero, E. P., Expandable space framing, Progressive Architecture, 12, pp.154-155, 1962
11. C. J. Gantes, New concepts and preliminary design procedures for flat deployable structures, S.M. Thesis, Department of Civil Engineering, Massachusetts Institute of Technology, available as Research Report No.R88-13 of the Civil Engineering Department, M.I.T., Cambridge, Massachusetts, USA, 5 August, 1988
12. C. J. Gantes et al., Structural analysis and design of deployable structures, Computer & Structures Vol.32, No.3/4, pp.661-669, 1989

13. Escrig, F. et al., Design of expandable spherical grids, Proceedings of the XXX lASS Congress, Madrid, Spain, 1989
14. Gantes, C. et al., Structural analysis and design of deployable structures, Computers & Structures, also presented at the 7th Conference on Nonlinear Finite Element Analysis and ADINA, M.LT., Cambridge, Massachusetts, USA, Vol.32, No.3/4, 2-4 August, pp.661-669, 1989
15. Gantes, C., A design methodology for deployable structures, Ph.D. Thesis, Department of Civil Engineering, Massachusetts Institute of Technology, available as Research Report No.R91-11 of the Civil Engineering Department, MIT, Cambridge, Massachusetts, USA, 3 May, 1991
16. Escrig, F., Geometry of expandable space structures, International Journal of Space Structures, Vol.8, No.1&2, 1993
17. Gantes, C. et al., Geometric design of deployable structures with discrete joint size, International Journal of Space Structures, Vol.8, Nos.1/2, pp.107-117, 1993
18. Gantes, C. et al., Deployability conditions for curved and flat, polygonal and trapezoidal deployable structures, International Journal of Space Structures, Vol.8, Nos.1/2, pp.97-106, 1993
19. Gantes, C., Geometric constraints in assembling polygonal deployable units to form multi-unit structural systems, Proceedings of the 4'h International Conference on Space Structures, Surrey, UK, G.A.R. Parke and C.M. Howard, editors, Thomas Telford, London, 6-10 September, pp.793-803, 1993
20. Gantes, C., Deployable structures for temporary sheltering following natural disasters, Stop Disasters, A United Nations Publication, Number 28, pp.7-8, 1996

21. Escrig, F., References on deployable and rapidly assembled structures, STAR-Structural Architecture, Grupo de Investigaci6n Tecnologia Arquitect6nica de la Universidad de Sevilla, Vol.I, pp.71-82, 1997

22. Gantes, C., On the geometric properties and the nonlinear structural characteristics of deployable space frames, Second Serbian-Greek Symposium on Solid Mechanics, Belgrade, Yugoslavia, 14-15 November, 1996, published in Solid Mechanics, Scientific Meetings of the Serbian Academy of Sciences and Arts, Vol. LXXXVII, Department of Technical Sciences, Book 3, pp.189-198, 1997

23. Shelter Report 2012, Build Hope:Housing Cities After a Disaster, Habitat for Humanity, 2012

24. 半谷裕彦, 不安定構造理論と形状決定問題への応用, 科学研究費補助金研究成果報告書, 1989

25. 半谷裕彦 외 3인, 張力安定トラスの研究開発, 張力安定型空間構造に関する共同研究報告書, No.1, 1990.4

26. 東京大学生産技術研究所　半谷研究室, 展開構造物の展開自由度, 展開構造物に関する研究報告書, 1991

27. 半谷裕彦 외 1인, 展開構造物の展開自由度, 展開構造物に関する研究報告書, 1991

28. 半谷裕彦 외 1인, 川口健一, 形態解析　一般逆行列とその応用, 培風館, 1991.4

29. 川口健一, 展開構造物 構造形態の解析と創生, 日本建築学会, 1998

30. 近藤慎輔 외 1인, シザーズタイプ展開構造の応用に関する調査, 日本建築学会大会学術講演梗概集, B-1, 1999, pp.1071-1072

31. 近藤慎輔, シザーズ型展開構造の単層ラチスドームへの適用に関する研究, 東京大学大学院修士論文, 2000

32. 永井彰, 展開型ラチスドームの形態に関する考察と載荷実験に関する研究, 東京大学大学院修士論文, 2003

33. 川口健一 외 1인, 付帯条件付き極小局面と一般化最急降下法に関する基礎的研究、膜構造研究論文集 2006, No.20, pp.121-128, 2006.12

34. 鈴木啓祐 외 2인, 川口健一, 大矢俊治：リユース型展開アーチ構造物の開発に関する基礎的検討, 日本建築学会学術講演梗概集, 構造Ⅰ, pp.967-968, 2008
35. 曽根朋久, リユース可能な展開型アーチ構造の改良とその展開挙動に関する実験研究究, 東京大学大学院修士論文, 2010
36. Afra Pradana Rahman, アジアの災害後における応急仮設住宅開発に関する研究, 東京大学大学院修士論文, 2013

제13장

장애없는 주거환경 -보건복지부 가이드라인

1. 건물 출입구
2. 일반출입구(문)
3. 복도
4. 경사로
5. 계단
6. 승강기
7. 화장실
8. 손잡이
9. 욕실, 샤워실

제13장 장애 없는 주거환경 -보건복지부 가이드라인

1. 건물 출입구

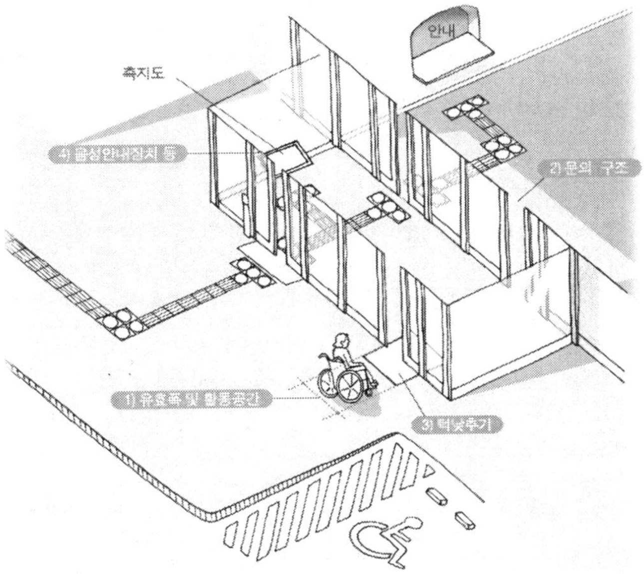

■ 설치 원칙

출입구의 장애물을 제거하는 것은 닫혀진 공간에서의 해방을 의미하며 출입이 자유로운 출입구는 노인에게 이동의 자유와 안전을 제공해줄 뿐만 아니라 다른 이용자, 특히 짐을 가지고 출입하는 모두에게 유익하다. 따라서 건물의 출입구는 반드시 단차없이 접근가능해야 하며 휠체어 사용자는 최대한 분리된 출입문으로 유도되어야 한다. 또한 외부 출입구 바닥면은 눈, 비 등으로 미끄러지지 않도록 마감 처리되어야 한다.

1) 유효폭 및 활동공간

출입문의 통과 유효폭은 최소 85cm 이상이어야 하며 유효폭 80cm는 휠체어가 통과할 수 있는 최소한의 폭이므로 주출입구는 가능하면 90cm 이상이 좋다.

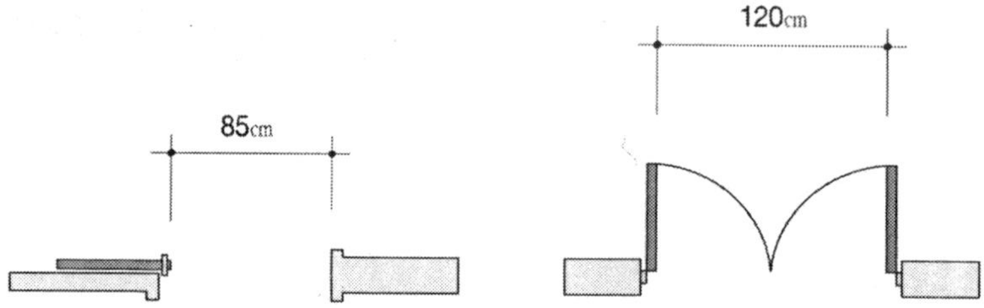

출입문 전후의 휠체어 회전공간(활동공간)은 여닫이문의 경우 열리는 쪽은 150cm 이상, 반대쪽은 120cm 이상, 미닫이문은 좌우폭 190cm 이상, 깊이 120cm 이상이 확보되어야 한다.

▼ 여닫이문의 활동공간

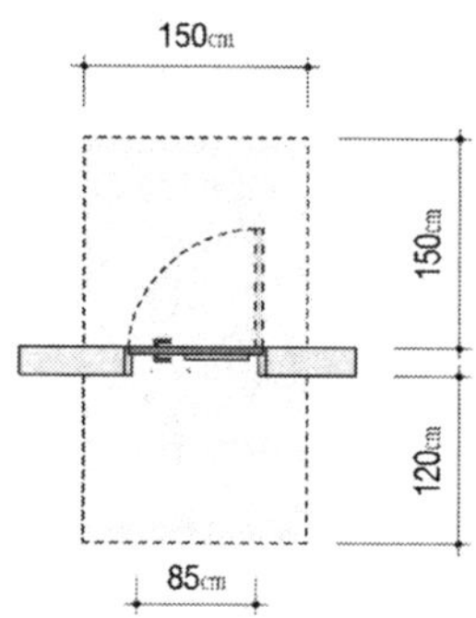

▼ 미닫이문의 활동공간

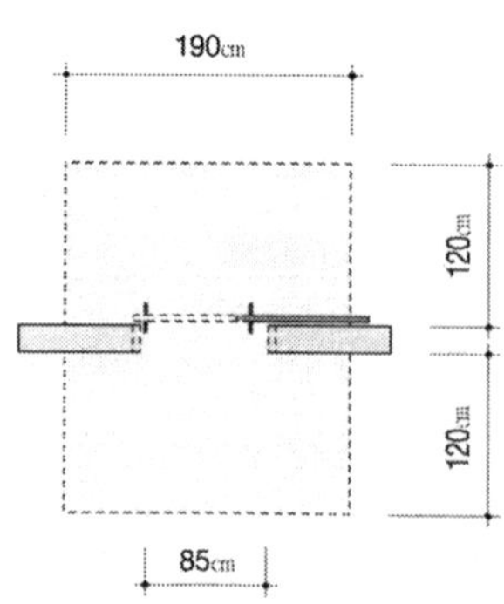

2) 문의 구조

주출입문은 자동문이 좋다.

▼ 공간감지방식(초음파 이용)

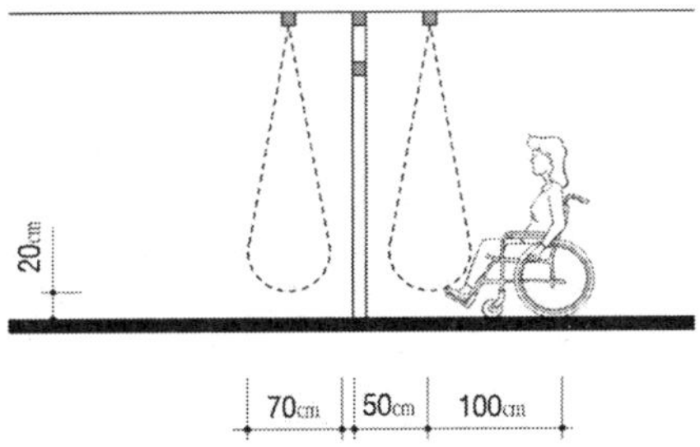

▼ 바닥감지방식

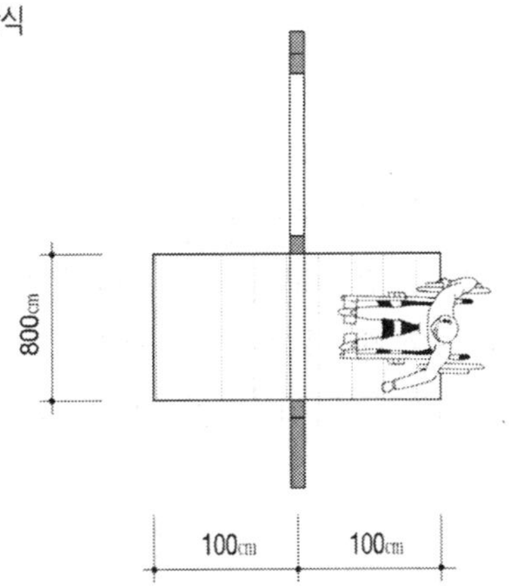

▼ 선감지방식(광선이용)

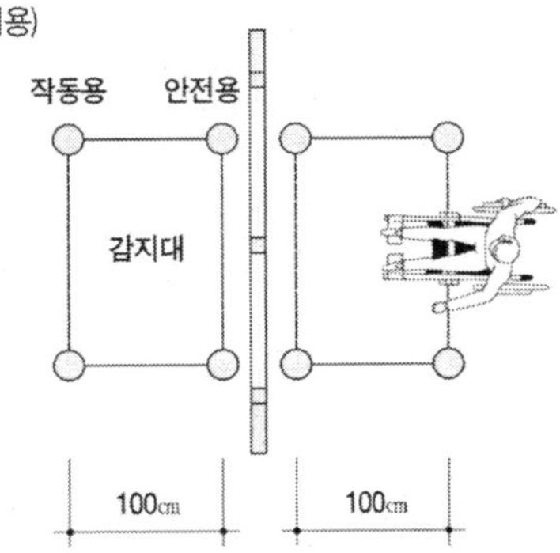

수동문의 경우에도 휠체어사용자 등이 문을 여닫는데 용이한 구조로 되어 있어야 하며 자동문이 아닌 경우에는 출입문 손잡이 쪽 옆에 최소 45cm 이상의 활동공간을 확보해야 한다.

휠체어사용자와 직진할 수 없는 회전문과 양쪽 방향으로 열리는 자재문은 사용이 불가능하다.

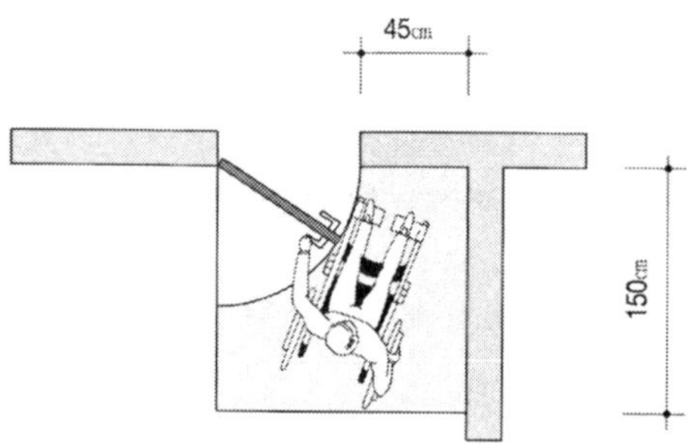

3) 턱 낮추기

주출입구에는 1.5cm 이상의 바닥높이 차이나 턱, 문지방 등 휠체어의 통행에 지장을 주거나 노인, 어린이, 임산부 등이 걸려 넘어질 우려가 있는 어떠한 장애물도 있어서는 안된다. 또한 단차가 있어서 턱 낮추기를 할 경우에도 그 폭이 24cm 미만이 되어야 하고, 기울기 1/12, 단차 2cm 이하여야 한다.

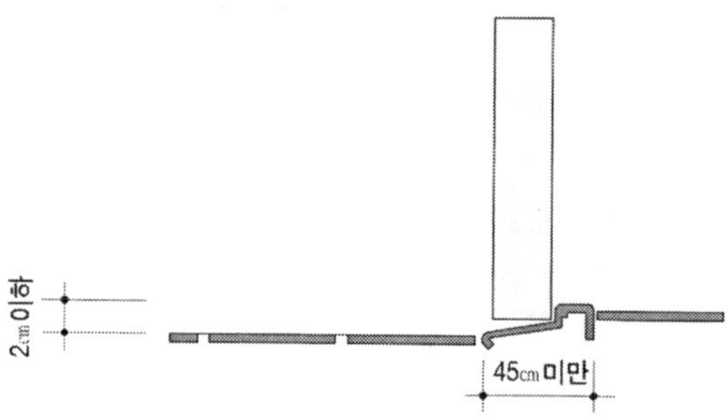

2. 일반출입구(문)

■ 설치 원칙

각 실의 출입문은 노인이 손잡이를 잡고 여닫기에 용이하여야 하며 출입하기에 지장이 없는 폭, 구조, 단차 등에 대한 배려가 필요하다. 특히 출입문의 폭보다 유효 통과폭이 항상 좁다는 점에 유의해야 하며 손잡이 형태에 따라서 출입문의 사용을 불가능하게 만들 수 있다. 또한 손잡이가 달린 쪽에 일정한 여유공간을 확보해야 하며 공간이 없으면 손잡이를 잡을 수 없게 된다. 열린 출입문이 통로를 차단하거나 장애물이 되지 않도록 하여야 한다.

1) 유효폭 및 활동공간

각 실 출입문의 통과 유효폭은 80cm 이상이어야 하고, 가능하면 90cm 이상이 되어야 한다. 지나치게 폭이 큰 내부출입문(110cm 이상)은 여닫기가 힘들거나 문과 휠체어의 회전범위가 커져 오히려 불편한 경우가 많다.

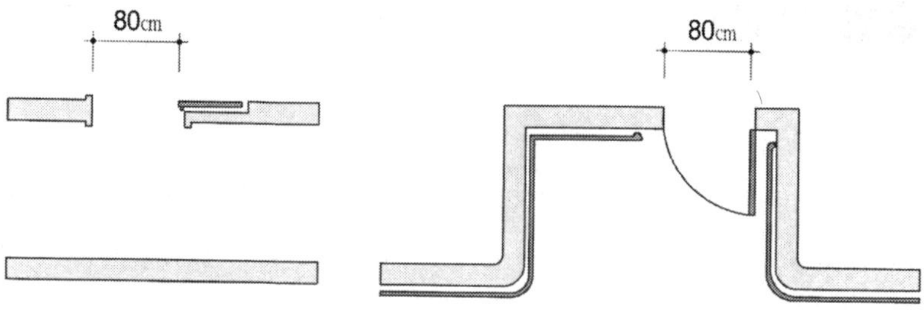

출입구의 통과 유효폭은 문틀 내부폭에서 정첩의 내민거리와 문의 두께를 뺀 나머지 폭으로 결정된다.

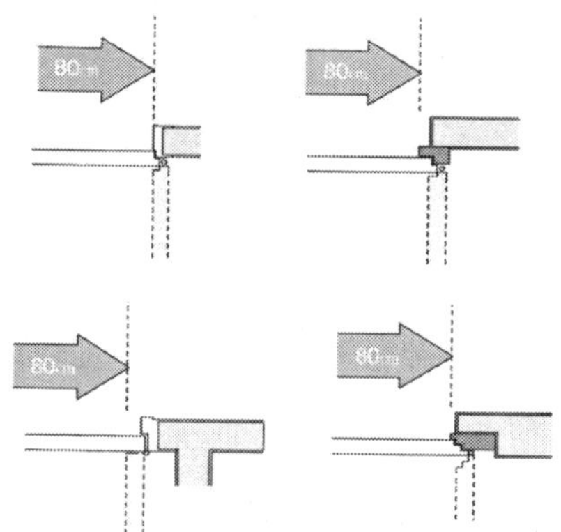

손잡이가 있는 쪽에 최소 45cm 이상의 여유 공간이 있어야 휠체어를 타고 손잡이를 잡을 수 있다.

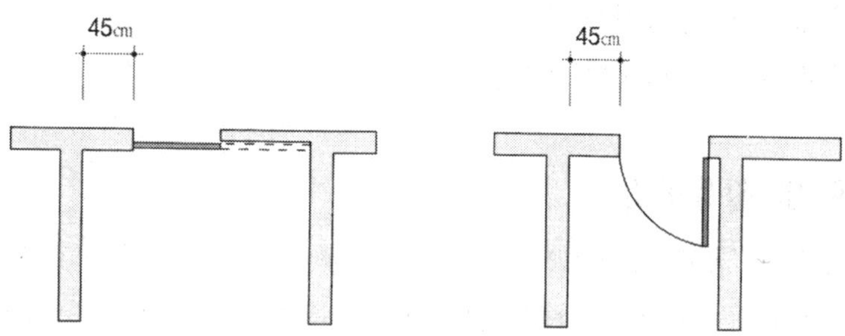

2) 문의 구조

열린 출입문이 통로를 차단하거나 통행에 돌출된 상태로 있어서는 안된다.

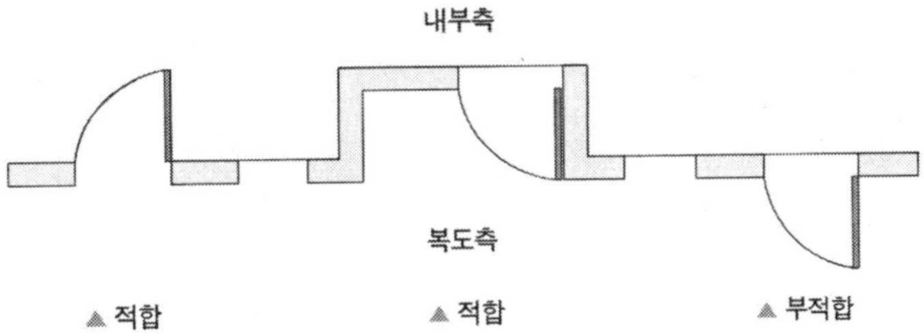

주름문, 커튼 등 유동성이 크거나 고정시킬 수 없는 출입문은 사용할 수 없으며 미닫이의 경우 바닥면 레일은 반드시 돌출되지 않도록 매입되어야 하고, 틈의 간격은 2cm 이하여야 한다.

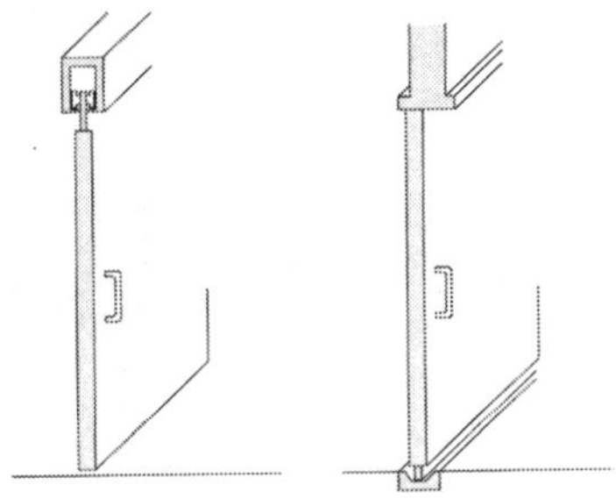

3) 턱 낮추기

1.5cm 이하의 턱이라도 휠체어가 오르내리는데 지장이 없도록 경사면으로 처리하는 것이 바람직하다. 턱 낮추기를 위하여 1/12 이상의 기울기와 폭 24cm 이상의 경사면은 미끄러지고 넘어질 위험이 매우 크기 때문에 만들어서는 안된다.

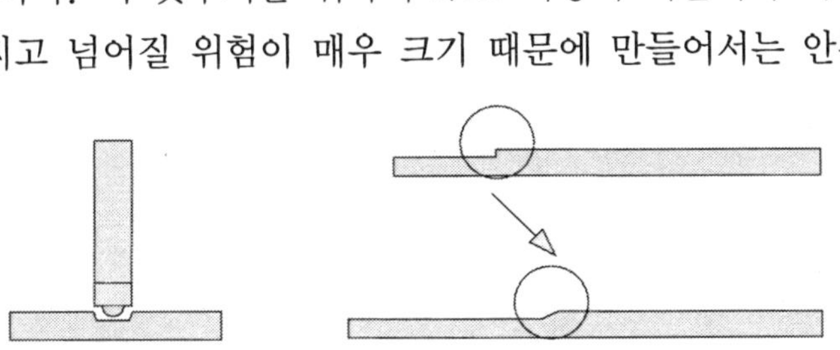

4) 손잡이 형태

손잡이 형태는 반드시 수평 또는 막대형이나 지렛대형(일명 레버형 : lever type)으로 해야 한다.

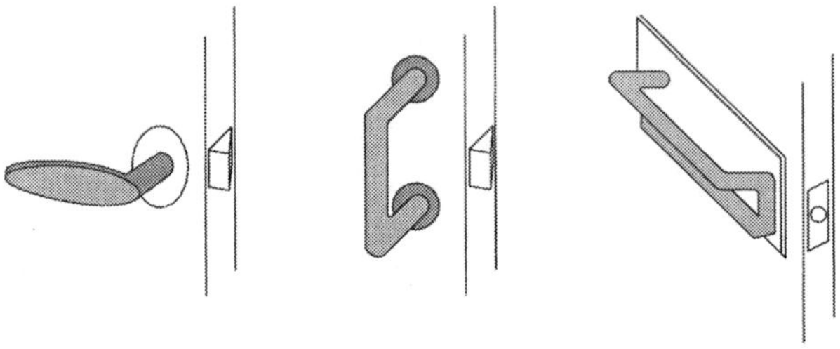

손잡이의 끝부분에 옷자락이 걸리거나 손으로 감싸 잡을 수 없는 형태는 피해야 하며 손잡이 부착높이는 80cm~90cm 정도가 적정하다.

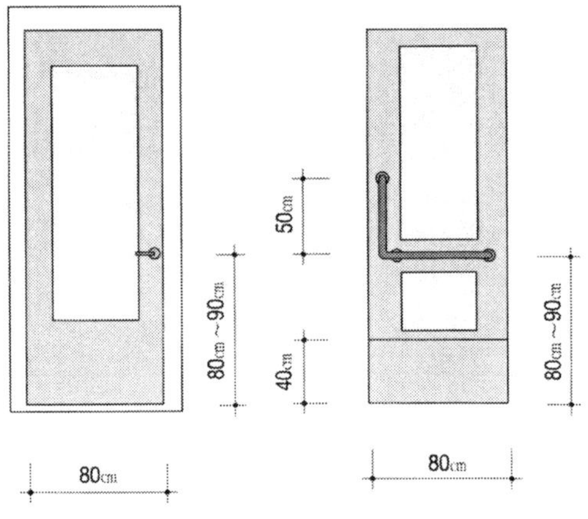

3. 복도

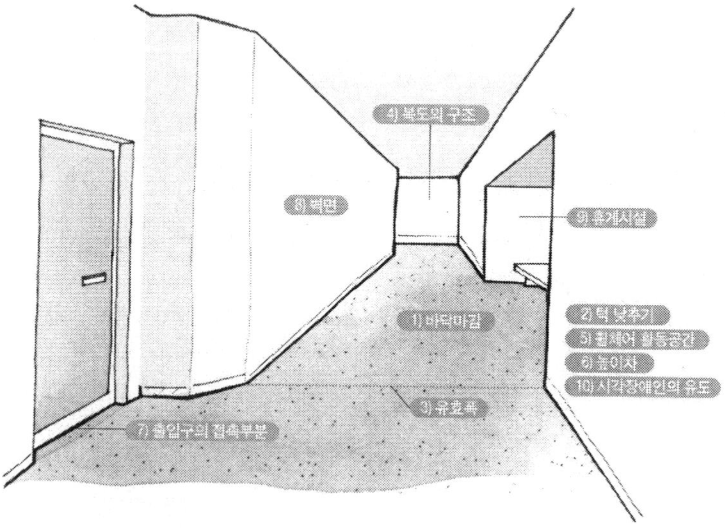

■ 설치 원칙

복도는 각 실을 연결하는 연결통로이므로 통행과 각 실로의 접근에 어려움이 없어야 하고 휠체어가 통과하기에 충분한 폭과 회전 및 교행공간이 확보되어야 한다. 특히 복도는 최단거리로 각 실에 도달할 수 있도록 짧게 하는 것이 좋으며 복도를 복잡하게 연결하거나 원형 또는 방향전환이 반복되면, 노인의 이용이 어려워진다. 특히 휠체어와 교행 할 정도의 폭이 확보되지 못하면 모두의 통행이 불가능해지며, 복도는 대부분 어두우므로 턱이나 단차가 있으면 통행에 어려움이 크다. 바닥마감재는 평탄하고 미끄럽지 않아야 하고 양탄자의 경우 지나치게 털이 길지 않아야 하며 통로 안쪽으로 돌출물이나 기타 보행장애물이 없어야 안전하다.

1) 바닥마감

5mm 이상의 단차는 노인이 걸려 넘어질 우려가 크며, 바닥마감은 평활해야 하나 목발 등이 미끄러지지 않아야 하고 양탄자 등은 털이 길어 휠체어의 이동에 지장을 주지 말아야 한다.

2) 턱 낮추기

턱이나 바닥면의 단차가 없어야 하며 미세한 턱이나 단차의 경우 마감재 등에 걸려 넘어지지 않도록 해야 한다.

3) 유효폭

휠체어와 교행할 수 있는 최소폭은 120cm이며 휠체어가 회전할 수 있는 최소폭은 140cm이다. 특히 휠체어가 상호 교행할 수 있는 최소폭은 150cm 정도이며 복도의 적정 유효폭은 180cm 이상이어야 한다.

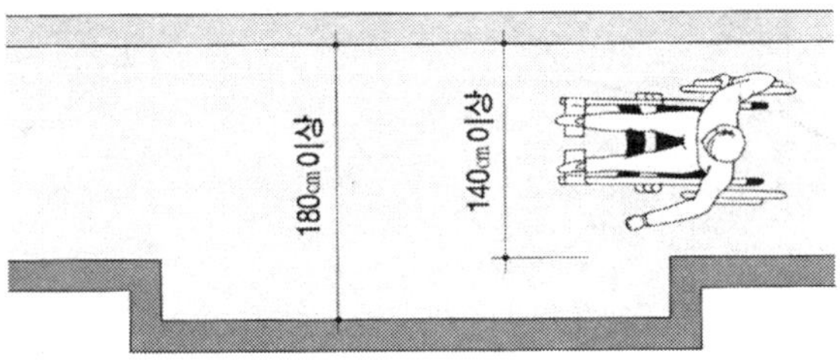

4) 복도의 구조

유효폭 140cm 미만의 복도는 길이 25m 이내마다 휠체어가 회전할 수 있는 유효폭 140cm 이상을 확보해야 한다.

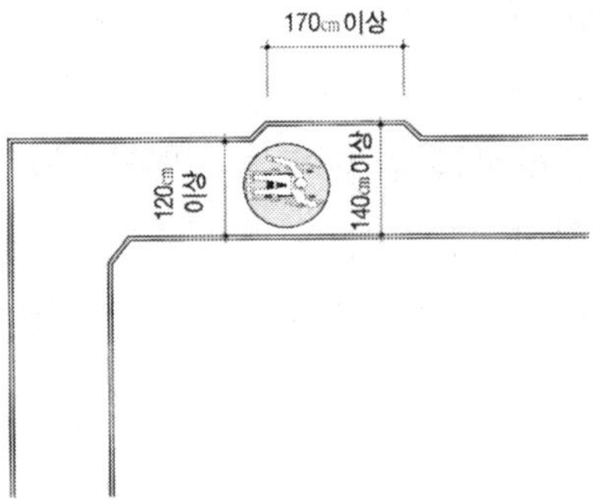

유효폭 140cm 미만 복도의 방향 전환을 위한 회전부분은 벽 모서리를 30cm 이상 사선방향으로 면처리를 해야한다.

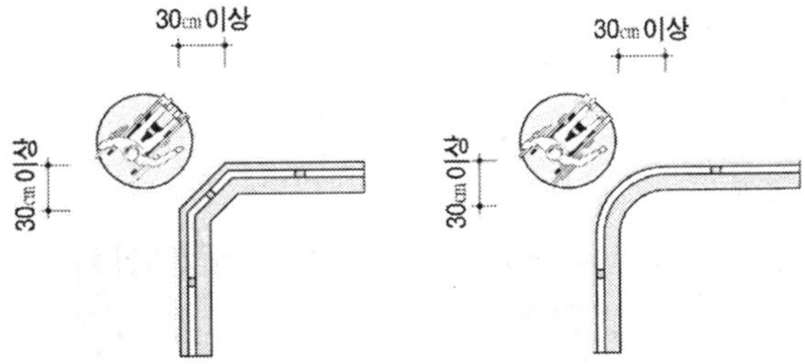

5) 휠체어 활동공간

모든 출입구 앞 복도는 휠체어가 회전할 수 있도록 최소 150cm×150cm 이상의 활동공간을 확보해야 한다.

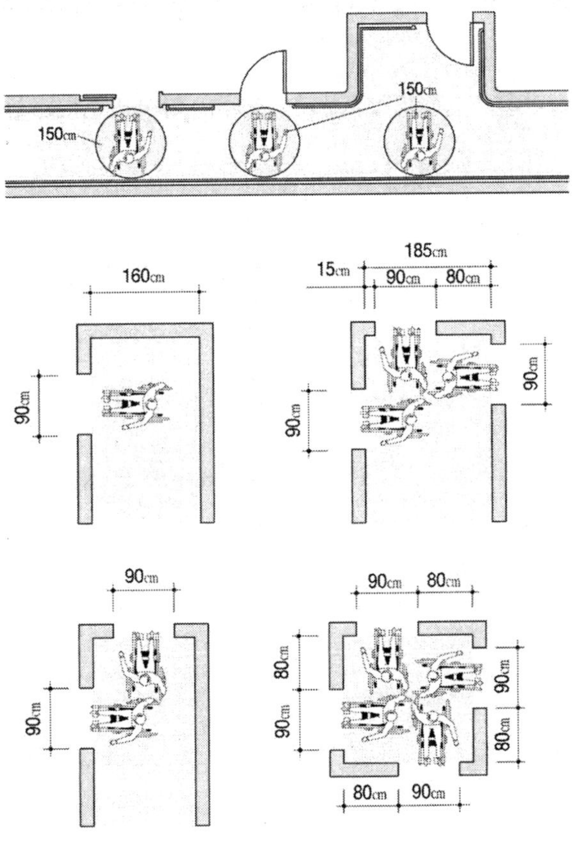

6) 높이차

바닥면의 높이차가 있는 곳은 유효폭 120cm 이상의 경사로를 설치하거나 승강기, 휠체어 리프트 등을 설치해야 한다.

7) 출입구의 접촉부분

휠체어가 다른 사람의 통행을 차단하지 않도록 하기 위해서는 출입구 옆에 180cm 이상의 여유폭이 있어야 한다.

8) 벽면

복도 바닥면으로부터 높이 60cm 이상 210cm 이내의 벽면 돌출물의 돌출폭은 10cm 이하여야하며 독립된 기둥이나 받침대에 부착된 설치물의 돌출폭은 30cm 이하여야 한다.

유효폭 이내의 상부는 바닥면으로부터 210cm 이상의 유효 높이를 확보해야 한다.

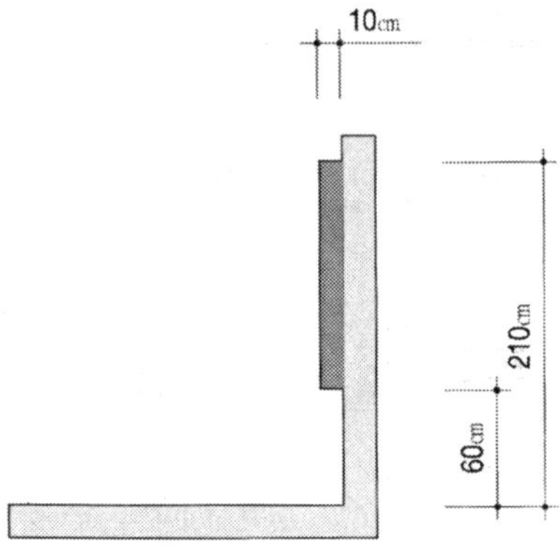

4. 경사로

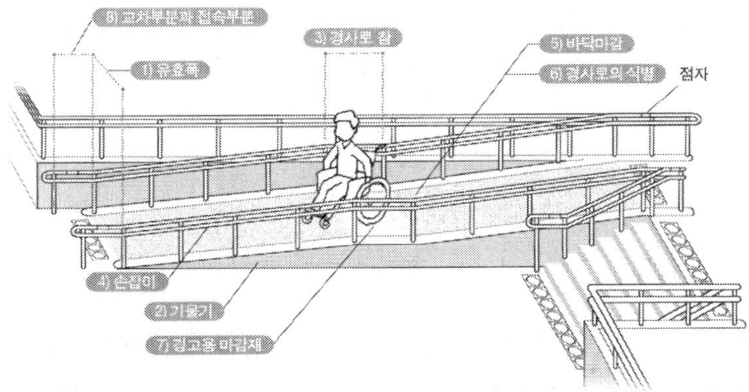

■ 설치 원칙

경사로는 휠체어가 복도의 높이차를 극복하기에 매우 좋은 대안이며 휠체어의 통행에 적합한 구조로 만들어져야 한다. 또한 휠체어의 통행에 적합한 위치와 기울기, 폭, 바닥의 마감상태, 경사로 참, 손잡이 등에 대한 면밀한 배려가 필요하며 경사로만으로 층간이동을 하는 것은 매우 불편한 경우가 많고 특히, 시각장애인 등에게 불리하므로 계단을 병행 설치하는 것이 좋다. 경사로를 대피로로 사용하기에는 배연시설 등 많은 문제점이 있으므로 별도의 피난 대책을 수립해야 할 필요가 있다.

1) 유효폭

경사로의 최소 유효폭은 120cm 이상으로 복도와 동일하며 계단과 병행 설치된 경사로는 통과 유효폭을 90cm 이상으로 할 수 있다.

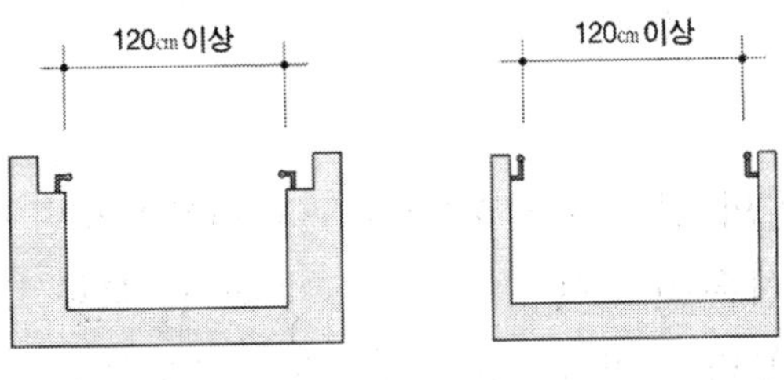

▼ 계단과 병설된 경우

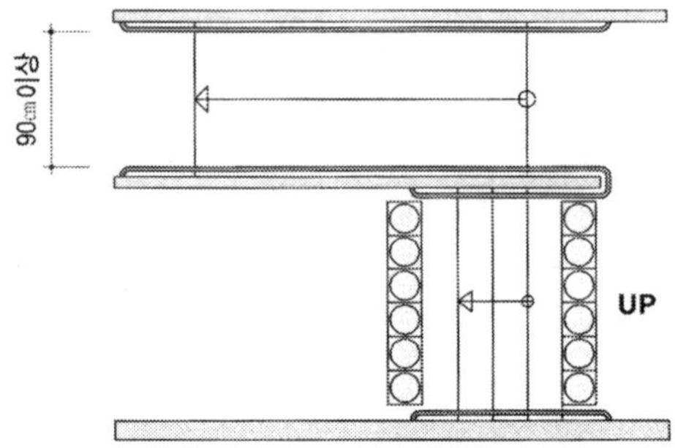

계단 등 또 다른 이동로가 없는 경우에는 최소 유효폭을 120cm 이상으로 해야 하며 시작과 끝지점, 방향전환지점은 150cm 이상의 활동공간이 있어야 한다.

▼ 계단 또는 다른 이동로가 없는 경우

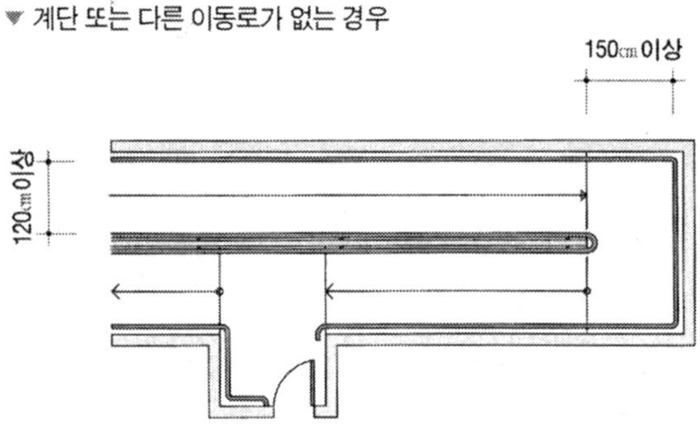

2) 기울기

경사로의 기울기는 1/12 이하를 원칙으로 하며 복도에서 1/8경사는 높이차에 관계없이 허용되지 않는다. 1/12~1/18의 범위를 초과하는 완만한 층간 이동경사로는 오히려 이동거리를 길게 하여 불편을 초래할 수도 있다.

3) 경사로 참

직진방향 경사로 참의 길이는 최소한 150cm 이상이어야 하며 방향을 전환하여야 하는 지점의 경사로 참은 반드시 수평면이어야 한다. 특히 1/12보다 큰 기울기로 된 경사로는 바닥면으로부터 높이 75cm 이내마다 수평면으로 된 참을 설치해야 한다.

4) 손잡이

경사로 길이가 180cm 이상 또는 바닥면의 높이차이가 15cm 이상인 경우에는 양측면에 연속된 손잡이를 설치해야 하며 경사로의 시작과 끝부분에는 30cm 이상의 수평손잡이를 설치한다. 손잡이의 높이는 바닥면으로부터 85cm±0.5cm 이내로 하고, 손잡이의 지름은 3.2cm~3.8cm 이내로 한다.

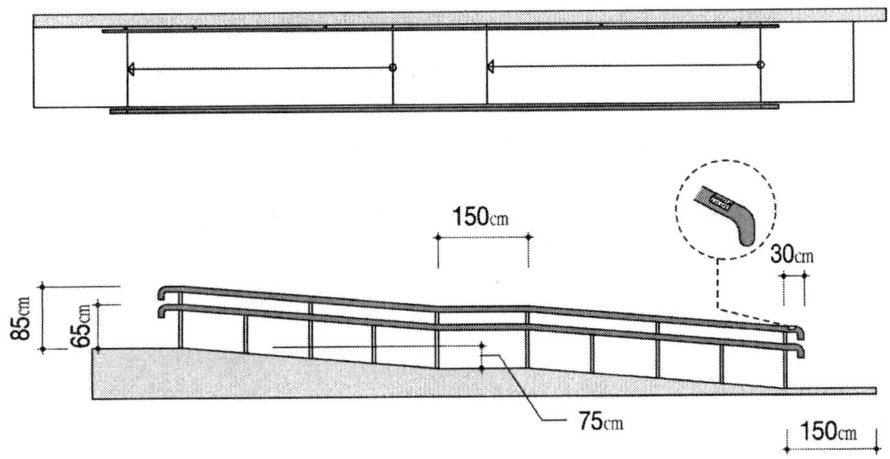

5) 바닥마감

바닥마감은 미끄러지지 아니하는 재료로 평탄하게 마감해야 하며 휠체어가 아래로 미끄러져 내리는 것을 방지하고, 배수를 원활히 하기 위하여 경사로 중심에서 좌우 45° 방향으로 줄눈이 가도록 마감하거나 엇갈린 무늬가 되도록 한다. 또한 양측면에는 높이 5~10cm의 휠체어 추락방지턱을 설치하여야 한다.

6) 경사로의 식별

노인이 경사로 시작과 끝지점을 쉽게 인지할 수 있도록 바닥마감재의 색상, 질감 등의 차이를 두며 경사로의 위치를 유도, 안내하는 표시를 연속하여 설치해야 한다.

7) 교차부분과 접속부분

휠체어가 회전하거나 교행해야 하는 교차, 접속부분에는 150cm×150cm의 수평면이 확보되어 휠체어가 이동할 수 있도록 한다.

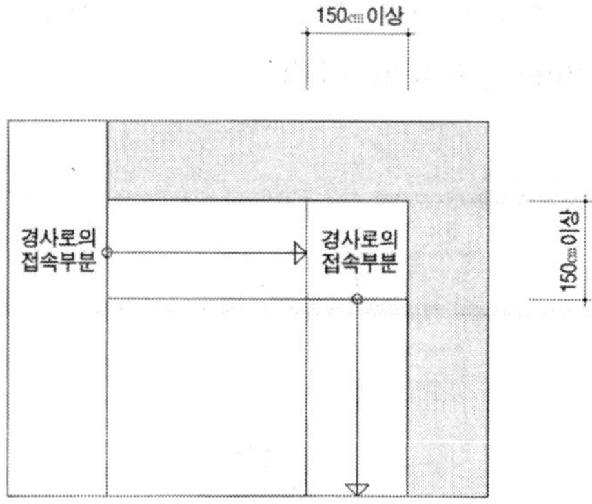

5. 계단

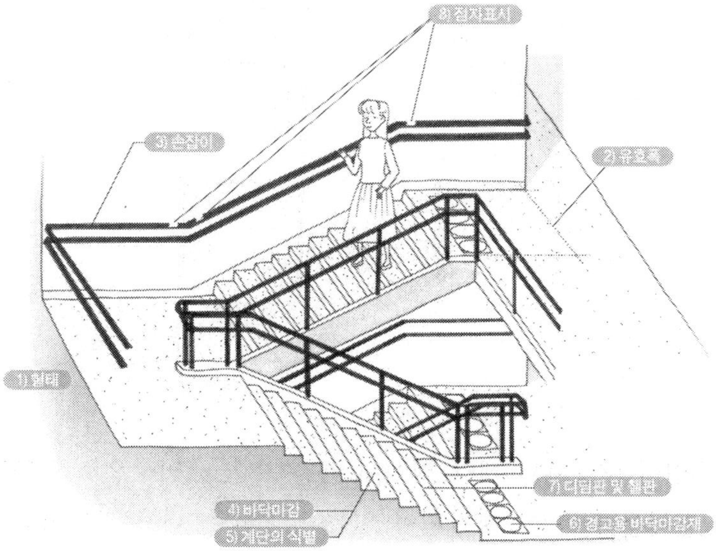

■ 설치 원칙

계단은 휠체어로는 극복 불가능한 장애물일 뿐만 아니라 노인에게는 매우 위험하므로 최대한 안전하고 편리한 구조로 만들어져야 한다. 따라서 계단은 이용자의 안전이 최우선적으로 고려되어야 하며 안전치수는 챌판과 디딤판의 비례로 결정된다. 또한 불규칙한 챌판 높이의 차이가 계단에서 넘어지는 주 원인이 되고 계단참을 기준으로 상하 계단수를 동일하게 하는 것이 시각장애인의 안전에 최우선적인 배려이다. 특히 계단 손잡이는 몸의 균형을 유지할 수 있는 유일한 대안이므로 기준에 적합하게 설치되어야 한다.

1) 형태

일정한 진행방향과 규칙적인 방향전환은 노인이나 일반인 모두 화재시 최우선의 안전장치이며 휴식참이 없는 계단은 노인이 이용하기에는 매우 위험하다. 특히 돌음(또는 나선형)계단은 시각장애인이 이용하기 어렵다.

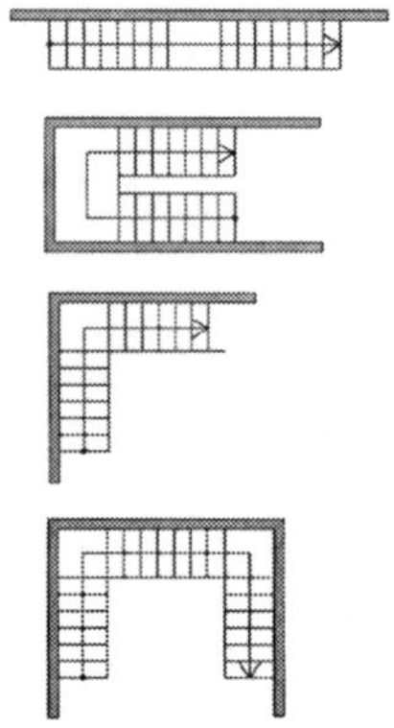

▲ 적절

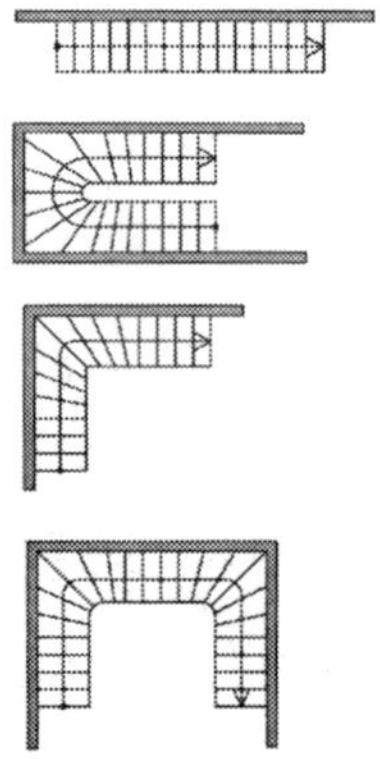

▲ 부적절

2) 유효폭

불특정 다수인이 이용하는 계단 및 유효폭은 120cm 이상으로 하여야 하며 경사형 또는 이동식 휠체어리프트가 부착되어 있는 경우에는 리프트가 펴질 나머지 유효폭이 75cm 이상이어야 한다.

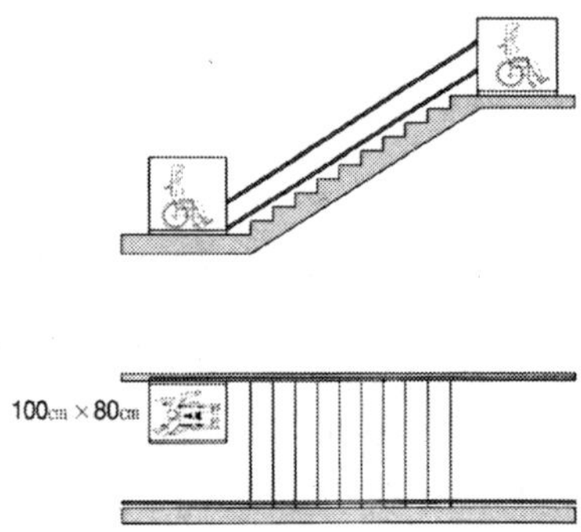

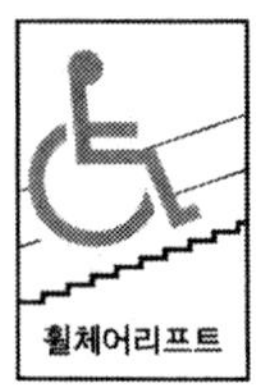

▲ 휠체어리프트 안내표시

3) 손잡이

계단의 측면에는 반드시 연속하여 손잡이를 설치해야 하며 손잡이의 높이는 85cm±0.5cm로 하고, 2단으로 설치할 경우 나머지는 65cm±0.5cm로 한다. 손잡이의 직경은 감아쥐기 편리하도록 3.2cm~3.8cm로 하는 것이 적합하며 가능하면 손잡이는 계단의 양측 모두 설치한다. 계단의 끝 부분에는 30cm 이상의 수평손잡이를 설치하여 안전하게 이용할 수 있도록 한다.

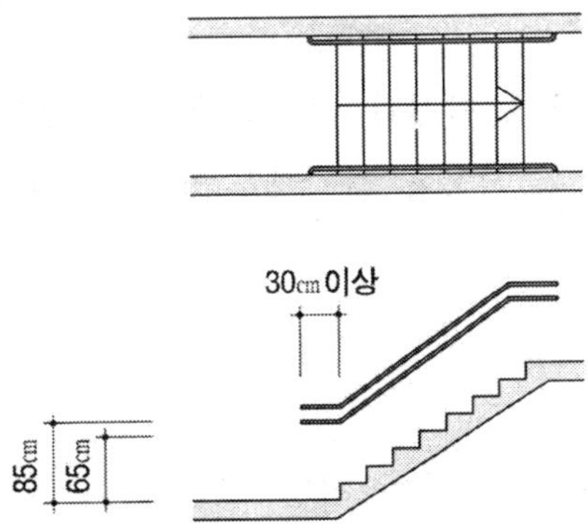

4) 바닥마감

바닥은 평활하고 미끄럽지 않아야 하며 단단히 고정되지 않는 디딤판은 매우 위험하다. 또한 디딤판의 좌우 바다면 끝 부분은 목발, 지팡이 등이 빠지지 않도록 높이 3cm 이상의 턱이 있어야 한다.

5) 계단의 식별

계단 디딤판은 식별이 용이해야 하고 챌판과 구별이 뚜렷해야 하며 특히 디딤판의 끝부분은 식별이 용이한 재료, 색상 등으로 되어야 한다. 특히 조명으로 인한 음영은 챌판과 디딤판의 구별이 용이하도록 되어야 한다.

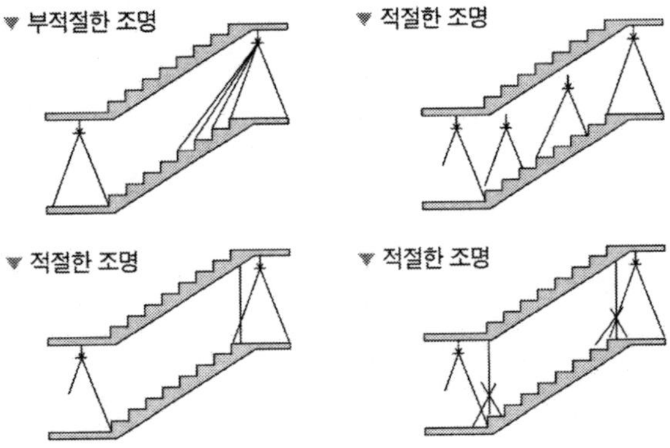

6) 경고용 바닥마감재

주의환기를 위하여 계단의 시작과 끝지점에는 폭 30cm 이상의 경고용 바닥마감재를 설치하는 것이 좋으며 경고용 마감재는 반드시 매립되어 0.3cm 이상 돌출되지 않아야 한다.

7) 디딤판 및 챌판

계단에는 반드시 챌판을 설치해야 하며 챌판과 디딤판의 안전치수는 챌판과 디딤판길이는 46cm가 적합하다. 디딤판의 넓이는 28cm 이상, 챌판의 높이는 18cm 이하로 하되 균일해야 하며 계단코는 걸려 넘어지지 않는 구조로 되어야 한다.

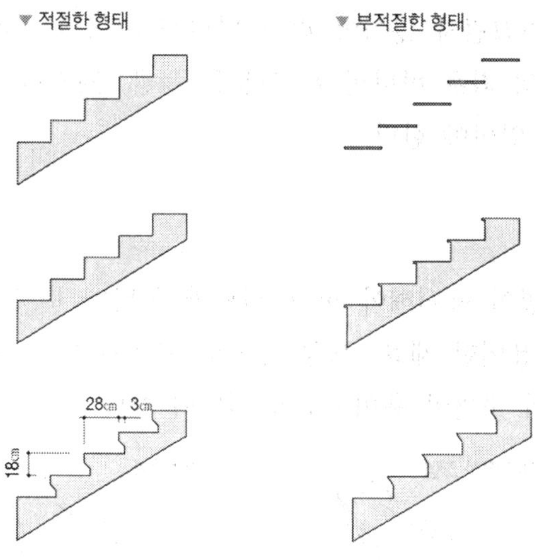

6. 승강기

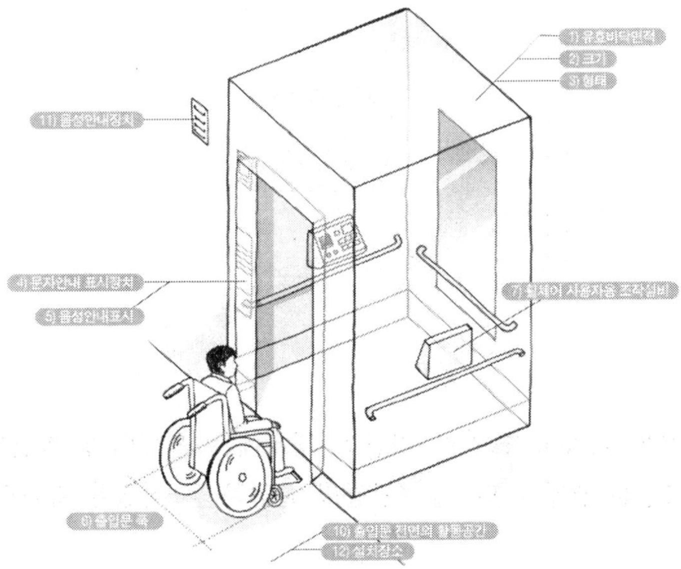

■ 설치 원칙

승강기는 모든 사람이 이용가능한 대표적인 편의시설이며 특히 계단을 이용하기 불가능한 이들에게는 가장 안전하고 편리한 수직이동 수단이다. 따라서 층규모와 관계없이 층간이동의 자유를 보장한다는 차원에서 설치해야 한다. 그리고 누구나 이용가능하도록 쉽고 편리하게 작동할 수 있어야 한다. 승강기의 설치는 주출입구에서 눈에 잘 띄는 장소에 설치하여야 하며 휠체어, 어린이, 노인 등 모두가 이용 가능하도록 배려하여야 한다.

1) 유효바닥면적

내부의 유효바닥면적은 폭 110cm 이상, 길이 140cm 이상으로 해야 한다.

2) 크기

휠체어를 위한 측면 조작판이 없는 경우에는 휠체어가 회전할 수 있도록 유효바닥면적이 140cm×140cm 이상이어야 한다.

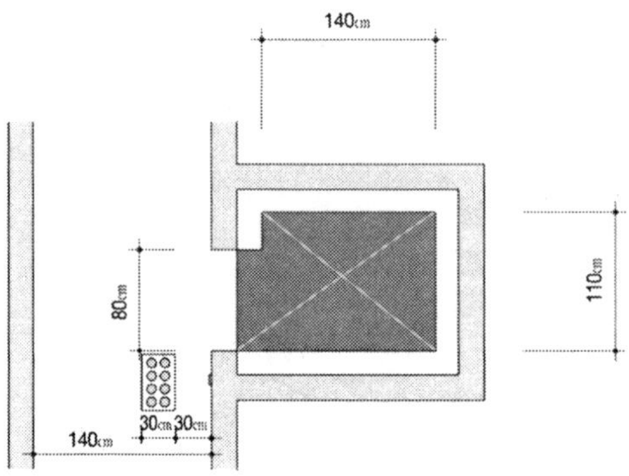

3) 형태

유효바닥면적이 140cm×140cm 미만인 경우에는 휠체어의 회전이 불가능하므로 측면조작판, 출입문 관찰 후면거울, 관통형 출입문 등 적절한 형태적 대안을 세워야 한다.

4) 문자안내 표시장치

승강기 내부에는 승강기의 진행방향과 정지예정층, 현재의 위치 등에 대한 문향 및 음성안내표시를 해야 한다.

5) 출입문 폭

승강기 출입문의 유효통과폭은 80cm 이상으로 하여야 하며 승강장 바닥과 승강기 바닥의 특과 틈은 2cm 이하여야 한다. 그리고 감지기식 개폐장치의 감지높이범위는 30cm~140cm가 적합하다.

6) 휠체어사용자용 조작설비

승강기 내 휠체어사용자용 조작기는 진입방향의 우측면 중앙부에 설치하도록 하며조작기의 높이는 바닥면으로부터 85cm~100cm 내에 조작버튼이 위치하도록 가로방향으로 설치하여 이용이 편리하도록 해야 한다. 또한 출입구 외부조작 설비는 높이 85cm±0.5cm에 설치하는 것이 적합하다.

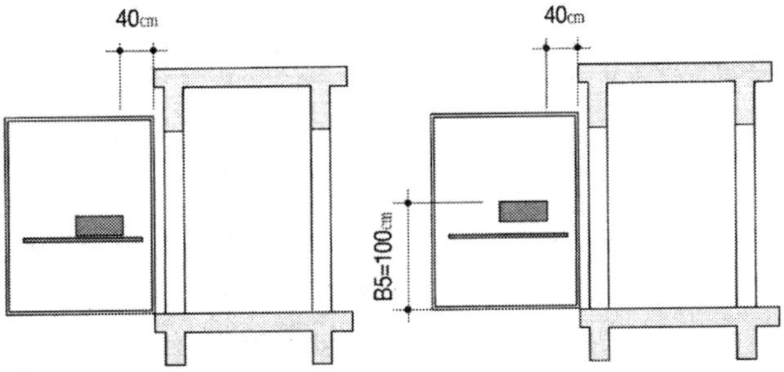

▲ 내부조작기 설치위치

조작기의 형태는 버튼식으로 하고 가로형은 밑면이 25°정도 들어올려진 형태로 하는 것이 좋다. 층표시 외에도 반드시 비상호출 및 상호 통화장치용 버튼이 있어야 한다.

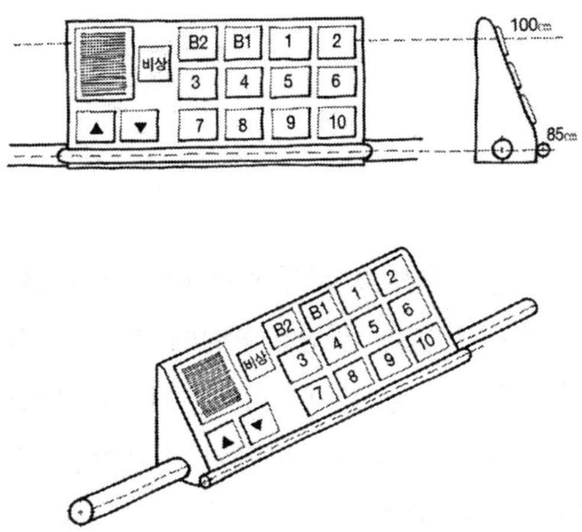

7) 출입문 전면의 활동공간

출입문 전면에는 휠체어가 방향을 전환할 수 있도록 최소한 150cm×150cm의 활동공간이 있어야 하며 주출입구 및 주통로에서 인지와 접근이 용이한 위치에 설치해야 한다.

7. 화장실

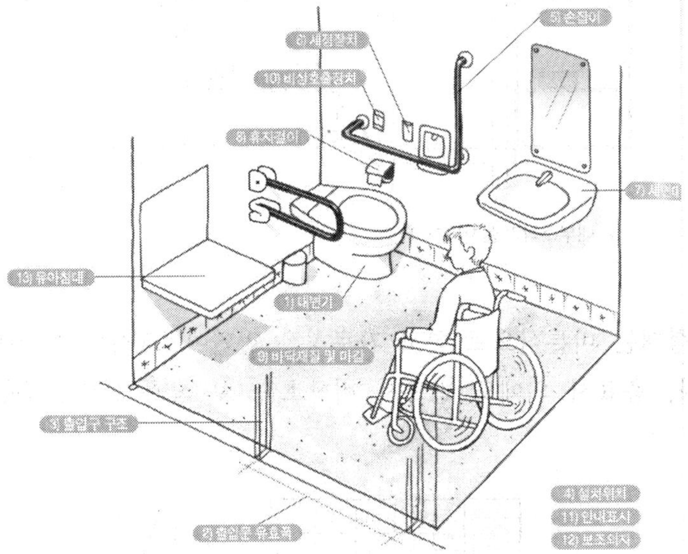

■ 설치 원칙

휠체어 사용자, 노인, 기타 보행자 모두에게 매우 편리하고 안전한 화장실을 만들도록 하며 양변기가 설치되어 있는 일반화장실에 양측 손잡이만 설치하여도 노인의 편의가 증진된다. 내부의 깊이 140cm 이상, 폭 110cm 이상일 경우에는 휠체어사용자도 이용가능하며 내부 유효폭 110cm 미만의 경우에는 휠체어의 전면접근만 가능하므로 이에 대한 고려가 필요하다.

1) 변기의 구조

노약자를 위해서는 좌식양변기를 설치하여야 하며 좌우양측에는 L형 고정손잡이를 바닥으로부터 70cm의 높이에 설치해야 한다. 휠체어가 변기 전면으로 접근하여 이용할 경우를 고려한 구조로 설치해야 하며 대변기는 양변기가 편리하고 대변기 좌대의 높이는 40cm~45cm이내가 적합하다.

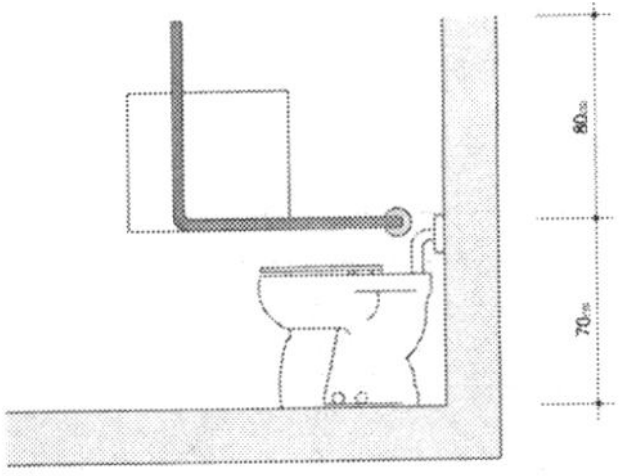

2) 활동공간 및 유효폭

출입문 외부는 휠체어가 회전할 수 있는 140cm×140cm 이상의 활동공간이 확보되어야 하며 휠체어의 변기 측면접근을 가능하도록 하기 위해서는 110cm 폭의 내부 활동공간이 필요하다. 또한 화장실 출입문 통과 유효폭은 80cm 이상이 적합하다.

3) 출입문 구조

휠체어가 들어간 후 문을 닫을 수 있는 구조로 해야 하며 대부분의 여닫이문의 경우 밖으로 여는 구조로 하면 가능하다.

4) 소변기

노인, 기타 보행 장애인 등을 위하여 남자소변기 양측에 수평 및 수직손잡이를 1개소 이상 설치해야 하며 수평손잡이는 벽면에 바닥면으로부터 높이 80cm, 수직손잡이는 높이 110cm 내외에 수평으로 50cm, 수직 25cm 벽면으로부터 돌출되도록 부착한다.

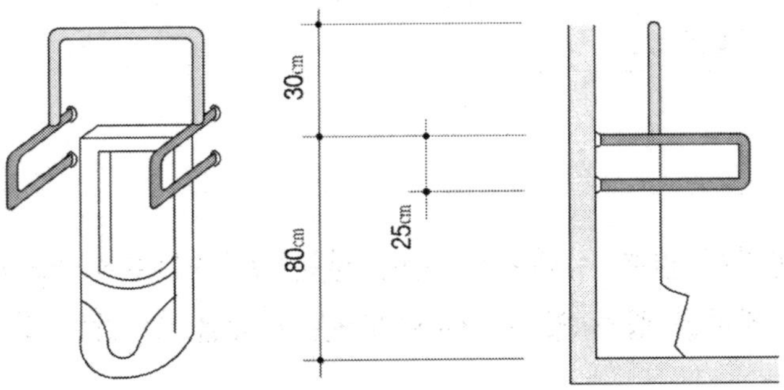

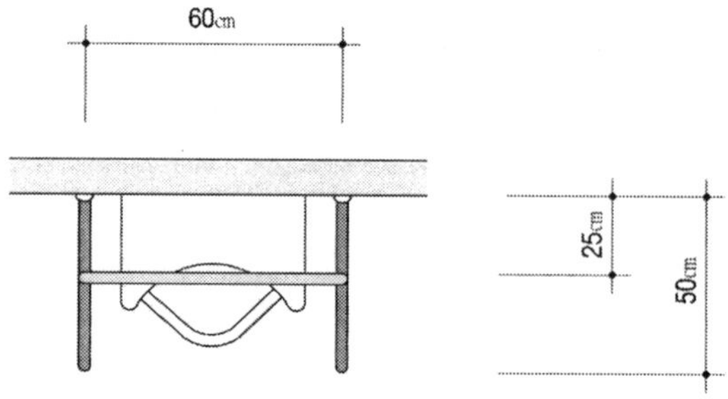

5) 손잡이

대변기 양옆에는 수직 및 수평손잡이를 설치하는 것이 적합하며 수평손잡이는 바닥면으로부터 높이 70cm에 설치하고 고정손잡이는 변기 중심에서 45cm 측벽면에 설치하도록 한다. 또한 가변식 손잡이는 접어올리는 구조가 좋고 좌우로 접는 경우에는 변기 바깥쪽으로 접혀야 한다. 수직손잡이는 가능한 한 수평손잡이에서 연속되도록 하고 바닥면에서 70cm~150cm 사이에 설치한다.

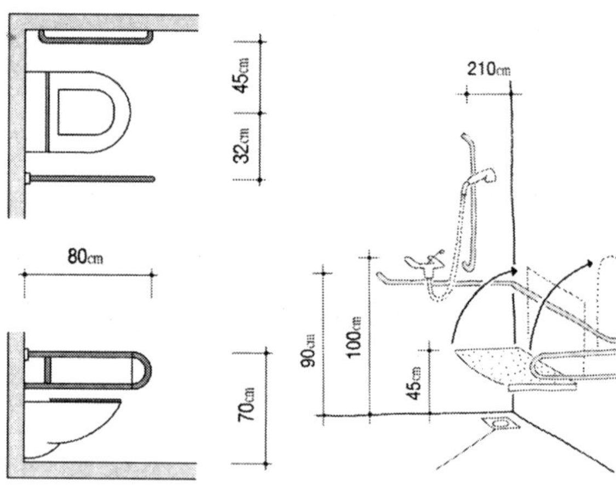

6) 세정장치

세정장치는 변기에 앉은 상태에서 손이 닿는 위치에 설치하도록 하며 변기에 전면 접근과 변기 뒤편을 향해 앉는 경우에도 손이 닿을 수 있는 위치에 설치한다.

7) 세면대

노인, 기타 보행장애인이 사용할 수 있도록 세면기 좌우에 세면기와 같은 높이의 손잡이를 설치하거나 좌우면을 잡을 수 있도록 카운터식 세면기를 설치한다.

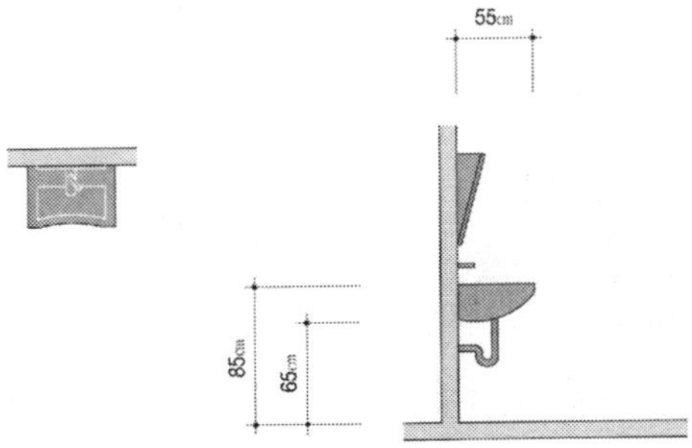

8) 휴지걸이

변기에 앉아 손이 닿는 위치에 휴지걸이를 설치한다.

9) 바닥재질 및 마감

물에 젖어도 미끄러지지 않는 바닥재질로 평탄하게 마감한다.

10) 비상호출장치

변기에 앉은 위치에서 손이 닿을 수 있도록 비상호출장치를 설치한다.

11) 보조의자

목발, 지팡이 등 손에 든 물건을 올려놓을 수 있도록 선반형 보조의자를 접이식 또는 벽면 수납형으로 설치하면 매우 편리하다.

8. 손잡이

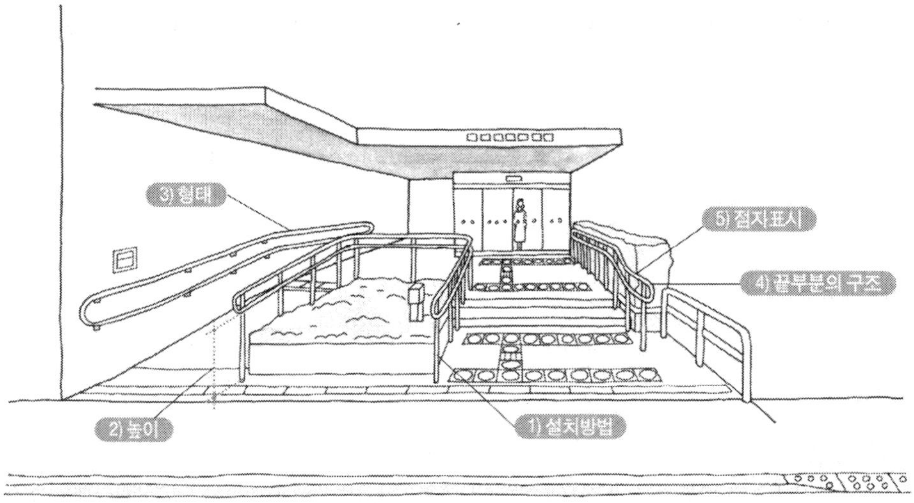

■ 설치 원칙

손잡이는 노인이 몸의 균형을 유지하고 보행할 수 있는 안전한 시설이다. 따라서 형태, 설치위치, 고정방법 등에 대한 고려가 특히 중요하다. 특히 손잡이는 진행방향 유도, 몸의 균형유지, 보행 보조기기, 추락방지 등 안전을 목적으로 설치되어야 한다. 따라서 안전확보를 최우선으로 하여 위치, 형태, 설치방법이 결정되어야 한다.

또한 손잡이는 시각장애인에게 현재의 위치, 진행방향, 주변상황에 대한 정보제공 등 가장 정확하고 다양한 정보를 제공하기에 매우 적절하므로 정보제공이 필요한 위치에다 손잡이 상부면에 정보를 점자로 표시한다.

1) 설치방법

손잡이는 반드시 연속되도록 설치해야 하며 계단, 경사로 또는 추락위험이나 몸의 균형을 유지해야 할 필요가 있는 곳에 설치하는 것이므로 움직이지 않도록 고정해야 한다. 특히 손잡이가 끊어진다는 것은 매우 위험한 상황이 종료되었다는 것을 의미함으로 설치방법에 매우 신중해야 한다. 또한 계단, 경사로 등 바닥면의 고저차가 있는 경우 등에는 시작과 끝지점에서 최소 30cm이상 수평되게 설치하여 안전을 유도하도록 한다.

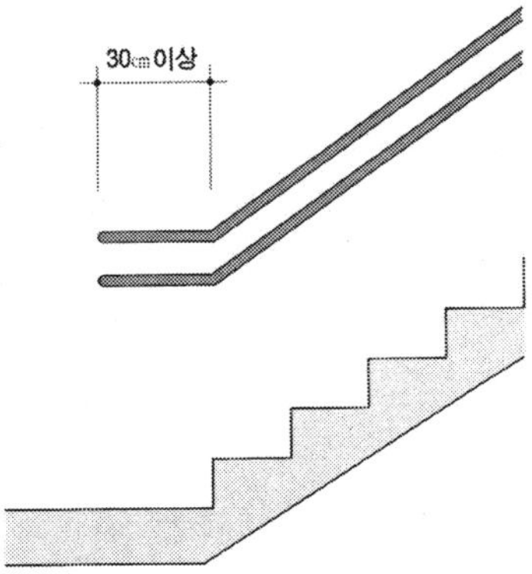

벽면 부착의 경우 벽과 손잡이 사이 간격은 4.5cm이상 되어야 한다.

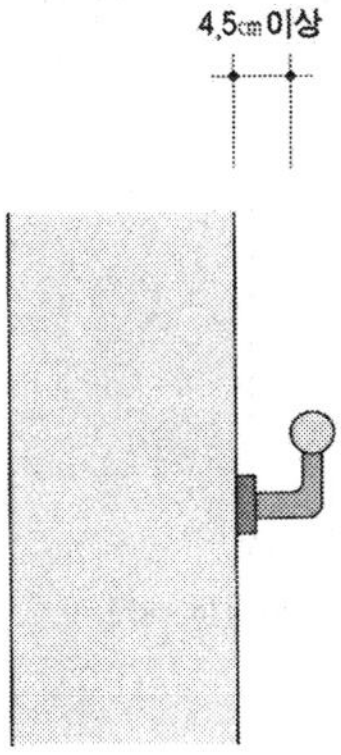

2) 높이

손잡이 높이는 바닥면으로부터 85cm±0.5cm에 설치한다.

어린이용과 상하 2단으로 설치할 경우 하단은 65cm±0.5cm높이로 설치한다.

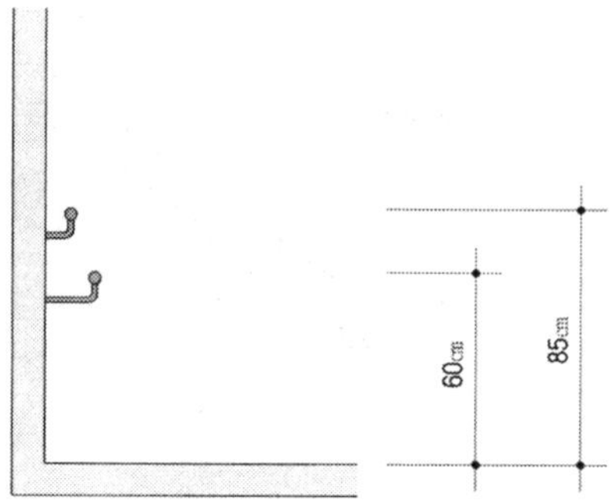

3) 형태

손으로 움켜잡기 편리한 형태로 하되 직경 3.2cm~3.8cm의 원형이 가장 적합하다.

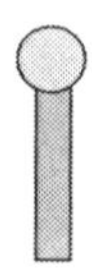

▲ 적절한 형태

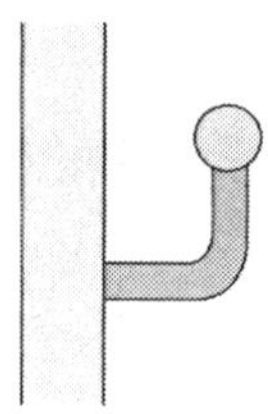

▲ 적절한 형태

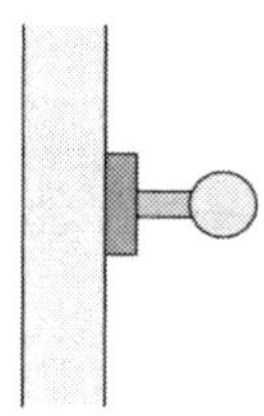

▲ 부적절한 형태

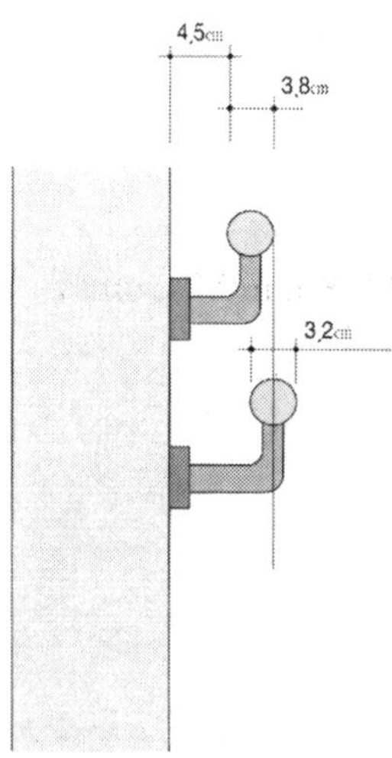

4) 끝부분의 구조

손잡이의 시작과 끝부분은 옷자락 등이 걸려 넘어지지 않도록 벽면 또는 바닥면을 향해 굽어지도록 해야 하며 끝부분이 생기지 않도록 벽면이나 바닥면에 매입하거나 난간 기둥에 끝부분을 연결하는 것도 좋다.

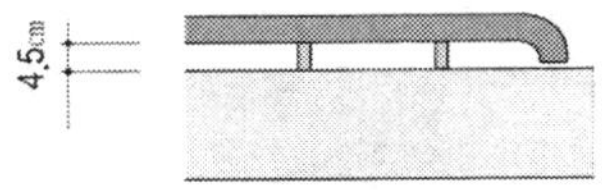

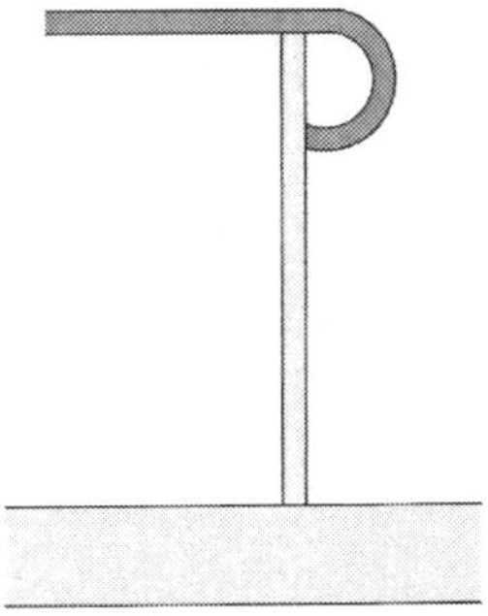

9. 욕실, 샤워실

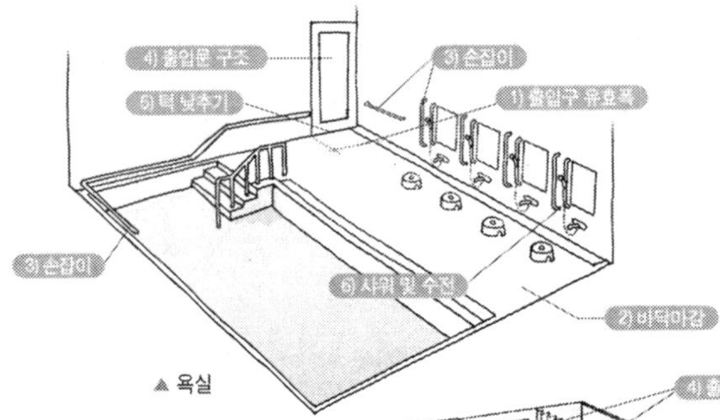

▲ 욕실

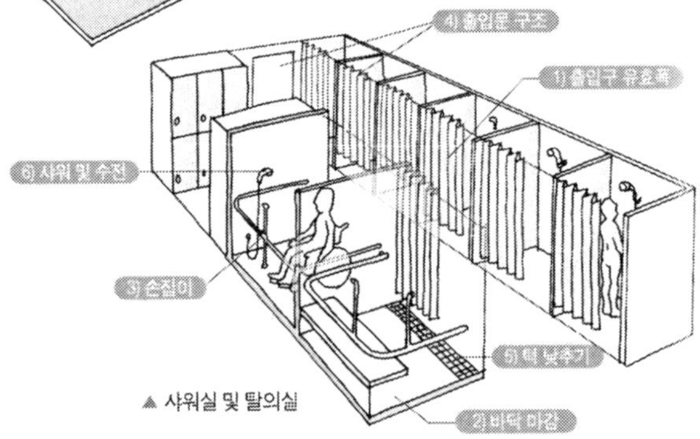

▲ 샤워실 및 탈의실

■ 설치 원칙

노인은 욕실, 샤워실의 사용빈도가 훨씬 높기 때문에 특별히 이용에 편리하도록 해야 할 필요가 있다. 특히 욕실, 샤워실 등은 노인이 넘어질 위험이 매우 큰 곳이므로 이에 대한 배려가 특별히 필요하다.

1) 출입구 유효폭

출입구의 통과 유효폭은 최소 80cm 이상이 적합하며 수증기 등으로 시야가 흐린 점을 고려하여 출입구의 유효 폭은 90cm 이상 되는 것이 바람직하다.

2) 바닥마감

바닥면의 기울기는 1/30 이하여야 하며 욕실, 샤워실 바닥마감은 물에 젖어도 미끄러지지 않는 재료로 마감해야 한다. 특히 이끼방지를 위하여 바닥 난방마감을 적극적으로 권장하며 내부공간에 일정한 온도유지는 물론 미끄럼방지 등에 가장 효과적이기 때문이다.

3) 손잡이

샤워기, 욕조 주변에 앉고, 서고, 걸을 때 잡을 수 있는 손잡이를 설치하면 안전과 편의를 크게 증진시킬 수 있다.

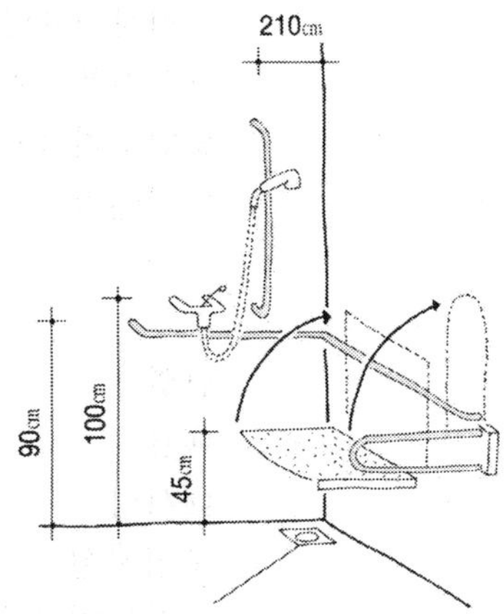

4) 출입문 구조

출입문은 노인, 휠체어 장애인 등의 통행에 지장이 없도록 개폐가 용이한 구조로 되어야 한다.

5) 턱 낮추기

시야가 흐리고 미끄러운 점 등을 고려하여 일체의 턱을 만들지 말아야 한다.

6) 샤워 및 수전

노인이 이용하기에 쉽도록 싱글레버식 또는 감지기식으로 하는 것이 바람직하며 자동온도조절 또는 냉 온수의 범위를 고정하여 약시자 등의 이용에 불편이 없도록 한다.

찾아보기

ㄱ

건조환경 27
건축화조명 247
결로 214
고령가구 18
고령사회 20, 131
고령친화건축 29, 166
고령친화도시 21, 22
고령친화산업 19
고령친화시설 27, 46, 49
고령친화제품 19, 132
고령화사회 131
골드 실버 20
관류 207
광도 240
광속 240
근교시설 73
기계환기 229, 231
기초대사량 199

ㄴ

내력벽식 모듈 276
노령화지수 131
노인보조주택 78
노인보호구역 58
노인보호전문기관 82, 140
노인복지주택 77
노인여가복지시설 81, 139
노인의료복지시설 81, 139
노인장기요양보험제도 131
노인전용주거단지 78
노인주거복지시설 80, 139
노인촌락 78

ㄷ

단열 201, 208
대류 196
대사량 198
도심시설 73
독거노인가구 18

ㄹ

리조트형 노인주택 78

ㅁ

모듈러 유닛 277
모듈러건축 276, 281
무장애디자인 44
미세먼지 225
미학 135

ㅂ

보편적 디자인 40
복사 206
복사속 240
분양방식 75

ㅅ

사회적 상호작용 135
상대습도 213
색채효과 253
생애주택 46
쉘터구조물 323
신체 변화 136
실버산업 20
실버존 58

ㅇ

안전계획 114
암소음 262
열교 210
오염물질 228
유니버설디자인 40
유료양로시설 78
유료요양시설 78
유효온도 201
응급호출장치 116
이산화탄소 223
인체의 열평형 195
인플레이터블 303
일반 고령자주택 77
일사 248
일산화탄소 223
일조 248
임대방식 76
임시주거 301

ㅈ

자연환기 229
잔향시간 268
재가노인복지시설 82, 140
적응가능한 디자인 46
전개형 구조물 294, 308
전개형 구조시스템 308
전달 204
전도 202
전생애주기 디자인 46
전열 201
전원시설 74
절대습도 211
접근가능한 디자인 46
제1종환기 231
제2종환기 231
제3종환기 231
젠돔 304
조도 241
조명 244
종신이용권방식 75
주거 안전관리 106
주거 안전사고 107
주거안전 103
중력환기 229

ㅊ

차음 262
착의량 198
초고령사회 131
친환경 건축 93
친환경 건축재료 88
친환경 실내건축재료 89
친환경 주거기술 92

ㅌ

텐트 301
퇴적공간 31

ㅍ

패시브 건축물 92
패시브 기술요소 93
포괄적 디자인 40
포름알데히드 227
표색계 252
풍력환기 229
프레임식 모듈 276

ㅎ

허용소음 262
홈 네트워크 83
환경심리 38
활동적 노화 22, 30
회원권방식 75
휴양단지시설 74
흡음 262

clo 199
Cylindrical Type 320

E

Escrig Type 323

F

Flat Type 319
Foldable형 구조 312

G

Geodesic Type 321

I

Inflatable형 구조 314

M

Meridian Type 321
met 198

N

NC 262

R

Radial Type 322
Retractable형 구조 317

S

Scissors형 구조 310

T

Tensegrity형 구조 315

2

2-Way Circular Boundary Type 320
2-Way Rectangular Boundary Type 321

3

3세대 동거주택 77